Nichts ist schon dagewesen

Nichts ist schon dagewesen

Konrad Lorenz,
seine Lehre und ihre Folgen

Das Wiener Symposium
Herausgegeben
von Franz Kreuzer

Mit Beiträgen von
Irenäus Eibl-Eibesfeldt, Antal Festetics,
Bernhard Hassenstein, Bernd Lötsch,
Konrad Lorenz, Erhard Oeser, Rupert Riedl,
Wolfgang M. Schleidt, Sverre Sjölander,
Wolfgang Wickler, Franz M. Wuketits

Piper
München · Zürich

Das Symposium aus Anlaß des 80. Geburtstages von Konrad Lorenz fand in den Tagen vom 28. bis 30. September 1983 in Schloß Laxenburg bei Wien statt. Daraus ist im Untertitel des Buches aus Gründen der einfacheren räumlichen Zuordnung das »Wiener Symposium« geworden.

ISBN 3–492–02893–4
© R. Piper GmbH & Co. KG, München 1984
Gesetzt aus der Aldus-Antiqua
Umschlag: Federico Luci unter Verwendung eines Fotos
von M. Brannas
Gesamtherstellung: H. Mühlberger, Augsburg
Printed in Germany

Inhalt

Vorwort

Dieses Jahrhundert unterscheidet sich von den zehn, zwanzig oder neunzig vorangegangenen wie der Niagara-Fall vom Oberlauf des Flusses. Alles ist stürzend, schäumend, donnernd in Bewegung geraten, unermeßliche latente Energien sind freigesetzt worden. Der Lärm der stürzenden Zeit nimmt uns das Gehör für die Harmonie, die sich in diesem lauten Geschehen verbirgt. Und doch gibt es sie vielleicht.

Man sucht dieses Zeit-Motiv, indem man sloganartig formuliert: Dies ist das Jahrhundert Albert Einsteins, Max Plancks, das Jahrhundert der Atomphysik, der Relativitäts- und Quantentheorie, das Jahrhundert der kleinen Teilchen, der Quarks, der Subquarks, das Jahrhundert Friedmans, Gamows oder Hubbles, das Jahrhundert des Urknalls, der Quasare, der Neutronensterne, der Schwarzen Löcher. Oder: Dies ist das Jahrhundert, wie Ilya Prigogine sagt, in dem aus der Naturwissenschaft vom *Sein* die Naturwissenschaft vom *Werden* wurde; an der Wiege dieses Jahrhunderts stehen Charles Darwin und Ludwig Boltzmann, an seinem vorläufigen Höhepunkt oder Ende eben jener Ilya Prigogine, der sich selbst in den Zeitrahmen einordnet, Manfred Eigen und die anderen Theoretiker des Widerspiels von Ordnungsverlust und Ordnungsgewinn, in ihrer zeitlichen Mitte Erwin Schrödinger, der als erster sagen konnte, was das Leben ist: Negative Entropie, Ordnungsgewinn durch Überlistung des urgesetzlich determinierten Ordnungsverlustes.

Dies ist auch, läßt sich konsequent sagen, das Jahrhundert der Molekularbiologie, einfach gesagt: das Jahrhundert der DNS. Heller und vielleicht gefährlicher als der Atombombenblitz von Hiroshima ist der Scheinwerfer unserer Erkenntnis ins Innerste der lebenden Zelle gefallen, hat das Geheimnis der Vererbung entschlüsselt und das Zeitalter der Biotechnik beginnen lassen. Bedeutsamer als die Konstruktion der Computerchips – »Jahrhundert der Mikroelektronik« – ist die Entschlüsselung milliardenfach höherer Komplexität des Lebens.

Dies aber ist – und man kann es nur im Zusammenhang mit den

Vielfach-Definitionen des Jahrhunderts und nicht im Widerspruch zu ihnen sagen – das Jahrhundert einer neuen Einsicht in den menschlichen Geist und seinen Zusammenhang mit der lebendigen Natur. Es begann in scheinbarer Ferne zur Naturwissenschaft mit dem genialen Lebenswerk zweier Wiener Geistesgiganten: Sigmund Freud entdeckte in einem, wie wir heute sehen, durchaus milieuspezifischen Zusammenhang, wie tief und reich jener Teil unseres Ichs ist, der sich unserem hellen Bewußtsein, unserem klaren Willen und unserer verfügbaren Erinnerung entzieht. Ludwig Wittgenstein machte dieses Jahrhundert zum Jahrhundert der Sprachkritik und glaubte vorerst, scharfe Grenzlinien zwischen dem Erkennbaren, also Sagbaren, und dem Mystischen, dem Nicht-Sagbaren, ziehen zu können, ehe er in einem zweiten Philosophen-Leben erfaßte, daß das Wesen der Sprache, und damit der Welt, nicht in ihrer Vereinfachbarkeit, sondern in ihrer unfaßbaren Komplexität liegt.

Und in diesem rundum blitzschlagerhellten, donnerdurchgrollten, von Sturzfluten der Erkenntnis durchtobten Jahrhundert hat der Wiener Konrad Lorenz aus einem ganz stillen, scheinbar idyllischen Beobachtungswinkel einen weiteren umwälzenden Zugang zum Verständnis unserer Welt gefunden: Aus der geduldigen und phantasiereichen Beobachtung der Tiere, vor allem der Graugänse, wurde ihm klar, daß das, was Sigmund Freud zu Recht vermutet, was zweihundert Jahre vorher Immanuel Kant wie das Negativbild einer künftigen Positiv-Pause postuliert hatte, in einem ganz konkreten biologischen Sinn richtig ist: Wir bringen einen unvorstellbar großen Teil dessen, was wir später zu erfahren glauben, als Erlebnisvoraussetzung, als Erwartung in unser Leben mit. Der oberflächliche Streit zwischen »angeboren« und »erworben« wird eindeutig entschieden, aber in einer unerwarteten Bedeutung, die erst erkennen läßt, was Freiheit ist: Die unermeßliche Größe des Schlüsselbundes, den wir als DNS-Chiffre ins Leben mitnehmen und der unsere angeborenen Hirnstrukturen festlegt, ist die Meßzahl der Entscheidungsmöglichkeiten, die uns in unserem Leben gegeben sind. Die Fülle an Angeborenem enthält die Fülle der Freiheit. Hier trifft sich Konrad Lorenz mit seinem Wiener Jugendfreund, dem großen Philosophen und Wissenschaftstheoretiker Karl Popper: Die lebende Welt wie der Geist – das sind die Theorien, die immer wieder der Widerlegung ausgesetzt werden, um besseren Theorien Platz zu machen. Das Leben und der Geist befinden sich auf einer nicht endenden Suche nach einer besseren Welt. Nichts wird auf diesem Weg *gefunden*. Alles wird *erfunden*.

Die von diesem Grundgedanken ausgehende wissenschaftliche Lebenslinie des Nobelpreisträgers Konrad Lorenz war Gegenstand eines vom Landesstudio Niederösterreich des Österreichischen Rundfunks veranstalteten Symposiums vom 28. bis 30. September 1983 im Schloß Laxenburg.

Wien, im Dezember 1983   Franz Kreuzer

I
Sverre Sjölander
Angeborene Welt – erworbene Welt

Warum ist die Ethologie überhaupt entstanden? Warum ist sie nicht früher, oder später, aufgetaucht? Ist sie die Entdeckung eines bisher unbearbeiteten Feldes, oder ist sie als Revolution gegen veraltetes Denken zu sehen? Nicht zuletzt: Was veranlaßt jemand, Ethologie zu betreiben?

Es wäre recht überheblich, wollte ich behaupten, ich hätte die Antworten auf alle diese Fragen. Was ich aber versuchen möchte, ist: einige Ursprünge der Ethologie rückblickend vom Gesichtspunkt einer jüngeren Generation zu sichten.

Ich habe drei Gesichtspunkte gewählt: die Ethologie als Revolution gegen den Behaviorismus; die Ethologie als Sekundärprodukt von begeisterter Tierliebe; die Ethologie als Mittel zur besseren Kenntnis des Menschen.

Das leere Hirn – Wunschvorstellung in Ost und West

Wenn man zurückblickt, ist es für jemand, der die Zeiten selbst nicht miterlebt hat, sehr schwer zu verstehen, wie eine wissenschaftliche Richtung wie der Behaviorismus überhaupt entstehen konnte.

Die Vorstellung, daß das Gehirn eine amorphe Masse von Nervenzellen ist, die erst durch Erfahrung, durch Belohnung und Strafe, programmiert wird, ist ja nicht einmal logisch haltbar. Außerdem widersprach sie ja schon, als sie entstand, einer Fülle von Daten, sie ging also quer gegen schon bekannte Tatsachen der Zoologie.

Warum der Behaviorismus dennoch entstand, ist eine Frage für jemand, der sich in der Wissenschaftsgeschichte, in der Wissenschaftssoziologie und nicht zuletzt im damaligen politischen Klima besser auskennt als ich. Ich finde es aber bedenkenswert, daß diese Doktrin in den USA und in der Sowjetunion gleich willkommen war. Der machbare Mensch – das ist ja letztlich der politische Inhalt des Behaviorismus.

Aber lassen Sie mich die Frage anders angehen, mehr naturbezogen: Unter den Dachpfannen meines Sommerhauses nisten Mauersegler. Der Abstand vom Dach bis zum Boden ist nicht viel höher als zwei Meter.

Wenn ein junger Mauersegler zum erstenmal aus dem Nest fliegt, hat er also weniger als eine Sekunde Zeit, das Fliegen zu lernen.

Das Fliegen ist eine hochkomplexe motorische Interaktion von Hunderten von Muskeln, von Knochen, Gelenken, von Gefieder und anderem. Daß der Vogel durch zufälliges Durchprobieren von allen Möglichkeiten binnen einer Sekunde zum Fliegen kommen könnte, ist vollkommen absurd.

Ich habe einmal einer Studentengruppe als Aufgabe gegeben, durchzurechnen, wie viel Zeit nötig ist, um alle möglichen Kombinationen von Muskelbewegungen, Gelenkstellungen und Bewegungen durchzuführen, bis man zufällig auf die richtige, flugtaugliche kommt (denn nur sie gibt die Belohnung, alle anderen sind falsch!). Es stellte sich heraus, daß der Vogel dazu bei achtstündigem Arbeitstag – ohne Feiertage – etwa zweihundert Jahre brauchen würde.

Es ist zu bemerken, daß diese Überlegung nicht etwa auf modernen wissenschaftlichen Resultaten fußt, man hätte sie ja genausogut vor tausend Jahren machen können.

Der Vogel muß also zwangsläufig über ein angeborenes Programm verfügen, das ihm ermöglicht, ohne Erfahrung eine hochkomplexe motorische Bewegungsfolge durchzuführen, während der außerdem die Bewegungen von den Augen, vom Gleichgewichtssinn und von inneren Wahrnehmungsorganen angemessen und richtig angepaßt und abgestimmt werden müssen, und zwar auch insofern in einer vorprogrammierten Weise. Dies ist aber nicht genug. Wie jeder weiß, der seinen Söhnen beim Modellflugbasteln geholfen hat, muß jedes fliegende Objekt an kleine Unstimmigkeiten im Körperbau, in bezug auf Schwerpunktlage, Tragflächenwinkel usw., angepaßt werden. Da die Vögel zumindest soviel Variation aufzeigen wie die Modellflugzeuge meiner Söhne, ist ein vollautomatisches Flugprogramm nicht ausreichend. Es muß also die angeborene programmierte Fähigkeit geben, sofort die richtigen Modifikationen im Programm vorzunehmen, die durch die individuellen und aktuellen Variationen nötig sind.

Diese Fähigkeit, das angeborene Programm zu komplettieren oder zu ändern, nennen wir *lernen*. Denn aus ethologischer Sicht ist das Lernen ganz einfach die Individualisierung von angeborenem Verhalten. Wo ein Verhaltensprogramm an den Körperbau des Individuums angepaßt werden muß, an seine Erfahrungen, an seine individuelle Umgebung, an andere nicht voraussagbare Faktoren, ist in dem Programm auch die Möglichkeit vorgegeben, etwas zu ändern, etwas wegzunehmen oder etwas zu ergänzen. Wie diese Veränderungen gemacht werden sollen, welche Kriterien das Tier dafür verwenden soll, ist natürlich wieder eine Sache, die ihrerseits vorprogrammiert sein muß.

Für viele Tierarten ist es genug, daß solche Veränderungen nur einmal gemacht werden, und zwar das erstemal, wenn das Tier der betreffenden Situation begegnet. Eine spätere Änderung ist ja nicht notwendig, wenn ich einspeichern soll, wie meine Art aussieht, wie sie singt oder wie giftiges Essen aussieht. Solche einmaligen Verhaltensänderungen nennen wir *Prägung*.

In diesem Zusammenhang ist es interessant, daß alle Untersuchungen über Lernfähigkeit bei Ratten auf zwei Bereiche konzentriert sind: wo man Essen finden kann und was gefährlich oder peinlich ist. Es ist lebensnotwendig für die Ratte, ein ständig offenes Programm zu haben dafür, wo es eben jetzt und heute etwas zu fressen gibt und was eben jetzt und heute gefährlich ist.

Hätte man mit dem Nestbauverhalten oder mit dem Sexualverhalten Lernversuche gemacht, wäre man zu dem Schluß gekommen, daß Ratten überhaupt nichts lernen können oder zumindest sehr wenig.

Ja, wer zum Teufel ...

Ich möchte betonen, daß die Ethologie in ihren Ursprüngen nur verstanden werden kann, wenn man weiß, daß es eine vollkommen entgegengesetzte Auffassung von tierischem Verhalten gegeben hat. Vieles, was in der frühen Ethologie gemacht worden ist, ist aus dem Gesichtspunkt einer jüngeren Generation unnötig und sogar uninteressant.

Es gibt eine Anekdote von einem sehr berühmten britischen Physiologen, dem erzählt wurde, die Ethologie hätte jetzt bewiesen, daß Vögel auch ohne jede Erfahrung fliegen können. Er hörte ungeduldig zu, zuckte dann die Schultern und sagte: Ja, wer zum Teufel hat denn je was anderes gedacht?

Hier ist ein Kernpunkt. Es gab tatsächlich Leute, die ganz anders dachten, und zwar eine sehr starke, langlebige und einflußreiche Richtung, der Behaviorismus.

Hier liegt auch ein Generationskonflikt in der Ethologie. Die jüngere Generation neigt verständlicherweise auch dazu, die Schultern zu zukken und zu sagen: Na, wer zum Teufel hat denn was anderes gedacht?

Von der Scylla zur Charybdis

Interessanterweise haben wir ja jetzt eine Richtung in der Ethologie, die Soziobiologie, die darauf fußt, daß das Verhalten grundlegend genetisch vorprogrammiert ist. Hier wird zum Beispiel über unterschiedliche Verhaltensprogramme diskutiert, ob ein Individuum mit dem angeborenen Programm, Artgenossen altruistisch zu helfen, nicht auf die Dauer verlieren wird gegen eine, die das Programm trägt, nur den eigenen Verwandten zu helfen.

Nur selten in der Wissenschaft ist ein Sieg für eine neue Denkweise so total und entscheidend gewesen, daß schon nach zwanzig Jahren die Neuankömmlinge nicht mehr verstehen können, daß es einmal etwas anderes wirklich gegeben hat. Es ist in dieser Sicht eine Ironie der Geschichte, daß ein Generationskonflikt zwischen Ethologie und Soziobiologie entstanden ist, da doch die letzte so voll und ganz auf der von Konrad Lorenz geschaffenen Denkweise beruht. Aber jeder neuen Wissenschaft, wie jedem nachfolgenden Wissenschaftler, muß eingeräumt werden, eine Profilneurose zu haben: Das gehört auch zum angeborenen Programm!

Freude am Beobachten – Liebe zum Tier

Als einen zweiten Ursprung der Ethologie habe ich das Liebhaberinteresse genannt. Konrad Lorenz hat gesagt: Graugänse wären die langweiligsten Viecher der Welt, wenn nicht das, was sie machen, wenn sie was machen, so interessant wäre. Dies trifft natürlich für die allermeisten

Tiere zu. Es wäre eine völlig unzumutbare Sache, Stunde um Stunde irgendein Tier zu beobachten, wenn der Beobachter nicht irgendeine Freude am Tier hätte, sei es auch eine rein ästhetische.

Was übrigens nicht zu unterschätzen ist: Viele Ethologen haben gefunden, daß sie in der Praxis nicht mit Tieren arbeiten können, die ihnen persönlich nicht zusagen. Und warum ist das langwierige Beobachten so wichtig? Weil man ja meistens anfangs nicht weiß, wonach man Ausschau halten soll. Der Beobachter muß ziemlich wahllos Daten speichern, ohne zu wissen, welche wichtig sein können und welche nicht, denn nur so lassen sich Gesetzmäßigkeiten entdecken. Wie wir aber programmiert sind, ist es schwer, ja fast unmöglich, in dieser Weise zu arbeiten, wenn man nicht ein spontanes Interesse mitbringt, eine Freude daran, diesen Daten so viel Priorität zu geben, daß sie in den Langzeitspeicher eingehen.

Selbstverständlich kann man ausgezeichnet Ethologie betreiben, vor allem experimentelle Untersuchungen, ohne an dem Tier an sich interessiert zu sein. Das bezeugen die Abertausende Untersuchungen an den weißen Ratten. Ich möchte aber behaupten, daß es sehr wenig ethologische Daten gegeben hätte, wenn nicht viele Liebhaber ihr primäres Interesse am Tier selbst sekundär in die Dienste der Wissenschaft gestellt hätten. Konrad Lorenz ist natürlich selbst ein hervorragendes Beispiel.

Dieses Merkmal der Ethologie ist öfters ein Gegenstand für Kritik und gar Spott von anderen Disziplinen gewesen. Daß gelegentlich die Wissenschaft als Tarnung für ein Privatvergnügen verwendet wird, darf nun aber nicht die Tatsache überdecken, daß wir ohne begeisterte Liebhaberei sehr viel weniger Kenntnisse über tierisches Verhalten hätten.

Das Tier als Ebenbild des Menschen: Der Geist sieht seinen Ursprung

Der dritte Ursprung der Ethologie, als Mittel, um uns selbst zu verstehen, wird natürlich oft als ihr Hauptzweck gesehen.

Wie die meisten Zoologen bin ich damit nicht einverstanden, aber hier ist nicht die richtige Stelle, eine Diskussion über die Berechtigung dieser Motivation zu führen.

Dennoch glaube ich, daß sich die Ethologie ganz besonders gut eignet, die These zu illustrieren, daß sich Grundlagenforschung oft auf anderen Gebieten als den vorgesehenen fruchtbar erweisen kann.

Ich denke hier nicht so sehr an die Humanethologie, denn sie hat ja als Gegenstand eben die Biologie des menschlichen Verhaltens. Vielmehr denke ich an die Evolutionstheorie, die über die Ethologie in der Form von einer Evolutionären Erkenntnistheorie zur Philosophie gekommen ist.

Somit hat die Ethologie nicht nur mit sich gebracht, daß wir die Idee von vererbten Verhaltensprogrammen bei unserer eigenen Art haben akzeptieren müssen, sondern auch die Einsicht, daß unsere ganze Wahrnehmung und Weltauffassung auf Programmen fußt, die als evolutionäre Anpassungen zu verstehen sind.

Aber während die sozusagen zoologische Ethologie einen einschlägigen Sieg errungen hat, steht die Anerkennung ihrer philosophischen Bedeutung noch in den Anfängen. Dabei ist es doch über vierzig Jahre her, seit die erkenntnistheoretischen Konsequenzen eines evolutionär-ethologischen Denkens von Konrad Lorenz dargelegt worden sind.

Und wenn auch ein wichtiger Motor der Ethologie das bessere Verstehen unser selbst ist, bleibt die Frage offen, inwiefern wir die Antworten wirklich akzeptieren können oder wollen.

Ich glaube, daß hier eine besondere Ironie liegt: Die Einsicht, daß unsere Wahrnehmung von der äußeren Welt auf einem biologischen Programm beruht, *wird eben durch dieses Programm verhindert*!

Das Tier als mißlungener Mensch

Lassen Sie mich es so ausdrücken: In der Umgebung von unseren primitiven Vorfahren waren die Mitmenschen, die Sozialkumpane, zweifellos das Wichtigste. Ein Programm, das die Außenwelt erfolgreich wahrnehmen soll, wird demnach mit Einheiten arbeiten, die sich auf Gefühle, Absichten, Gedanken und Erinnerungen anderer Menschen beziehen.

Auch als Verständnismodus für das Verhalten von Haustieren und Jagdbeuten paßt ein solches Programm sehr gut, sind sie ja auch Wesen, denen man Gefühle, Absichten, Gedanken und Erinnerungen dieser Art zuschreiben kann.

Eine ziemlich natürliche Folge dieser Art von Wahrnehmungspro-
gramm ist, daß man allen Gegenständen der Umgebung solche Eigenschaften zuschreibt in einer Form von Animismus, wie er von allen
primitiven Kulturen bekannt ist und wie er sich auch in unserem eigenen Aberglauben spiegelt.

Dieses Erkenntnisprogramm führt dann logischerweise dazu, daß
man die Tiere als Menschen sieht, oder besser gesagt als halbwegs
gelungene Versuchsmodelle, die es noch nicht ganz geschafft haben.

Diese Einstellung führt dann zwangsläufig zu Enttäuschung. Und so
kriegen wir eine totale Ablehnung: Die Ethologie habe dem Menschen
nichts zu sagen, sie solle gefälligst bei den Tieren bleiben!

Halluzination, die Wirklichkeitsabbild sein will

Dieses Schwanken in der Debatte kennen wir alle nur allzu gut, von der
Einstellung »Der Mensch ist ja bloß ein Tier« zum »Der Mensch ist
nun mal was ganz anderes als das Tier«.

Ein ähnlicher Widerstand taucht auch auf höheren Niveau-Stufen
auf. Wenn wir eine ethologische Betrachtungsweise an Wahrnehmung
und Erkenntnis anlegen, geht sie ganz konträr gegen die seit Jahrtausenden eingebürgerte idealistisch-platonistische Vorstellung:

Es entspricht die Programmierung ihrem biologischen Zweck, wenn
ich die Auffassung hege, daß die Ideen in meinem Kopf die *eigentliche*
Wirklichkeit sind, das eigentlich Existente, und daß die äußere Wirklichkeit nur ein mehr oder wenig gelungener Versuch ist, diese Ideen zu
verwirklichen. Denn ein Urmensch, der nicht in diesem Sinne anthro-
pozentrisch war, der nicht seine innere Welt für wahr hielt, war eben
nicht eine biologisch zweckmäßige Konstruktion.

Die entgegengesetzte Auffassung, daß die äußere Wirklichkeit ganz
handfest da ist und daß ich in meinem Gehirn eine halluzinatorische
Symbolwelt habe, die diese äußere Welt zwar repräsentiert durch Farben, dreidimensionale Formen, Zeitauffassung usw., aber nicht die
Wirklichkeit deswegen *ist*, so daß ich zum Ding an sich kommen kann,
ist sehr viel schwieriger zu akzeptieren. Denn letzten Endes bedeutet
dies ja, daß ich von der Umwelt im Grunde genommen nichts direkt
weiß, sondern mich darauf verlassen muß, daß meine innere Symbolwelt so gut die äußere Welt repräsentiert, daß ich mich mit dieser Welt

auseinandersetzen kann, mich dort bewegen, handeln und die Vorgänge dort beeinflussen kann.

Kurzum, die moderne, evolutionär-ethologische Vorstellung von Erkenntnis und Wahrnehmung als einer gesteuerten Halluzination, einer inneren Symbolwelt, die über die Sinnesorgane gesteuert wird, läuft eben gegen sich selbst, gegen die angeborene Programmierung, und löst sogar oft Unbehagen und emotionalen Widerstand aus. Vielleicht liegt hier ein wichtiger Grund dafür, daß die erkenntnistheoretischen Entdeckungen von Konrad Lorenz noch immer nicht die ihnen zukommende Beachtung gefunden haben und daß sein wichtigstes Werk, »Die Rückseite des Spiegels«, sogar unter Kollegen auch heute eigentlich noch nicht »entdeckt« ist. Dabei ist doch seine Entdeckung, daß Wahrnehmung und Erkenntnis Produkte einer Evolution sind, wo innere Symbole und Strukturen, die unzulänglich waren, ausgemerzt worden sind zugunsten besserer Systeme – ganz nach den von Darwin entdeckten Gesetzen –, ein wissenschaftlicher Durchbruch, der uns wenigstens ahnen läßt, wie die Brücke zwischen Naturwissenschaft und Geisteswissenschaft gebaut werden könnte.

Wenn auch die Ethologie heute als voll anerkannte und integrierte biologische Disziplin dasteht, ist deswegen nicht das von Konrad Lorenz angefangene Werk insofern abgeschlossen, daß wir nunmehr hauptsächlich einen binnenwissenschaftlichen Ausbau, eine Verfeinerung und Ergänzung vor uns haben. In den weittragenderen Konsequenzen dieses Werkes hat die Arbeit noch kaum angefangen.

Erhard Oeser
Zickzackweg auf dem Grat der Wahrheit

Wenn man als Wissenschaftstheoretiker und Wissenschaftshistoriker vor die Aufgabe gestellt wird, zu Ehren eines verdienstvollen Mannes über die Vorläufer und die Entwicklung jener wissenschaftlichen Disziplin zu sprechen, als deren Begründer er gilt, so scheint es nur einen Weg zu geben: Man schildert diese Entwicklung als die Geschichte einer linearen Kette von kleinen und großen Männern, wobei man aufpassen muß, daß man niemanden vergißt. Und an das Ende dieser Kette stellt man dann den Größten. Das gilt auch dann, wenn der Größte und Letzte in dieser Reihe meistens mit der sprichwörtlichen Bescheidenheit großer Männer erklärt, er wäre nur deswegen so groß, weil er auf den Schultern von Riesen steht. Newton und Darwin sind die klassischen Beispiele dafür, und Konrad Lorenz könnte das aktuelle Beispiel sein.

Ich möchte aber trotzdem diesen Weg der klassischen Heroengeschichtsschreibung nicht gehen. Nicht deswegen, weil es gerade in diesem Fall nicht leicht wäre. Denn Konrad Lorenz gilt als der unumstrittene Begründer der Ethologie. Sondern deswegen, weil es eine der wichtigsten Konsequenzen der von Konrad Lorenz aus der Ethologie entwickelten Position der »Evolutionären Erkenntnistheorie« ist, daß es eine derartige lineare Heroengeschichte, eine Geschichte von einzelnen Individuen, die in einer Art von Staffellauf die Fackel der Wahrheit einander übergeben, nie gegeben hat: »Neue Erkenntnisse und Ideen«, sagt Lorenz selbst, »die geeignet sind, unsere ›Weltanschauung‹ zu verändern, die uns lehren, Mensch und Erde von einem neuen Standpunkt aus zu betrachten, sind niemals Errungenschaften eines einzelnen Menschen, zumindest nicht in neuerer Zeit.« (Lorenz 1982a: 5)

Die Konsequenz daraus ist, daß die so hoch bewertete Priorität nur wenig bedeutet. Große wissenschaftliche Erkenntnisse sind Leistungen nicht des Individuums, sondern, wie schon Ernst Mach wußte, der bereits einen evolutionistischen Standpunkt in der Wissenschaftsgeschichtsschreibung vertrat, Leistungen der Art. Und zum Unterschied von der linear kumulativen Fortschrittsideologie der klassischen Wissenschaftsgeschichtsschreibung, die sich eher für Sonntagspredigten als für eine kritische Analyse des wahren Argumentationszusammenhangs eignet, spielt sich der Ablauf der Wissenschaften in einem äußerst dramatischen Prozeß der Entstehung und des Untergangs wissenschaftlicher Hypothesen und Theorien ab.

Die »Wissenschaftsevolution« wiederholt also ganz offensichtlich den Mechanismus der Evolution der Lebewesen. Sie ist so etwas wie ein unblutiger Kampf ums Überleben, weil wir, wie Popper in direkter Analogie zu den Lorenzschen Untersuchungen des problemlösenden Verhaltens im Tierreich sagt, »unsere Hypothesen an Stelle von uns selbst sterben lassen können« (Popper 1973: 274).

Und das ist durchaus notwendig, denn es ist ein Privileg des Menschen, eine ungeheure Variation von Unsinn zu erzeugen: Das wußten schon alle Kulturhistoriker und Kulturkritiker: »Das wohlgeordnete, wohlabgegrenzte Reich der Wahrheit ist klein. Unermeßlich und bodenlos ist nur die Wildnis der Torheiten und Irrtümer.« (Egon Friedell) Und jeder, der eine »neue Wahrheit entdeckt, muß einer Unzahl von bedeutenden Gemeinplätzen die Kehle abschneiden«. (Ortega y Gasset)

Ethologie über Ethologen: ein scheinbarer Zirkel

Vom Standpunkt der Evolutionären Erkenntnistheorie lassen sich daher auch die mehr oder weniger rationalen Verhaltensweisen der Wissenschaftler vergleichen wie die Verhaltensweisen von Vögeln, Fischen, Hunden oder Affen. »Eine Ethologie über die Ethologen«, wird man erstaunt sagen, »was ist das für ein Teufelskreis!« Dieser Teufelskreis, oder akademisch »Circulus vitiosus« genannt, ist aber nur scheinbar ein Teufelskreis. Denn beim echten logischen Circulus vitiosus ist das Ergebnis (conclusio) des Beweises bereits in den Voraussetzungen (Prä-

missen) enthalten. Dazu aber gehört es, daß sich die gesamte Argumentationsstruktur auf derselben Argumentationsebene abspielt. Dies
aber ist hier nicht der Fall: Die Begründung der Evolutionären Erkenntnistheorie im Rahmen der Lorenzschen Ethologie liegt auf einer
anderen Ebene als die metatheoretische Rekonstruktion und Rechtfertigung der Ethologie selbst.

Es handelt sich also hier um ein *Zwei-Stufen-Konzept* der Evolutionären Erkenntnistheorie:

Auf der ersten Stufe werden die Bedingungen, aber auch die Beschränkungen der Möglichkeit menschlicher Erkenntnis festgestellt,
die sich dadurch ergeben, daß der Mensch als Produkt der genetisch-
organischen Evolution betrachtet wird. Die Evolutionäre Erkenntnistheorie erster Stufe beschäftigt sich sozusagen mit der »Naturgeschichte des menschlichen Erkennens« (Lorenz 1973b).

Auf der zweiten Stufe können dann diese natürlichen Bedingungen
und Beschränkungen der menschlichen Erkenntnis auf die zweite Evolution, auf die soziokulturelle Evolution und somit auch auf die Entwicklung der Wissenschaft übertragen werden, und zwar zirkelfrei und
ohne Analogieschlüsse – obwohl Analogien von heuristischem Wert
sein können. Was auf dieser zweiten Stufe geschieht, kann man auch
als komparative oder vergleichende Wissenschaftsforschung bezeichnen, deren Ansätze unabhängig von Evolutionsforschung und Ethologie bereits explizit in den dreißiger Jahren unseres Jahrhunderts gegeben waren. Die Grundthese der Evolutionären Erkenntnistheorie erster
Stufe, die Lorenz bereits 1941 formuliert hat, besagt: Daß unser Erkenntnisapparat und somit unsere Formen der Wahrnehmung, des
Denkens und Handelns an die reale Welt bzw. an einen bestimmten
Ausschnitt dieser Welt (die Welt der mittleren Dimension oder die
kognitive Nische) angepaßt ist, »wie der Huf des Pferdes schon vor
seiner Geburt auf den Steppenboden paßt« (Lorenz und Wuketits 1983:
100).

Die Grundthese der Evolutionären Erkenntnistheorie zweiter Stufe
besagt, daß das Verlassen der angeborenen kognitiven Nische nur
schrittweise nach bestimmten Regeln und Gesetzmäßigkeiten erfolgt,
die uns die objektive Wahrheit zumindest annäherungsweise garantie-
ren. Ein Paradebeispiel dafür ist die Entwicklungsgeschichte der Physik, die sich von der unserem Erkenntnisapparat näher liegenden Eukli-
disch-Newtonschen Theorie zu den abstrakten axiomatisch deduktiven

Systemen der nichteuklidischen Einsteinschen Relativitätstheorie fortbewegt hat. Dem entspricht auch die Entwicklung der Biologie, die von den statischen Theorien der Artkonstanz über mehrere Zwischenstufen zur Phylogenetik und Evolutionstheorie führt. In diesem Sinne kennt auch die Entwicklung der Ethologie nicht nur einen, sondern der Komplexität ihres Gegenstandes entsprechend mehrere Entwicklungszyklen, in denen es Vorläufer, Mitläufer und »Nachläufer« gibt, aber auch Konkurrenten oder »Gegenläufer«. Die Wissenschaftsgeschichte ist daher nicht nur ein Friedhof vergangener Ideen, ein unentwirrbares Trümmerfeld von Wahrheit und Irrtum, sondern ein Selbstkorrekturprozeß, in dem auch der Irrtum eine positive Rolle spielt. Denn, wie bereits Darwin wußte – und zwar ohne die »Logik der Forschung« von Popper gelesen zu haben: Theoretische Irrtümer sind in der Wissenschaft unvermeidbar, weil wissenschaftliche Theorien die unmittelbare Wahrnehmungswelt, an die wir angepaßt sind, überschreiten. Aber jeder wird, sagt Darwin wörtlich, »ein heilsames Vergnügen darin finden, ihre Irrigkeit nachzuweisen; und wenn dies geschehen ist, ist unser Weg zum Irrtum hin verschlossen und gleichzeitig der Weg zur Wahrheit geöffnet« (Darwin 1875 ff.: VI, 363). In diesem Sinne gehören auch die Irrtümer der teleologischen Psychologie, der Kettenreflextheorie, des mechanistisch-atomistischen Behaviorismus und der Gestaltpsychologie zu den Vorläufererscheinungen der Ethologie.

Das Schaf flieht, ohne Plinius gelesen zu haben

Der Tier-Mensch-Vergleich ist so alt wie die Menschheit selbst. Betrachtet man die Geschichte der Zoologie vor Darwin mit dem Wissen der heutigen Ethologie, so findet man fast alle ihre Grundbegriffe und Grundaussagen schon vorgeformt. Angefangen von der Grundidee der ionischen Naturphilosophen, daß die Ähnlichkeit zwischen Tier und Mensch durch einen gemeinsamen Entwicklungsablauf verursacht worden ist, bis hin zu den Unterscheidungen von Angeborenem und Erworbenem, die bereits Aristoteles gekannt und zu weitergehenden Differenzierungen ausgebaut hat und die in die Nähe der Lorenzschen Instinkt-Dressur-Verschränkung kommen.

Auch die negative Definition des Instinktes oder des Angeborenen überhaupt ist hier interessant: »Angeboren ist, was nicht erlernt wurde«, findet man schon frühzeitig in der Wissenschaftsgeschichte. Ausdrücklich aber in der Neuzeit bei David Hume. Aber schon vor Hume hieß es in deutlichem Bezug auf angeborene Verhaltensweisen, daß – ich zitiere einen Autor des 17. Jh.s –, »das Schaf vor dem Wolf flieht, ohne erst im Plinius nachgelesen zu haben, daß dieser sein Feind sei« (vgl. Wickler und Seibt 1977: 24). Ebenfalls war man sich auch im klaren, daß die Unterscheidung zwischen angeborenem und erlerntem Verhalten beim Menschen nur durch inhumane Isolierungsexperimente möglich ist. Die scheußlichen Experimente zur Entdeckung der angeborenen Ursprache, die man einem ägyptischen Pharao und König Jakob IV. von Schottland zuschreibt, sind Beispiele dafür (vgl. Wilson 1980: 29).

»Alles ist schon dagewesen« oder »Nichts ist schon dagewesen«

Ebenso alt und immer wieder neu aufgetaucht scheint die Idee der »Prägung« zu sein, die von den alten Ägyptern bis zu Thomas Morus reicht, der das alte ägyptische Rezept des künstlichen Ausbrütens von Hühnereiern deswegen für vorteilhaft ansieht, weil die Küken dem »Menschen folgen und ihn als Mutter annehmen«. Aussagen dieser Art könnte man noch in größerer Anzahl in der klassischen »historia naturalis« und in den Tieranekdoten des Mittelalters und der Neuzeit finden. Alles scheint also schon dagewesen zu sein. Aber bei genauerer Betrachtung zeigt sich, daß Ben Akibas berühmter Ausspruch, wie bereits Konrad Lorenz in anderen Zusammenhängen festgestellt hat (Lorenz 1983 b: 144), das Gegenteil der historischen Wahrheit ist. Für diese gilt vielmehr: *Nichts ist schon dagewesen.*

Und das gilt auch für die Geschichte der Ethologie. Denn entweder waren diese Aussagen isolierte Zufallsaussagen, deren Hintergrund häufig ein naiver Anthropomorphismus war, oder sie standen in gedanklicher Verknüpfung mit Theorien, die der modernen Ethologie und Biologie überhaupt widersprechen, wie etwa die Idee der »Zweckmäßigkeit« des tierischen Verhaltens, die immer mit der aristotelischen Teleologie verknüpft war. Die gesamte vordarwinistische Tradition des Tier-Mensch-Vergleichs führte jedenfalls zu keinem nur annähernd systematisch konsistenten Aussagenkomplex, der den Namen einer eigenen wissenschaftlichen Disziplin verdient hätte. Nur im nachhinein und mit dem Wissen der heutigen Ethologie bekommen die über mehr als zwei Jahrtausende hinweg verstreuten Beobachtungen und Aussagen einen zusammenhängenden systematischen Sinn. Dieser Zusammenhang war nicht gegeben, solange es nicht die Evolutionstheorie gab.

Bienenwabe, Ameisenstaat, Jagdhundinstinkt

Bekanntlich hat Darwin selbst sehr frühzeitig die Konsequenz gezogen, die die Evolutionstheorie für das Verständnis des tierischen und menschlichen Verhaltens hat. Schon in seinen Notizen hält er fest, daß auch Verhaltensweisen vererbt werden und, weil sie gerade für die Arterhaltung besonders wichtig sind, auch der Selektion unterworfen sind. Und das dritte Kapitel der »Abstammung des Menschen«, das den Titel »Vergleich zwischen den Geisteskräften des Menschen und denen der niedrigeren Tiere« trägt, kann zusammen mit dem kurz darauf erschienenen Buch über den »Ausdruck der Gemütsbewegungen bei dem Menschen und den Tieren« als der erste systematisch auf der Evolutionstheorie gegründete Ansatz zur Vergleichenden Verhaltensforschung gelten.

Die Beispiele, die Darwin bringt, reichen vom Wabenbau der Bienen und arbeitsteiligen Verhalten der Ameisen über den Wandertrieb der Vögel bis zu den Verhaltensweisen von Jagdhunden. Abgesehen vom Ausdruck der Emotionen hat aber Darwin kaum das Verhalten in Einzelheiten studiert. Seine Untersuchungen bleiben fragmentarisch. Die Unterscheidung zwischen angeborenem und erworbenem Verhalten bleibt unklar. In der Aufstufung der »geistigen Kräfte« vom Tier zum Menschen folgt er der aristotelischen Stufenreihe der Erkenntnisvermögen und beruft sich explizit in vielen Einzelheiten auf die anthropomorphen Vorstellungen von Brehms Tierleben. Schließlich gerät er auch gerade bei der Frage nach der Vererbung von Verhaltensweisen in dramatische und für ihn unlösbare Schwierigkeiten. Denn gerade eines seiner Hauptbeispiele einer vererbten Instinkthandlung, das Verhalten der unfruchtbaren Arbeiter in den Insektenkolonien, ist für ihn schier unerklärbar. Die Tatsache, daß die Arbeitsameise »ein von seinen Eltern abweichendes Individuum ist, das absolut unfruchtbar ist und daher seine Abänderung des organischen Baus oder der Instinkte nie auf die Nachkommenschaft weitervererben kann«, war von seiner Auffassung der Vererbung aus eine, wie er selbst in dramatischer Weise sagt, »unübersteigbare Schwierigkeit«, die seiner »ganzen Theorie wirklich verderblich zu sein schien« (Darwin 1875: II, 318). Die Lösung, die er zwar andeutet, aber nicht weiter verfolgt, geht bereits in die Richtung der Populationsgenetik, wenn er sagt, daß »Zuchtwahl ebensowohl bei der Familie als bei den Individuen anwendbar ist und daher zum erwünschten Ziel führen kann«. Man sieht, so neu ist die Entdeckung der inclusive fitness der Soziobiologen nicht.

Der erste Entwicklungszyklus der Ethologie war jedenfalls mit Darwin selbst wieder beendet. Denn das Aufkommen der Mutationstheorie und des Neodarwinismus hatte eher eine Verdrängung der Verhaltensforschung zur Folge. Während bei Darwin das Verhalten in einem fast lamarckistischen Sinn als eine Art Antriebskraft der Evolution angesehen wurde, zumindest blieb es für ihn offen, ob »der Instinkt oder Körperbau zuerst sich zu verändern begonnen hatte«, war nach der neodarwinistischen Auffassung die Anpassung des Verhaltens ausschließlich ein Resultat nachträglicher Selektion. »In seiner extremen Form«, so drückte es bereits Simpson aus, »schloß dieser Gesichtspunkt das Verhalten als wesentliches Element der Evolution aus.« (Behavior and Evolution 1958) Darwin selbst aber »hat recht gesehen«, wie Konrad Lorenz sagt, als er die Evolution der Lebewesen nicht nur auf die organische Entwicklung, sondern auch auf die Entwicklung des Verhaltens bezog.

Verhalten als artspezifisches Merkmal

In Parenthese dazu kann man sagen: Konrad Lorenz hat recht gesehen, als er die Verhaltensforschung auf die Evolution gründete. Und zwar auf das Faktum der Evolution und nicht auf eine bestimmte Form der Evolutionstheorie.

Er macht damit die vorwiegend induktiv am Beobachtungsmaterial orientierte Verhaltensforschung nicht von der Entwicklung der die Evolution erklärenden Theorien abhängig. Denn unter Umständen kann ja auch eine bestimmte Form der Evolutionstheorie wie etwa die bereits angeführte extreme Form des Neodarwinismus ein Hindernis für die Entwicklung der Ethologie sein. Diese Auffassung der Faktizität der Evolution vertritt Konrad Lorenz, wie ich glaube, auch heute. Ich erinnere mich in diesem Zusammenhang an den schönen Ausspruch von Konrad Lorenz, den er vor kurzem in Alpbach getan hat: »Ich werde rot vor Zorn, wenn jemand das Faktum der Evolution als Evolutionstheorie bezeichnet.«

Ausgangspunkt des zweiten und eigentlichen Entwicklungszyklus der Ethologie – denn der vordarwinistische Zyklus, der mit Darwin selbst endete, war nur ein Vorspiel –, der eigentliche Ausgangspunkt also war eine empirisch-induktive Entdeckung. Es waren die Zoologen und Phylogenetiker Oskar Heinroth und Charles Otis Whitman, die unabhängig voneinander feststellten, daß »bestimmte Verhaltensweisen ebenso konstante und kennzeichnende Merkmale von Arten, Gattungen und noch größeren Einheiten der zoologischen Systeme sind wie nur irgendwelche körperliche Merkmale, etwa die Formen von Knochen, Zähnen usw.« (Lorenz 1965a).

Wie entsteht Leben? Wie entsteht Geist?

Die Bedeutung dieser Feststellung kann man gar nicht genug hervorheben. Denn sie stellt die eigentliche systematische Neubegründung der Ethologie dar. Ethologie hat es auch nach Darwin gegeben. Sie fristete aber unter dem Namen »Tierpsychologie« ein höchst kümmerliches Dasein als Anhängsel der Humanpsychologie. Von diesem »Aschenbrödeldasein« entwickelte sich aber nun die Verhaltensforschung auf dem Boden der Erkenntnis der Evolution zu einer bis heute noch nicht richtig gewürdigten realen Klammer zwischen Biologie und Humanwissenschaften. In dieser Funktion ist sie höchstens noch mit den Theorien der präbiotischen Evolution zu vergleichen, die die wissenschaftssystematische Verbindung zur Chemie und Physik herstellen.

Darwin selbst hat diesen Zusammenhang in seiner ganzen Schwierigkeit gesehen, wenn er von »zwei hoffnungslosen Fragen« spricht und die »Entstehung des Lebens« genauso wie die »Entstehung der Geisteskräfte in den niedrigsten Organismen« als »Probleme für eine ferne Zukunft« bezeichnet (Darwin 1875: V). Heute, hundert Jahre nach Darwins Tod, kann man sagen, daß zumindest die zweite Frage in einem geradezu erstaunlichen Entwicklungstempo prinzipiell gelöst worden ist. Ich kann mich in der Rekonstruktion dieser konsequent aufeinander folgenden Entwicklungsphasen der Ethologie ohne weiteres auf die »Gesammelten Abhandlungen zum Werdegang der Verhaltenslehre« von Konrad Lorenz stützen. Denn aus der chronologischen Abfolge dieser Arbeiten läßt sich, wie Konrad Lorenz selbst in der Einleitung zu diesem zweibändigen Werk sagt, »sehr hübsch die stufenweise Entstehung, Einengung und Präzisierung der Begriffe verfolgen, die auch heute noch in der Ethologie Anwendung finden« (Lorenz 1965a: I, 11).

Erste Phase: Die Pioniere der Ethologie

Die Rekonstruktion des Werdegangs der Ethologie in ihrer inneren Argumentationsstruktur und nicht als bloße »Biographienkette« läßt auf Grund dieses Materials sehr deutlich drei Stufen oder Entwicklungsphasen erkennen:

Die *erste Phase* ist die innovatorische Pionierphase. Eingeleitet wird diese Phase mit den bereits erwähnten Pionierarbeiten von Heinroth und Whitman. Hinzu kommt noch der Taubenspezialist Craig, der bereits im Jahr 1909 mit seiner Abhandlung »Der Ausdruck der Gemütsbewegung bei den Tauben« in direkter Anspielung auf den Titel des Darwinschen Buches die Verbindung zu Darwin selbst hergestellt. Diese Pionierarbeiten stellen nach dem Urteil von Lorenz eine »exaktere kausale Analyse« des tierischen und menschlichen Verhaltens dar, »als sie je zuvor von einer nur scheinbar naturwissenschaftlichen Experimentalpsychologie erreicht wurde« (Lorenz 1965a: II, 24). In der weiteren Entwicklung dieser Grundidee beschränke ich mich auf eine Aussage aus der erkenntnistheoretisch bedeutsamen Abhandlung zum Instinktbegriff aus dem Jahre 1937, wo Lorenz bereits die klare Feststellung trifft, »daß man vergleichende Instinktlehre zunächst nach denselben Gesichtspunkten betreiben müsse wie vergleichende Anatomie, nämlich als beschreibende Wissenschaft«. »Wir müssen also«, sagt Lorenz, »zunächst Instinkthandlungen der verschiedensten Tiere sammeln und beschreiben. Schon die Tätigkeit des Sammelns bringt die Notwendigkeit des Experimentierens mit sich, ohne welches wir nicht wissen können, ob eine Handlung instinktmäßig angeboren sei oder nicht« (Lorenz 1965a: I, 311). In der weiteren Folge verdichtet sich diese erkenntnistheoretische Grundhaltung zu einem, wie man sagen könnte, »Manifest der induktiven Methodologie«. Wissenschaftssoziologisch kann man am Ende dieser Phase von einem »Forschungsparadigma« im Sinne von Thomas Kuhn sprechen. Niemand hat das klarer erkannt als einer der schärfsten Gegner von Lorenz, der Hauptvertreter der damals zumindest in Europa übermächtigen Gruppe der »teleologischen Psychologie«. Es war der Holländer Bierens de Haan, der zum erstenmal in aller Deutlichkeit von der »Gruppe um Lorenz« sprach. Während Konrad Lorenz selbst die Charakterisierung noch abgelehnt hat: »Ich darf durchaus nicht in Anspruch nehmen, das Zentrum oder auch nur ein besonders markanter Vertreter der ›Gruppe‹ zu sein, gegen die Bierens de Haan in Wirklichkeit anrennt, nämlich des Kreises aller einigermaßen diszipliniert denkender Vertreter induktiver Naturforschung. Historisch betrachtet müßte er von der ›Gruppe um Galilei‹ sprechen, oder, wenn er nur das enge Teilgebiet der Erforschung angeborener tierischer und menschlicher Verhaltensweisen meint, von dem Kreis um Heinroth und Whitman« (Lorenz 1965a: I, 400). Wie sieht nun dieses induktive Manifest aus, das Konrad Lorenz in dem 1942 erschienenen Artikel »Induktive und teleologische Psychologie« dargestellt hat?

Es geht nicht, wie man etwa annehmen könnte, um eine positivistische Philosophie der Beschreibung, die jede theoretische Erklärung ablehnt, sondern um einen wesentlich differenzierteren mehrstufigen Induktionsbegriff, der zur konstruktiven Theorienbildung führt. Schon der in diesem Zusammenhang von Lorenz genannte Name Galileis, des Begründers der neuzeitlichen Grundlagentheorie der Physik, muß aufhorchen lassen. Die Induktion steht nicht im Gegensatz zur erklärenden Theorie, sondern zu einem dogmatisch »vorweggenommenen Erklärungsprinzip«, das unverändert auch gegen die Beobachtungstatsachen beibehalten wird. Ein solches vorweggenommenes unantastbares Erklärungsprinzip, wie es das teleologische Prinzip darstellte, läßt jede widersprechende Beobachtung nur als Fehler erscheinen. Für die unvoreingenommene induktive Vorgangsweise dagegen bedeutet jede Beobachtung, die eine Veränderung des bisher gebrauchten Begriffsapparates nötig macht, einen Erfolg.

Auf diese Weise ist, wie Lorenz selbst klar erkannt hat, der gesamte Apparat der ethologischen Grundbegriffe zustande gekommen. In der ersten Phase, in der Pionierphase, in der die Ethologie weder eine anerkannte Wissenschaft war noch ihre eigenen Fachausdrücke besaß, waren fast alle Schriften, auch die von Konrad Lorenz selbst, in einer allgemeinverständlichen Sprache geschrieben. Denn es gehört, wie Lorenz selbst nachträglich feststellte, zur »guten Strategie beim Vortreiben einer Untersuchung in völlig unbekanntes Gebiet, sich nicht vorschnell auf zu enge Begriffsfassungen und scharfe Definitionen einzulassen« (Lorenz 1965a: I, 11).

Zweite Phase: Reize von innen – nicht nur Reize von außen

Die *zweite Phase*, deren Beginn mit der Akzeptierung der Vergleichenden Verhaltensforschung als etablierter Disziplin anzusetzen ist, ist gekennzeichnet durch den konstruktiven Aufbau einer eigenen Fachsprache, in der in präzisierter Weise Termini auftreten wie »Appetenzverhalten«, »Instinkt-Dressur-Verschränkung« oder »Prägung«, »Angeborene Auslösemechanismen« (AAM), »Lernen« usw. Alle diese Begriffe verdanken ihre Entstehung und definitorische Präzisierung einem induktiven Selbstkorrekturprozeß. Demonstriert kann dieser Selbstkorrekturprozeß in der Ethologie an einem sehr drastischen Beispiel werden: Bis 1937 hielt auch Konrad Lorenz an der herkömmlichen Form der Reflextheorie fest, die besagt, daß der Reflex das einzige Grundelement aller angeborenen Bewegungsweisen sei und daß somit alle auch noch so komplizierten angeborenen Bewegungsweisen nichts anderes sind als Kettenreflexe.

Die induktiv vorgehenden Wissenschaftler und gerade die besten und kenntnisreichsten Tierbeobachter wie Whitman, Heinroth, Craig, Howard haben sich aber immer gewundert, daß bestimmte Instinktbewegungen, die ganz eindeutig auf bestimmte Situationen und Objekte zugeschnitten sind, wie zum Beispiel die Nestbaubewegungen von Schwänen und Gänsen, oft völlig »leer« ablaufen. Das heißt: unabhängig von den entsprechenden Reizen und ohne Erfüllung ihrer jeweiligen arterhaltenden Leistung. Und das Erstaunlichste dabei war, daß dieser »Leerlauf« sogar häufiger zu beobachten war als die wirkliche arterhaltende Bewegung. Besonders gilt dies für gefangengehaltene Tiere. Auf Grund dieser und eigener Beobachtungen, die zusätzlich das Phänomen der »Schwellenerniedrigung« bei solchen Leerlaufbewegungen betrafen, hat Konrad Lorenz, obwohl selbst zu diesem Zeitpunkt noch ein Vertreter der klassischen Kettenreflextheorie, eine zusätzliche

Erklärung verlangt. In diese Situation »platzte nun auf einmal«, wie Lorenz selbst dramatisch schildert, »die Bombe der von Holstschen Ergebnisse« (Lorenz 1965a).

Die Experimente des Neurophysiologen Erich von Holst, die sich mit Lokomotionsrhythmen von Würmern und Fischen, zum Beispiel Aalen, beschäftigten, führten nämlich zu der für die weitere Entwicklung der Ethologie sehr bedeutsamen Einsicht, die folgendermaßen lautet: »Der Reflex ist nicht das einzige Element neuraler Vorgänge, es gehört zu den wichtigsten Leistungen des Zentralnervensystems, Reize selbst zu erzeugen!« (Lorenz 1965a: I, 392)

Die Bedeutung dieses experimentell gesicherten Ergebnisses hat Konrad Lorenz sofort erkannt: »Alle Erscheinungen, die eben noch unverständliche Paradoxa waren, werden schlagartig zu selbstverständlichen, ja theoretisch zu fordernden Folgen eines einzigen klar erkannten Grundvorganges.« Dieses Wissen über die Grundlagen der endogenen-automatischen Instinktbewegung war auch ein entscheidendes Gegenargument gegen eine zweite Richtung der Psychologie, gegen die sich die Lorenzsche Ethologie durchsetzen mußte. Diese zweite Richtung hat sich zum Unterschied von der schon längst obsolet gewordenen »Zweckpsychologie« alten Stils bis heute gehalten, vor allem in der Humanpsychologie. Es ist der ursprünglich von dem Amerikaner Watson begründete Behaviorismus, der in der Gegenwart mit dem Namen Skinner verknüpft ist. Der klassische Behaviorismus war zunächst nichts anderes als der Gegensatz zu der auf Introspektion beruhenden teleologischen Psychologie. Er lehnte es strikt ab, durch Eigenerfahrung gewonnene Erkenntnisse auf andere Lebewesen zu übertragen, und beschränkte sich auf die Auswertung objektiver Beobachtung des Verhaltens. Dies führte aber zu der extremen Vorstellung eines mechanistischen Input-Output-Systems, bei dem der Organismus selbst nur ein »schwarzer Kasten« ist. Beobachtbar ist letzten Endes nur das daraus resultierende Verhalten, wobei auch die besonderen Bedingungen des Inputs, der Reizung also, keine große Rolle spielen. Die Nähe zur klassischen Kettenreflextheorie ist hier ganz deutlich, denn der »schwarze Kasten« braucht deswegen selbst nicht in seinem inneren Mechanismus beachtet zu werden, weil sich Reiz und Reflex im Innern des Organismus nur als bloße Kette fortsetzen. Diese Auffassung führte dann zu den berüchtigten »standardisierten Versuchsanordnungen« und in letzter Konsequenz zur Aufhebung der Unterschiede von angeborenen Instinkten und erlerntem Verhalten. Auch wenn der Begriff des »Angeborenen« nicht total geleugnet wird, so wird er zumindest als völlig »wertlos« betrachtet.

Gerade aber die Destruktion der klassischen Kettenreflextheorie macht es notwendig, auch ein Modell jener Vorgänge zu konstruieren, die im Innern des Organismus, genauer im »zentralen Nervensystem« ablaufen. Damit bewährt sich wieder eine alte Ansicht von Darwin, daß die Entwicklung unserer Erkenntnisse des menschlichen und tierischen Verhaltens insbesondere über die geistigen Fähigkeiten in hohem Maß auch von der Kenntnis der Gehirntätigkeit abhängt. Entscheidend jedoch ist, daß in dieser Phase des konstruktiven Aufbaus der ethologischen Fachbegriffe die Grundidee der »Gestalt« und »Ganzheit« eine neue Bedeutung erhielt.

Im Gegensatz zu einer atomistisch-mechanistischen Grundhaltung und jeder Art des Reduktionismus hat Lorenz schon immer betont, daß bei den komplexen Erscheinungen des tierischen und menschlichen Verhaltens der Weg immer nur von der Ganzheit zum Element gehen kann. Diese Auffassung brachte Konrad Lorenz von vornherein in die Nähe der Gestaltpsychologie, von der Lorenz 1950 sagte: »Es ist ein unvergängliches Ruhmesblatt in der Geschichte der Psychologie, daß es Psychologen waren, die gewisse konstitutive Eigenschaften der organischen Systemganzheit erstmalig exakt formulierten und die Methodik ihrer Forschung klar herausarbeiteten« (Lorenz 1965a: II, 115). Und wenige Jahre später widmete Konrad Lorenz seine bedeutsamste erkenntnistheoretische Arbeit der zweiten Phase, »Gestaltwahrnehmung als Quelle wissenschaftlicher Erkenntnis«, dem bekannten Gestaltpsychologen Karl Bühler zum 80. Geburtstag. Wenn Konrad Lorenz selbst die heute in der gegenwärtigen Psychologie kaum mehr akzeptierten Gestaltpsychologen zu den Vorläufern oder Mitläufern der Ethologie zählt, dann jedoch mit zwei drastischen Einschränkungen:

Die erste Einschränkung betrifft die falsche Generalisierung gestaltpsychologischer Prinzipien. Kurz gesagt: »Jede Gestalt ist eine Ganzheit, aber nicht jede organische Ganzheit ist eine Gestalt.« Mit der Gleichsetzung von Gestalt und Ganzheit, wozu Wolfgang Köhler ebenso wie der Entwicklungspsychologe Heinz Werner neigte, liegen die »klugen Gestaltpsychologen« nach Konrad Lorenz »um kein Haar weniger schief« als die mechanistischen Atomisten. Denn sie vergessen, daß die Elemente organischer Ganzheiten selbst eine Struktur besitzen müssen. Man kann weder aus quadratischen Steinen ein Gewölbe noch aus bogenförmigen Segmenten eine rechtwinkelige Mauer aufbauen. Wie es keine »Reduktion nach unten« gibt, also des Systemganzen auf seine Teile, so gibt es auch keine »Reduktion nach oben«, also der Teile auf das Systemganze, ohne Berücksichtigung der Struktur der Teile. Die zweite Einschränkung, die Lorenz gegenüber der Gestaltpsychologie machen muß, ist die Vernachlässigung des Vorhandenseins angeborener arteigener Aktions- und Reaktionsweisen des Menschen. Mit der ersten Einschränkung hat Lorenz das Ganzheitsdenken von der Schmach einer mystischen Intuition befreit. Mit der zweiten Einschränkung hat er auf die physiologische Eigengesetzlichkeit der endogenen Automatismen hingewiesen, die eine entscheidende und bis zu diesem Zeitpunkt nicht berücksichtigte Rolle auch im Verhalten des Menschen spielen. Auch hier brauche ich nicht auf die weitere Entwicklung der Human- und Kulturethologie einzugehen. Ebensowenig auf die differenzierte Analyse der Konstanzmechanismen, die die Grundlage der Gestaltwahrnehmung darstellen und einen wesentlichen Bestandteil der »Evolutionären Erkenntnistheorie« ausmachen.

Dritte Phase: Der Mensch ist keine Graugans

In jedem Fall handelt es sich um Teile oder »Struktur-Elemente« im buchstäblichen atomistischen Sinn, insofern als sie relativ starre, unveränderliche Einheiten im »Kausalfilz« des übrigen Systems darstellen. In dem Nachweis der Existenz solcher bisher unbekannten »Urleistungen des ZNS« und ihrer Rolle, die sie im Gesamtverhalten der höheren Tiere und zweifellos auch des Menschen spielen, sah Lorenz 1950 »das wichtigste Ergebnis der vergleichenden Verhaltensforschung« (Lorenz 1965a: II, 135).

Ich komme zur *dritten und letzten Entwicklungsphase* der Ethologie. In dieser Phase, in der die Ethologie heute noch steht, geschieht ihre Einordnung in das Gesamtsystem der Biologie. Dabei ist zu berücksichtigen, daß sich die Grundlagentheorie der Biologie, die Evolutionstheorie selbst, seit der Entstehung der Vergleichenden Verhaltensforschung sowohl terminologisch als auch systematisch weiterentwickelt hat. Alte Disziplinen wie die klassische Genetik sind durch die Einsicht in die molekulare Struktur der Vererbungssubstanz wesentlich verändert worden, und neue Disziplinen sind entstanden. Sogar teilweise, wie die Soziobiologie manchmal aufgefaßt wird, in Konkurrenz zur Ethologie und mit dem Anspruch, das Analogiedenken überwunden und den Tier-Mensch-Vergleich auf eine exaktere quantitative Basis gestellt zu haben. Es überschreitet zwar sowohl das mir gestellte Thema als auch meine Kompetenz, über die gegenwärtige Situation Urteile abzugeben oder gar Prognosen über die zukünftige Entwicklung der Ethologie zu machen. Aber was ist der Sinn einer wissenschaftstheoretischen Rekonstruktion, wenn sie nicht auch zumindest die Richtung der weiteren Entwicklung angeben kann?

Aus dieser Rekonstruktion sollte jedenfalls klargeworden sein, daß der klassische Vorwurf gegen die Ethologie, der Vorwurf des bloßen Analogiedenkens, grundsätzlich falsch ist. Denn die Lorenzsche Ethologie setzt in allen ihren Kausalanalysen des menschlichen Verhaltens das unbestreitbare Faktum der Evolution voraus. »Alle Lebewesen«, sagte Lorenz schon 1942, »sind historische Wesen und ein wirkliches Verstehen ihres So-Seins ist grundsätzlich nur auf der Grundlage eines historischen Verstehens jenes einmaligen Entwicklungsvorganges möglich, der zu ihrer Entstehung in eben dieser und keiner anderen Form geführt hat« (Lorenz 1965a: I, 383). Der ach so plausibel klingende Einwand »Der Mensch ist keine Graugans« entbehrt also jeder kritischen Relevanz. Denn niemand hat das so genau gewußt wie Konrad Lorenz selbst, der immer wieder betont hat, daß die Sonderstellung des Menschen keineswegs durch die Erkenntnis bedroht ist, daß er stammesgeschichtlich aus dem Tierreich entstanden ist. Paradoxerweise unterschätzen nämlich gerade jene Kulturhistoriker und philosophischen Anthropologen den ungeheuren, wesentlichen und nicht nur graduellen Unterschied zwischen Tier und Mensch, wenn sie jede Gemeinsamkeit von vornherein leugnen. Das Wissen um die Evolution der Lebewesen ist auch in diesem Sinne die größte Selbsterkenntnis des Menschen. Denn nur der, der sich klargemacht hat, daß am Ende des Tertiärs »urplötzlich« ein völlig anders geartetes organisches System auf den Plan tritt, das den Gewinn, die Speicherung und Weitergabe von Informationen, die bisher dem genetischen System allein anvertraut war, in einer ganz neuen und wesentlich schnelleren und besseren Form leistet, nur der wird begreifen, daß »das geistige Leben des Menschen eine neue Art von Leben ist« (Lorenz 1973b: 229).

Was aber die interne Entwicklung der biologischen Evolutionstheorie, Genetik und Soziobiologie anbelangt, erweist sich hier die Sicherheit und Zuverlässigkeit der *induktiven Vorgangsweise* der Lorenzschen Ethologie. Sie beruht auf einer grundsätzlichen erkenntnistheoretischen Position, die übrigens von dem von Lorenz so hochgeschätzten Karl Popper, mit dem er sich sonst in großer Übereinstimmung weiß, nie ganz begriffen worden ist.

Der wesentliche Effekt der induktiven Strategie, die durch das strikte Verbot »vorwegnehmender Erklärungsprinzipien« charakterisiert ist, besteht in einer Kanalisierung der möglichen Erklärungen. Das heißt, daß das unendliche Feld der kühnen Vermutungen, die oft um so kühner sind, je absurder sie sind, von vornherein durch das Beobachtungsmaterial so eingeengt ist, daß der absolute Irrtum und somit die totale Falsifikation gar nicht möglich ist. Auf der anderen Seite ist das induktiv gewonnene Begriffssystem der Lorenzschen Ethologie ein offenes System, das jede Weiterentwicklung und Korrektur zuläßt. In diesem Sinne ist Konrad Lorenz auch mühelos den modernen Entwicklungen der Evolutionstheorie und Genetik gerecht geworden. Denn gerade die Präzisierung der biologischen Grundlagenterminologie durch die modernen Strukturdisziplinen wie Informations- und Systemtheorie hat auch zu einer weiteren Differenzierung des alten Unterschieds von angeboren und erworben geführt – ich verweise in diesem Zusammenhang nur auf die Lorenzsche Analyse der Mechanismen des kurzfristigen Informationsgewinns, ohne die meiner Meinung nach zum Beispiel auch die Evolutionäre Erkenntnistheorie argumentativ nicht haltbar ist. Die Frage nach dem Verhältnis von »angeborenen« und »erworbenen« Verhaltensweisen ist damit auch viel spezieller geworden. Sie besteht nicht in der Trennung dieser beiden Komponenten oder gar in der Suche nach prozentmäßigen Anteilen, sondern in der Frage, »ob das zu untersuchende Verhaltenselement auf Grund genomgebundener Information völlig funktionsfähig sei oder ob es zusätzlicher Lehrvorgänge bedürfe, um dies zu werden, und worin diese bestünden« (Lorenz 1965a: II, 317). Diese bereits aus dem Jahre 1961 stammende Formulierung von Konrad Lorenz paßt sehr gut in das Bild der Entwicklungslandschaft mit verschiedenen Niveaus der genetischen Determination, das die heutigen Genetiker entworfen haben.

Mathematisch oder nicht – auf die Wahrheit kommt es an

Was nun schließlich die Frage der quantitativen Vorgangsweise in der Verhaltensforschung anbelangt, muß gesagt werden, daß die mathematische Formulierung allein keineswegs schon das Kennzeichen höherer Wissenschaftlichkeit darstellt. Im Gegenteil, das Kopieren der exakten Naturwissenschaften durch die vergleichende Biologie hat in unserem Jahrhundert bereits eine Menge von mathematischem Plunder hervorgerufen, der wieder sang- und klanglos verschwunden ist. Die qualitative Darstellungsweise, an der Konrad Lorenz gerade in diesem Bereich festhält, läßt sich auch wissenschaftstheoretisch rechtfertigen. Ich kann mich in diesem Zusammenhang auf einen Genetiker berufen, der weit von dem Verdacht einer Unterschätzung des mathematischen Denkens entfernt ist. So stellt Hans Mohr in seinem Buch »Biologische Erkenntnis« ausdrücklich fest, daß die qualitativ formulierten Gesetze der vergleichenden Biologie »erkenntnislogisch den gleichen Rang haben wie jene, welche die Physik oder die Physiologie formulieren«. Die Art, wie die Gesetzesaussage gemacht wird, »ob zum Beispiel mathematisch oder nicht, ist dabei zweitrangig« (Mohr 1981: 130). Es kommt schließlich nur auf die sachliche Wahrheit an. Diesen schwierigen Zickzackweg auf dem schmalen Grat der wissenschaftlichen Wahrheit konsequent durchlaufen zu haben ist die größte Leistung von Konrad Lorenz. Sie war nur möglich auf Grund massiver erkenntnistheoretischer Reflexionen, die bisher jeden Schritt in der stufenweisen Entwicklung der Ethologie begleitet haben und die auch künftig in diesem so komplexen und umfassenden Gebiet notwendig sein werden.

Bernhard Hassenstein
Prägung und Lernen.
Beiträge von Konrad Lorenz
zur Erforschung des Lernens

Es geschah vor gut einem halben Jahrhundert: Der 29jährige Konrad Lorenz wollte einmal ganz genau beobachten, wie ein Graugansküken aus dem Ei schlüpft. Das Tierchen hatte schon mit dem Eizahn von innen her eine kreisrunde Furche in die Schale gesprengt, die dadurch entstandene Kappe am stumpfen Eipol nach außen gedrückt, und es hatte sich aus den Schalen befreit. Nun ruhte es aus und sah mit schwarzem Auge ins Antlitz des aufmerksam beobachtenden Mannes. Da machte dieser eine Bewegung und sagte irgendein Wort. Hierauf antwortete der kleine Vogel: Er vollzog die angeborene Gebärde des Grüßens nach Art der Graugänse, senkte seinen Kopf mit vorgestrecktem Hals und nach unten durchgedrücktem Nacken und äußerte den dazugehörigen Laut; dieser klang allerdings wegen der Kleinheit und Schwäche des Vögelchens nur wie ein Wispern, war aber als Grußlaut unverkennbar.

Damit war die Beobachtung abgeschlossen. Konrad Lorenz nahm das Gössel und schob es ins Bauchgefieder der Hausgans, die als Pflegemutter ausersehen war. Kein Gedanke, daß sich das Gössel nicht an sie anschließen würde. Aber daraus wurde nichts: Immer wieder verließ das Gössel die warmen Gänsefedern, folgte dem Menschen, wenn dieser sich entfernte, mit flehentlichem Verlassenheitslaut und suchte nur bei ihm Wärme, Schutz und Betreuung. Konrad Lorenz »adoptierte« daraufhin das kleine Wesen und folgte damit, wie er sagte, der Verpflichtung, die er auf sich genommen hatte, indem er »der Musterung des dunklen Äugleins standgehalten und mit einem unbedachten Wort die erste Begrüßungszeremonie ausgelöst hatte«. Hierdurch war eine Bindung entstanden, die Bindung zwischen einem Jungtier und seinem Betreuer. Das Gössel bekam in feierlicher Taufe den Namen *Martina*.

Durch diesen (verkürzt wiedergegebenen) Bericht über *Martina* lernten Hunderttausende von Lesern des Buches »Er redete mit dem Vieh, den Vögeln und den Fischen« einen Lernvorgang kennen, der zwar schon früher mehrmals beobachtet und beschrieben worden war, dem aber Konrad Lorenz den wissenschaftlichen Namen *Prägung* gab und dessen Merkmale er aus zahlreichen Beobachtungen herausdestillierte: Man spricht von Prägung, wenn ein Lernvorgang nur in einer bestimmten Lebensepoche, der *sensiblen Phase,* möglich ist und nach deren Verstreichen weder nachgeholt noch durch Umlernen verändert werden kann. Durch Prägung entstehen *Bindungen.* Sie legen fest, worauf sich künftig bestimmte Reaktionen des betreffenden Tieres richten werden; bei manchen von Konrad Lorenz aufgezogenen Dohlen waren durch Prägungsvorgänge die Mitfliege-Reaktionen auf Nebelkrähen, die Balzhandlungen auf den Menschen und die Jungenfürsorge auf junge Dohlen gerichtet. Für verschiedene Prägungen kann die sensible Phase in unterschiedlichem Lebensalter liegen und ungleiche Dauer besitzen – zwischen einigen Stunden und einigen Wochen. Dabei passen die Schnelligkeit und der Zeitpunkt der Prägung jeweils sinnvoll zu den biologischen Erfordernissen: Enten und Gänse beispielsweise sind Nestflüchter; d. h. die Gössel stehen ganz kurz nach dem Schlüpfen auf ihren Beinen. Auch ihr Sehvermögen ist aufs beste entwickelt. Das steht mit ihrer Lebensweise im Zusammenhang: Schon in den ersten Lebenstagen folgen sie ihrer Mutter sowohl auf dem Lande wie auf dem Wasser, knabbern eifrig an Grashalmen und Stöckchen und nehmen vom dritten Tage an auch Nahrung auf. Würde nun der Lernprozeß, mit dem sie sich das Erscheinungsbild ihres Muttertieres einprägen, nicht *sofort nach dem Schlüpfen* vor sich gehen und wäre er nicht innerhalb weniger Stunden abgeschlossen, so könnte er seine Aufgabe, die Jungengruppe und ihre Mutter von Anfang an zusammenzuhalten, nicht rechtzeitig, und das heißt in diesem Fall, *gar nicht* erfüllen.

Ganz anders liegen die Dinge bei der *sexuellen* Prägung. Dieser Lernprozeß legt für die Jungtiere fest, an welchen Eigenschaften ihre künftigen *Geschlechtspartner* für sie zu erkennen sind. Überblickt man das ganze Tierreich, so findet man: Weitaus den meisten Lebewesen ist es angeboren, also durch genetische Information vorgegeben, welche Merkmale des Partners sie zur Werbung und zur Paarung anregen. Bei den wenigen Tierarten aber, die ihre Kenntnis des Geschlechtspartners durch Lernen erwerben, braucht der maßgebende Lernprozeß, soll er seinen Sinn erfüllen, natürlich nicht gleich nach dem Schlüpfen bzw. nach der Geburt abzulaufen; doch gibt es eine zeitliche Grenze: Die Prägung muß noch vor der Auflösung der Familie erfolgen; denn das Modell für die Prägung darf ja nichts anderes als ein erwachsener Artgenosse sein. Dafür stehen in der Familie die Eltern zur Verfügung. *Nach* Auflösung der Familie wäre es dagegen zumindest zum Teil dem Zufall überlassen, ob ein sexuell prägungsbedürftiges Tier in seiner sensiblen Phase auch tatsächlich einem Artgenossen, auf den es sich prägen könnte, begegnet.

So lernen denn die Gänse, Enten, Dohlen und viele andere Vögel und Säugetiere tatsächlich am Anblick der *Eltern* das Aussehen und die attraktiven Merkmale ihres späteren Geschlechtspartners kennen. So verständlich dies im Hinblick auf den Lebensablauf der Tiere ist, so seltsam ist doch folgendes: Der Lernvorgang vollzieht sich ohne Belohnung; denn zur Zeit des sexuellen Prägungsvorgangs – bei Enten im 2. und 3. Lebensmonat, bei Dohlen noch während ihrer Nestlingszeit – ist sexuelles Verhalten noch kaum und bei manchen Arten noch nicht in der geringsten Spur entwickelt. Durch den sexuellen Prägungsvorgang formt sich also ein Auslöseschema, das erst in einer viel späteren Lebensphase verhaltenswirksam wird.

Hierzu paßt eine weitere Eigenschaft der *sexuellen* Prägung: Das Jungtier prägt sich nicht die *individuellen* Eigenschaften des Elterntieres ein, sondern seine *allgemeinen* Arteigenschaften. Wäre es anders, so würden ja nur die Elterntiere als Partner der erwachsenen Jungtiere in Frage kommen; dies wäre nicht sinnvoll und kommt auch niemals als sexuelles Prägungsergebnis vor.

Bei der vorhin am Beispiel des Gänsekindes *Martina* beschriebenen *Mutter-Kind-Prägung* ist das anders: Hier läuft der Lernprozeß auf die *individuelle* Bindung des Gössels lediglich an *sein eigenes* Muttertier hinaus; anders wäre auch der Familienzusammenhalt nicht garantiert, auf den die Kind-Eltern-Bindung bei den Gänsen und Enten hinzielt. Hier liegt ein wichtiger Unterschied zwischen der Kind-Eltern-Prägung und der sexuellen Prägung. Aber hier lauern auch begriffliche Schwierigkeiten. Sie seien an einer Beobachtung von Konrad Lorenz dargestellt, über die er viel nachgedacht hat.

Verwirrende Fremd-Erfahrung

Ein schlüpfjunges Gänseküken, das seine Eltern schon einigermaßen, wenn auch noch nicht ganz sicher kennengelernt hat, verliert gelegentlich durch Zufall den Kontakt mit Eltern und Geschwistern und irrt suchend umher. In dieser Situation versucht es zuweilen, sich an ein anderes, Junge führendes Gänsepaar anzuschließen. Gerät es dabei an Gänseeltern mit etwas älteren Jungen, so wird es nicht angenommen, sondern als Fremdling gebissen und vertrieben. Man sollte nun meinen, das Gössel würde sich nach dem Wiederfinden der eigenen Eltern um so fester an diese halten, nachdem es bei anderen Gänsen schlimme Erfahrungen machen mußte. Das stimmt jedoch nicht: Es scheint im Gegenteil, als würde ein auch noch so kurzes Nachlaufen hinter »falschen« Eltern das Bild der »richtigen« eher *verwischen*. Solch ein Gänschen ist eher unsicher geworden und neigt dazu, seine Fehlhandlung noch mehrmals zu wiederholen.

Bindungsbedürfnis – stärker als böse Erfahrungen

Das klingt fast unglaublich; aber der bisher bekannteste amerikanische Kenner der Prägung, Eckart Hess, steuerte eine ähnliche, noch merkwürdigere Aussage bei: Während *Strafreize* in der Regel die *Ablehnung* der mit der Strafe einhergehenden Wahrnehmung bewirken, *verstärken* sie, so sagt er, die *Prägung*. Diese Befunde hat, so scheint mir, bisher noch niemand wirklich verstanden. Sie werfen drei Probleme auf.

Zum ersten: Die immer erneute Wahrnehmung derselben Elterntiere in der sensiblen Phase verleiht dem im Inneren des Tieres entstehenden Elternbild offenbar zunehmend deutlichere Züge, zunächst die der Art, dann die des Individuums. Konrad Lorenz nennt nun die erste Phase dieses Prozesses eine Prägung und die zweite einen Gewöhnungsprozeß, eine, wie er sagt, »Angewöhnung«. Durch diese begriffliche Scheidung auf der Ebene der Theorie gewinnt man ein gemeinsames Bestimmungsmerkmal für die Nachlaufprägung und die sexuelle Prägung: Beide »Prägungen« beziehen sich dann lediglich auf das *Artbild*, und die Einengung auf das *individuelle* Band zwischen Jungen und Eltern ist etwas qualitativ anderes. Es ist aber wohl noch offen, ob man damit nicht einem theoretischen Prinzip zuliebe den womöglich in sich einheitlichen individuellen Lernprozeß des Sich-Bindens zwischen Jungen und Elterntieren nur künstlich in zwei wesensmäßig unterschiedliche Phasen unterteilt.

Zum zweiten: Falls dieser Prozeß wirklich, wie eben angedeutet, ein allmählich immer detailreicher werdendes inneres Bild hervorbringt, so stände damit im Einklang, daß dieser Vorgang durch widersprüchliche Wahrnehmungen gestört werden muß.

Zum dritten aber: Wenn Lohn und Strafe ungeachtet ihres unterschiedlichen Vorzeichens diesen Lernprozeß tatsächlich in derselben Richtung fördern, dann hätte Konrad Lorenz in der Prägung einen Lernvorgang beschrieben, der vom »Lernen durch gute und schlechte Erfahrungen« prinzipiell unterschieden ist. Wollte man ihn, um seine Besonderheit zu kennzeichnen, als Imperativ formulieren, so würde dieser lauten: Binde dich an dasjenige Lebewesen, das du wahrnimmst, gleich ob es gut oder böse ist; denn noch schlimmer wäre es, gar nicht gebunden zu sein. Hiermit ist für das Verständnis der Verhaltenssteuerung eine ganz neue Dimension eröffnet worden.

Prägungsähnliche Lernvorgänge auch beim Menschen?

Durch Konrad Lorenz selbst, seine Schüler (darunter besonders Jürgen Nicolai und Friedrich Schutz) und andere sind zum ursprünglichen Konzept der Prägung zahlreiche neue Aspekte hinzugekommen. Hinsichtlich der sexuellen Prägung brauchen die Geschlechter einer Art nicht übereinzustimmen: Bei unserer Wildente (Stockente) gewinnt das Männchen als Jungtier durch den Anblick seines Muttertiers während einer mehrwöchigen Prägungsphase, also durch *Erfahrung*, das innere Bild, nach dem es später seinen Sexualpartner auswählt; dem Weibchen ist es *angeboren*, welche Eigenschaften des Männchens später seine Bereitschaft zur Paarung auslösen. Neu entdeckt wurde die Prägung auf bestimmte *Gerüche* vor allem bei Säugetieren und das – auf eine sensible Phase beschränkte – Lernen von *Gesängen* bei Singvögeln. Für manche Prägungsvorgänge stellte man fest, daß die Prägbarkeit, also die sensible Phase, von *Hormonen* hervorgerufen wird, so die Annahmebereitschaft für ein bestimmtes individuelles Jungtier (bei Säugetieren) durch das Hormon Oxytocin. Prägungen können latent entstehen, ohne im normalen Lebenslauf jemals die Verhaltenssteuerung zu übernehmen; so kommt bei weiblichen Stockenten, die man im Experiment nachträglich mit Hilfe von Hormonen vermännlicht, ein durch Prägung entstandenes Bild »weiblicher Sexualpartner« zum Vorschein und zur Wirkung. Bei einer anderen Vogelart, dem Perlhuhn, ist man bereits den prägungsbedingten Gehirnstrukturveränderungen auf der Spur.

Schließlich ist eine lebhafte Forschung und Diskussion über die Frage im Gange: Gibt es Lernvorgänge beim *Menschen*, die mit der »Prägung« verwandt sind? Oder ist es nicht womöglich bei der Offenheit und Entscheidungsfreiheit des Menschen prinzipiell abzulehnen, auf ihn ein Konzept anzuwenden, das die unwiderrufliche Determination in sich schließt? In der Tat hat es sich, wie es scheint, eingebürgert, beim Menschen gegebenenfalls nicht von Prägung, sondern stets von »prägungsähnlichen Lernvorgängen« zu sprechen.

Bauchaufschwung: Flugfeindalarm!

Auch abseits vom Geschehen der Prägung hat sich Konrad Lorenz mit dem Lernen beschäftigt. Im Mittelpunkt der ersten Forschungsjahrzehnte seines Lebens stand jedoch das instinktive Verhalten: angeborene Bewegungsfolgen (Erbkoordinationen) und zugehörige Orientierungsreaktionen, die durch ganz bestimmte Schlüsselreize ausgelöst werden. Will man solches instinktive Verhalten studieren, so muß man etwaige Einflüsse des Lernens natürlich fernhalten. Dafür ein Beispiel, das die damaligen Untersucher ebenso verdrossen hat, wie es uns heute zum Lachen bringt:

Es handelte sich um Versuche an Graugänsen und Enten, um deren

Flugfeind-Schema zu ermitteln. Konrad Lorenz erzählt aus Altenberg: »Wir stellten zwischen den Wipfeln zweier hoher Bäume eine Seilbahn her, an der ein kleines, die Attrappe tragendes Drahtgestell bewegt werden konnte. Die Form der Attrappe machte den Gänsen wenig aus. Wesentlich aber war es, daß die Attrappe, in Eigenlängen gemessen, langsam bewegt wurde. Wenn sie ganz langsam herangeschwebt kam, warnten die Gänse sofort und zogen der nächsten Deckung zu... Unsere Versuche fanden einen unerwarteten Abschluß: Wir stellten eines Tages eine ausgesprochene ›Seeadler-Reaktion‹ mit Sichern nach oben und Deckungsnahme schon in dem Augenblick fest, als einer von uns mit Bauchaufschwung den einen der Seilbahn-Bäume erkletterte, um die Attrappe anzubringen.« Was war der Grund? Die Graugänse hatten aus Erfahrung gelernt: Wenn ein Mensch auf diese Platane klettert, dann kommt mitunter ganz bald ein Seeadler angeflogen; also reagieren wir auf alle Fälle im voraus. Wissenschaftlich ausgedrückt: Die angeborene Fluchtreaktion hatte sich aufgrund von Erfahrung mit einem erlernten Reiz »baumkletternder Mensch« verknüpft.

Wenn nun die Gänse mit ihrer Fluchtreaktion schon im voraus auf einen bedingten Reiz reagierten, konnten natürlich keine unterschiedlichen Attrappen mehr auf ihre Wirkung untersucht werden – ein Beispiel für einen allgemeinen Lehrsatz: Angeborenes Verhalten läßt sich nur bei Tieren untersuchen, die in dem betreffenden Verhaltensbereich entweder überhaupt nicht lernen können, oder, sofern es sich doch um lernfähige Arten handelt, wenn man zu jedem Versuch frische, erfahrungslose Tiere verwendet, von denen man sicher weiß, daß sie unbeschriebene Blätter sind.

Instinkt kann auch veränderlich, Erlerntes kann auch starr sein

Wer also angeborenes Verhalten studiert, muß erlerntes Verhalten meiden, weil es ihm sein Handwerk verdirbt; so ist es verständlich, daß das Lernen in den ersten Entwicklungsjahren der Vergleichenden Verhaltensforschung, wie Lorenz es formuliert, »außerhalb des analytischen Interesses lag«. Da aber alle von Konrad Lorenz eingehend beobachteten Tierarten, vor allem die Dohle, die Graugans und der Haushund, auch über ein vortreffliches Lernvermögen verfügen, erhob sich natürlich bald die Frage nach dem gegenseitigen Verhältnis zwischen angeborenem Verhalten und Lernen. Besonders aktuell wurde und blieb diese Frage auch wegen der Polemik der amerikanischen Behavioristen gegen die Ethologie; im Rahmen der Verhaltensentwicklung stritten diese die angeborenen Anteile und damit das *Reifen* von Verhaltensbereitschaften beinahe rundweg ab und glaubten, dort überall fast ausschließlich Lernvorgänge zu erkennen.

Durch eine Fülle von Beobachtungen sah Konrad Lorenz sich zunächst veranlaßt, scharf zwischen instinktiven und erlernten Verhaltenselementen zu unterscheiden. Wo sie kombiniert auftreten, bestehen, so vermutete er, Lücken im instinktiven Ablauf, die durch Erlerntes ausgefüllt werden (»Instinkt-Dressur-Verschränkung«). Diese Vorstellung dominierte noch im ersten Band der 1965 im Piper-Verlag, München, nachgedruckten, vorwiegend aus den Jahren 1931 bis 1938 stammenden Arbeiten und wurde wohl aus diesem Grunde bis vor kurzem als gültige Lehre der Ethologie aufgefaßt, vor allem seitens vieler Psychologen. So ist leider auch heute noch vielfach die Auffassung verbreitet, alles Instinktive sei starr und unabänderlich und alles Erlernte sei umlernbar und flexibel. In Wirklichkeit ist schon Pawlows bedingter Reflex – Speichelsekretion des hungrigen Hundes beim Glokkenzeichen – ein Beweis für die mögliche Veränderbarkeit angeborenen Verhaltens: Die angeborene Speichelreaktion wird erfahrungsbedingt mit einem neuen, zuvor neutralen Reiz verknüpft. Andererseits kann Erlerntes auch starr und unveränderlich sein, wie schon Sigmund Freuds Begriff der Fixierung ausweist. Es ist also von Grund aus falsch, den Begriff »angeboren« einseitig mit der Eigenschaft »starr« und den Begriff »erlernt« stets mit dem Attribut »flexibel« zu verbinden.

Angeborene Lehrmeister des Lernens

So ist denn Konrad Lorenz auch schon längst von der Vorstellung abgerückt, »wie auf einer Perlenschnur« wechselten lernabhängige Abschnitte mit unveränderlichen instinktiven Verhaltensfolgen ab. Er schreibt: »Es war falsch, die Begriffe des Angeborenen und des Erworbenen als disjunktive (also: einander ausschließende) Gegensätze zu formulieren.«

Wie wirken nun, wenn sie einander nicht ausschließen, genetisch bedingte Faktoren mit dem Lernvermögen zusammen? Auf diese Frage gibt es wie allgemein bei biologischen Grundfragen mehrere Antworten, eine kausale, eine historisch-stammesgeschichtliche und eine funktionelle, auf den Anpassungswert bezogene. Konrad Lorenz hat sich vorwiegend mit dem dritten Aspekt befaßt und sagt darüber folgendes:

Für manche Verhaltensweisen sieht es jedermann ein: Ihr Anpassungswert, ihre biologische Leistung ist dadurch bestmöglich gesichert, daß sie allein durch genetische Information, also angeborenermaßen festgelegt sind. Um ein Beispiel zu nennen: Daß schon beim neugeborenen Säugling Hunger zum Saugen und Luftmangel zum schnelleren und tieferen Atmen führt, das ist sinnvollerweise so eingerichtet, daß es nicht erst durch Erfahrung gelernt werden muß, um zu funktionieren, sondern es ist angeboren.

Andere Verhaltensweisen aber wären durch eine rein genetisch bedingte Steuerung noch nicht bestmöglich angepaßt; durch Lernprozesse läßt sich ihr biologischer Wirkungsgrad noch verbessern. Auch hier ein Beispiel: Wenn Bienen erstmalig Blüten zu besuchen beginnen, lassen sich sich durch viele Blütenformen, Farben und Düfte anlocken; wo sie aber viel Pollen oder Nektar gefunden haben, merken sie sich die Form, die Farbe und den Duft dieser Blüte und suchen gezielt nach Blüten der gleichen Art.

Das Lernen der Merkmale und das Verknüpfen mit der Nahrungssuche macht das Sammelverhalten erfolgreicher, erhöht also den Anpassungswert des Verhaltens.

Dieses Beispiel läßt sich verallgemeinern: In welchen Lebensphasen ein Tier etwas lernt und mit welchen Verhaltensweisen es das Gelernte verknüpft, also der funktionelle *Rahmen* des Lernens, ist *angeboren*, also genetisch festgelegt, z. B. die Lernfähigkeit beim *Anfliegen* der Blüte; was dabei *gelernt* wird, sind die speziellen Merkmale der Lernsituation, also z. B. die Blütenfarbe. Diesen Zusammenhang zwischen angeborenem Rahmen und erlerntem Inhalt beschreibt Konrad Lorenz so: »Allem Lernen muß ein stammesgeschichtlich gewordenes Programm zugrunde liegen, woferne es, wie es tatsächlich tut, arterhaltend sinnvolle Verhaltensweisen produzieren soll.« Dieses »stammesgeschichtlich gewordene Programm« personifiziert er dann als den »angeborenen Lehrmeister« der zugehörigen Lernprozesse. Von seinem Schüler Wolfgang Schleidt übernahm er den Ausdruck EAAM, Abkürzung für »durch Erworbenes erweiterter angeborener auslösender Mechanismus«. Besonders treffend ist in diesem Zusammenhang schließ-

lich der schon zu Anfang der 40er Jahre geprägte Ausdruck von den
»angeborenen Formen möglicher Erfahrung«.

Zeit, Ursache, Wirkung

Mit den Begriffen der Prägung und der angeborenen Formen möglicher
Erfahrung sind besonders gewichtige Beiträge zur Erforschung des Lernens herausgehoben, die Konrad Lorenz geleistet hat. Schaut man genauer in seinen Schriften nach, so findet man noch zahlreiche weitere
neue Befunde und Gedanken zu diesem Thema. Als Beispiel sei der
bedingte Reflex genannt: Dessen funktionelle Leistung sei – so schreibt
er – ein Schritt in Richtung auf das Erfassen kausaler Zusammenhänge.
Damit bringt er zwei Kategorien miteinander in Verbindung – Lernprozeß einerseits, Kausalverständnis andererseits –, die auf den ersten
Blick gar nichts miteinander zu tun zu haben scheinen.

Was damit gemeint ist, erklärt sich am besten an dem schon vorhin
geschilderten Ereignis in Altenberg, dem unerwarteten Seeadler-
Fluchtverhalten der Graugänse als Reaktion auf den Mann, der auf eine
Platane kletterte: Diese menschliche Turnübung hatte die Gänse zu
Anfang der Beobachtungen völlig gleichgültig gelassen, sie war für die
Tiere zunächst etwas Neutrales. Das änderte sich jedoch, als der Bauchaufschwung mehrmals dem Erscheinen einer Seeadler-Attrappe unmittelbar zeitlich vorausging und damit für die Gänse den Charakter eines
Warnsignals bekam: »Bauchaufschwung? Vorsicht! Gleich kommt ein
Flugfeind, also volle Deckung!« Das Nervensystem hatte also die Eindrücke der beiden regelmäßig aufeinanderfolgenden Ereignisse verknüpft, und zwar auf eine spezielle Weise: Es übertrug die Auslöse-
funktion für die Flucht von der Seeadler-Attrappe auf den Bauchaufschwung, also vom *auslösenden* auf das *warnende* Signal und damit
vom zeitlich zweiten auf das zeitlich erste Ereignis. Durch diese Übertragung interpretierte das Zentralnervensystem die *Zeitfolge* zu Recht
als einen *realen Ereigniszusammenhang*. Diesen Transfer von der Zeit-
kategorie in die Ereigniskategorie vollführte das Zentralnervensystem
aber nicht aufgrund der Einsicht in die zugrunde liegenden Ursache-
Wirkungs-Ketten, sondern gerade umgekehrt: Der Verknüpfungsme-
chanismus reagierte gleichsam als *Wahrnehmungsorgan* für regelhaft
auftretende Zeitfolgen zwischen Ereignissen und verwendete sie für die

Verhaltenssteuerung als Hinweis und Kriterium für einen *ursächlichen Zusammenhang.* Dabei ist es für das Tier ohne Bedeutung, ob der ursächliche Zusammenhang direkt, indirekt, verzweigt oder sonstwie beschaffen ist; entscheidend ist, daß das Kausalnetz die beiden Ereignisse in eine feste zeitliche Reihenfolge zwingt und dadurch das erste Ereignis zum Warnsignal für das zweite macht. Dies auszuwerten und für den Organismus sinnvoll und adaptiv verhaltenssteuernd werden zu lassen, das leistet, wie Konrad Lorenz wohl als erster erfaßt hat, der Assoziationsvorgang des bedingten Reflexes und aller bedingter Reaktionen. Damit ist also ein Lernvorgang als angeborene Vorform für das Erfassen von Kausalzusammenhängen ausgewiesen.

Konrad Lorenz, ein Bejaher des Lernens

Die drei besprochenen, mit dem Lernen zusammenhängenden Teilthemen Prägung, angeborene Formen möglicher Erfahrung und »bedingter Reflex als neuraler Perzeptor für Kausalzusammenhänge« boten Beispiele für wissenschaftliche Fortschritte, die wir Konrad Lorenz verdanken. Wie aber, so fragen Sie, meine Zuhörer, zu Recht, wertet er in seinen Schriften den Bereich des Lernens im *menschlichen Zusammenleben?* Wer hier meint, Lorenz beginge an dieser Stelle den reziproken Fehler der Behavioristen und würde das Angeborene über- und Erfahrung und Lernen unterbewerten, der irrt sich gewaltig. Hierfür – am Schluß meiner Ausführungen – zwei kurze Bemerkungen; die erste betrifft die menschliche Gesellschaft, die zweite Konrad Lorenz persönlich:

In seinem neuesten, im Erscheinen begriffenen Buch »Der Abbau des Menschlichen« behandelt Konrad Lorenz ausführlich die seelisch-geistige Situation unserer Jugend. Er versucht herauszuarbeiten, woran viele junge Menschen Mangel leiden und wie dem abzuhelfen sei. Dabei hält er es wie viele, die im Kulturleben stehen, für wichtig, daß die Heranwachsenden *Wertmaßstäbe* entwickeln müssen, wenn sie als Erwachsene für menschliche und kulturelle Werte eintreten sollen. Wie aber verhelfen wir den jungen Menschen dazu, die Polarität des Schönen und Häßlichen, des Guten und des Bösen, des Gesunden und des Krankhaften überhaupt erst einmal wahrzunehmen? Eine der Antworten von Konrad Lorenz klingt zunächst beinahe technisch: Vorausset-

46

zung sei die »Einspeisung einer großen Menge von Daten«, ein »ausreichendes Material anschaulicher Tatsachen«. Gemeint sind sowohl reine Sachkenntnisse als auch solche Eindrücke und Einsichten, die den Menschen für das Erleben von Werten empfänglich machen und ihn lebenslang befähigen, im Zusammenwirken mit Gleichgesinnten dem Abbau des Menschlichen im kleinen wie im großen Einhalt zu gebieten. Als Quellen für solche Erfahrungen nennt Konrad Lorenz besonders den unmittelbaren Umgang mit der Natur und auch die Musikerziehung. »Den heutigen jungen Menschen müßte die Größe und Schönheit dieser Welt sehr gründlich zugänglich gemacht werden, um sie an der gegenwärtigen Lage der Menschheit nicht verzweifeln zu lassen.«

In diesen Worten wird eine positive Haltung zum Lernen deutlich; sie ist Konrad Lorenz auch im persönlichen Leben eigen. So hat er im Laufe seines Lebens viele Gedichte auswendig gelernt und tut dies auch in diesen Jahren noch. Wenn Sie wollen, sagt er Ihnen hier auf der Stelle den größten Teil von Goethes Faust, Teil I, auswendig her. Etwas Entsprechendes ist auch literarisch festgehalten, und zwar durch Carl Zuckmayer, mit dem Lorenz befreundet war. Zuckmayer schrieb vor einigen Jahren folgende Sätze in seinem Buch »Aufruf zum Leben«: »Konrad Lorenz geht mit mir durch seinen großen Garten in Altenberg, eine herrliche Mischung von Park und Wildnis, und ich sehe zu meiner Freude jenen legendären Baum ostasiatischer Herkunft, unverkennbar an der Beschaffenheit seiner Blätter . . ., den Ginkgo biloba. Schon aber höre ich, zu meiner noch größeren Freude, Konrad Lorenz das Goethesche Sinngedicht aus dem West-Östlichen Divan, zu dem dieser Baum ihn anregte, auswendig aufsagen . . .«

Alter schützt vor Prüfung nicht

In meinem Leben habe ich Hunderte und Aberhunderte von Vorlesungen und Vorträgen gehalten: über Einzeller, Würmer, Krebse, Insekten, Wirbeltiere und vieles andere. Niemals aber waren die Lebewesen, über die ich sprach, anwesend und haben aufgepaßt, ob ich auch die Wahrheit sagte. Da hatte ich leichtes Spiel. Heute ist das anders: Mein Thema ist der große Meister Konrad Lorenz, und er sitzt leibhaftig im Auditorium und paßt auf wie ein Luchs: Gibt der Redner auch richtig wieder, was ich einmal gesehen, geschrieben und gelehrt habe? So kann man also trotz des sich anbahnenden Altersprachtkleides der grauen Haare noch einmal in die Situation des Prüflings kommen, wobei es ja eigentlich auch ums Thema dieses Vortrags geht: Hat er auch fleißig genug *gelernt*? So bange ich denn wie ein Student, ob der Meister mit dem viel großartigeren Altersprachtkleid nicht allzu viele Fehler gefunden hat!

Nun glaubt vielleicht mancher, Konrad Lorenz würde gar nicht dazu neigen, Vertreter der jüngeren Generation auf ihren erlernten Wissensschatz zu prüfen. Da irren Sie sich. Seine Prüfungen kommen völlig überraschend gerade dann, wenn man ganz und gar nicht darauf gefaßt ist: Konrad Lorenz, ich hinter ihm her, stieg in der Wildnis nahe dem Donauufer in einen etwa einen Meter tiefen Tümpel hinein – entsprechend sparsam bekleidet –, um mit dem Netz Wasserflöhe für seine Fische zu fangen; das Wasser war braun und undurchsichtig. Plötzlich gibt er mir unter Wasser, also unsichtbar, ein faustgroßes stacheliges Gebilde in die Hand: »Ein richtiger Zoologe fühlt, ohne es zu sehen, was das ist.« Zum Glück erkannte ich das *Dreissensia*-Muschelkonglomerat; was ich nicht wußte, war, daß sich eine solche Situation, wenn auch in anderem Rahmen, hier im Theater Maria Theresias wiederholen würde. Ob wohl auch das, was ich hier vortrug, beim gestrengen Meister Gnade findet?

Diskussion*

K: Das Thema des heutigen Tages war logisch, chronologisch und historisch und, wie ich glaube, auch didaktisch richtig, eine Einführung in das Thema: Was ist denn Verhaltensforschung überhaupt? Wofür hat denn eigentlich Konrad Lorenz seinen Nobelpreis gekriegt?

S: Ein Hauptpunkt dabei war, wie es überhaupt zu Ethologie gekommen ist . . .

K: Wollen wir gleich das Wort übersetzen. Darin steckt dieselbe Wortwurzel wie in »Ethos«.

S: Ja, wie in Ethos.

K: Gewohnheit, Tradition . . .

S: Ja, eine Lehre von den Voraussetzungen des Verhaltens. Mein Ansatz ist, daß die Ethologie zum Teil nur verstanden werden kann, wenn man weiß, daß es vor der Ethologie eine sehr dominante Richtung gab, den »Behaviorismus«, dessen Hauptgedanke war, daß *alles Verhalten gelernt* wird. Daß Tiere so wie Menschen alles lernen. Man wird leer geboren . . .

K: Tabula rasa . . .

S: Ja, Tabula rasa. Das Gehirn – stellte man sich vor – besteht aus einer Masse von Nervenzellen, und dann werden verschiedene Verhaltensweisen probiert. Wenn ein Versuch gutgeht, wird man belohnt, dann wird diese Struktur behalten; wenn es schlechtgeht und man bestraft wird, dann wird dieses Verhalten gelöscht.

* H = Hassenstein
   K = Kreuzer
   Oe = Oeser
   S = Sjölander

K: »Behaviorismus« muß man auch wieder übersetzen: Das ist eine Forschensform, die nur das *äußere* Verhalten zum Gegenstand hat. Eine Psychologie ohne Seele. Was sich *innen* abspielt, eigene Erfahrungen, zählt nicht. Man beobachtet den Menschen, wie man ein Tier beobachtet, nur von außen.

S: Ja, nur von außen. Das ist der Grundgedanke. Und darin liegt ja schon eine Vorstellung, daß es sozusagen im Inneren nichts gibt.

K: Das hat ja eine Zeit hindurch sehr modern geklungen. Das war ja *die* moderne Psychologie, *die* moderne Forschungsrichtung, vor allem in Amerika.

Oe: Meine Auffassung war ja, daß auch der Irrtum in der Wissenschaftsgeschichte eine entscheidende Rolle spielt, und ich habe deswegen versucht, auch den Behaviorismus als einen wesentlichen Bestandteil in der Entwicklung der Ethologie selbst darzustellen. Und in gewisser Hinsicht ist es ja so, daß man auch die Wissenschaftsentwicklung im allgemeinen und die Ethologie im besonderen unter Gesichtspunkten der Evolution sehen kann. Auch unser Erkennen und Denken unterliegt einer Entwicklungsstruktur nach einem Prozeß, der das wiederholt, was in der Evolution der Lebewesen geschehen ist. Diese Erkenntnis ist ja übrigens eine Leistung von Konrad Lorenz selbst, die man als Evolutionäre Erkenntnistheorie bezeichnet. Ich habe versucht, dieses Konzept auf die Ethologie selbst zu übertragen. Auf die Art und Weise bekommen auch die historischen Gegner von Konrad Lorenz eine ganz bestimmte Funktion.

K: Damit wir das Umfeld vollständig beschreiben, das Konrad Lorenz vorgefunden hat: Da war auf der anderen Seite natürlich der Vitalismus. Eine noch ältere Denkweise.

Oe: Ja. Es läßt sich sehr gut zeigen, daß auch das wissenschaftliche Denken irgendwie so einer Art Pendelbewegung unterliegt.

K: Der Vitalismus war im Gegensatz zum Behaviorismus – Psychologie ohne Seele – die Auffassung . . .

Oe: Der Vitalismus war die entgegengesetzte Auffassung vom Behaviorismus. Er meinte, daß alles Verhalten der Tiere auf irgendwelchen Zwecken beruht. Das ist letzten Endes natürlich so etwas wie eine Vermenschlichung des Tieres. Aber das kennt man ja aus alten Zeiten: »Brehms Tierleben«, das berühmte mehrbändige Werk, fußt ja nur darauf, das, was man aus Eigenbeobachtung des Menschen kennt, auf die Tiere zu übertragen. Das ist übrigens etwas, was man Konrad Lorenz auch sehr häufig vorwirft; was aber eben, meiner Ansicht nach, nicht stimmt.

K: Im Vitalismus steckt die Überzeugung, daß das Leben etwas ganz Besonderes ist, das überhaupt keine Beziehung zur physikalischen Natur hat. Nicht nur etwas *Eigenständiges*, sondern etwas davon *Losgelöstes*.

Oe: Etwas völlig davon Abgehobenes, das irgendwo eines Wirkungsprinzips bedarf, das von woanders kommt, von »oben her« kommt.

Vitalismus und Physikalismus

H:Wenn man -ismen anführt, gegen die sich Konrad Lorenz' Wirken richtete, dann muß man auch den Physikalismus, also die eigentliche Gegenrichtung zum Vitalismus nennen, die in der zweiten Hälfte des neunzehnten Jahrhunderts und in der ersten des zwanzigsten führend war. Vom Physikalismus ist selbst Konrad Lorenz beeinflußt gewesen – in dem Sinne, daß er zunächst einmal meinte, er müßte alles Verhalten als Ausdruck von Reflexen deuten. Pawlow mit seiner Lehre der unbedingten und der bedingten Reflexe schien der damaligen physikalistischen Vorstellung der Lebensprozesse am besten zu entsprechen.

K: Physikalismus – Zurückführung aller Naturvorgänge auf Physik.

H: So ist es. Das schien das Ideal zu sein. Man fand, die Physik sei überhaupt die ideale, vollendete Naturwissenschaft, und die Biologie als Wissenschaft solle ihr nacheifern.

K: Denkrichtung des Wiener Kreises, die damals Karl Popper schon längst aufs Kreuz gelegt hatte.

Oe: Man müßte das eigentlich etwas differenzierter betrachten. Es war ja durchaus so, daß man sagen konnte: Alle wissenschaftliche Erkenntnis richtet sich einfach nach dem erfolgreichsten Beispiel von Wissenschaft, das man kennt. Und das war bis ins neunzehnte Jahrhundert hinein eben die Newtonsche Physik und ihre weitere Ausgestaltung. Auch der Ursprung der Ethologie lag in einem einfachen Beobachtungsverhalten. Man wollte beschreibend, »induktiv« vorgehen, das war das Schlagwort der damaligen Zeit. Man kam aber zu einer Theorie, die ganz großartige Auswirkungen hatte. Und diese

Theorie zeigte, daß das physikalistisch-behavioristische Denken auf der einen Seite und das vitalistische Zweckdenken auf der anderen Seite eigentlich nichts nützt.

K: Jetzt sollten wir doch wieder zu den Viecherln zurückkommen – etwa am Beispiel der Mauersegler. Die Erkenntnisse der Verhaltensforschung sind ja heute im Grunde so selbstverständlich, daß man sich fragen muß: Warum hat man das nicht immer schon gewußt? Man hätte ja diese Schlußfolgerungen schon vor Jahrtausenden ziehen können, und in gewisser Weise hat man es ja auch getan.

S: Ja, das Beispiel des Mauerseglers, der absolut nicht üben kann unter einer Dachpfanne, der aus dem Nest fällt und nur ein paar Meter hat, um fliegen zu »lernen«, ist absolut einleuchtend und war es auch immer schon gewesen.

K: Und die Legende, die Konrad Lorenz heute erwähnt hat, daß die Eltern die Jungen an den Flügeln führen, war natürlich eine Legende. So ist das nicht.

S: Man hätte immer schon beobachten können: Es gibt keine Schule für Tierkinder, wo sie das Leben lernen.

K: Aber jetzt fragt sich: Wieso ist diese so einfache Selbstverständlichkeit, daß nämlich unser Hirn schon bei der Geburt voll ist von Programmen – so lange verborgen geblieben? Wieso hat es zu diesem Durchbruch eines Konrad Lorenz bedurft?

Oe: Die Tabula-rasa-Theorie, also die Theorie, daß im Grunde genommen das menschliche Denken und Bewußtsein einem weißen Schreibpapier gleicht, diese Theorie ist immer eingeschränkt worden, schon von alters her. Es gibt zumindest so etwas wie die Vorstellung von einem Mechanismus, der dieser Apparatur von vornherein eine Struktur gibt. Es ist nicht nur das weiße Blatt, sondern ein sehr differenzierter Mechanismus, der vorliegt. Das hat man vor allem in der Antike gewußt, also schon vor mehr als zweitausend Jahren. Man hat ja auch in der Antike Gehirnsektionen gemacht. Aristoteles, der Begründer der Biologie als Wissenschaft, hat viele Unterschiede festgestellt, auch den Unterschied zwischen »angeboren« und »erworben«.

K: Jetzt sind wir beim Hauptstichwort – der Streit in der Öffentlichkeit war ja der: Was ist angeboren? Was ist erworben? Und damit ist das Thema sozusagen verweltanschaulicht worden. <u>Die eine Seite, die alle Menschen für gleich postuliert hat, wollte ja lieber die Tabula-rasa-Vorstellung, nämlich den Menschen, der innen leer ist, mit dem man machen kann, was man will, der also auch eine absolute Chancengleichheit hat.</u> Die andere Seite bekannte die angeborene Ungleichheit der Menschen.

Oe: Natürlich schien es eine Zeitlang sehr wichtig, daß einem Menschen durch Lernen alles beizubringen ist. Dies hing mit der Idee der menschlichen Freiheit zusammen, die man nur garantiert sah, wenn es so etwas gab wie eine Tabula rasa, auf der man alles einschreiben konnte, was man wollte.

K: Sagen Sie, im Abschneideverfahren: Wie ist es heute, auf letztem Stand – womöglich in Prozenten ausgedrückt. Die Leute möchten gerne wissen: Wieviel des menschlichen Geistes und seiner Werke ist angeboren und wieviel ist erworben, gelernt?

Oe: Genau das ist eine unzulässige Fragestellung, die die Menschheit verfolgt hat seit Anbeginn und die bis heute noch im allgemeinen Bewußtsein ist. Ich glaube, eine der wichtigsten Ideen, die die Vergleichende Verhaltensforschung gebracht hat – und natürlich auch die moderne Genetik –, ist die, daß es eine solche Alternative nicht gibt.

K: <u>Alles Erworbene ist in gewisser Weise auch angeboren, weil es mit angeborenen Mitteln und Voraussetzungen erworben wird</u> . . .

Oe: Ja, so kann man es ungefähr sagen, aber die Verschränkung ist natürlich noch viel komplizierter.

S: Ich möchte mich alltäglicher ausdrücken. Mein Lehrer in Schweden pflegte immer zu sagen: Die Frage von »angeboren« und »angelernt« ist genauso schlecht am Platze wie die Frage beim Kochen, ob die Zutaten oder die Zubereitung das Wichtigste sind. Im wissenschaftlichen Sinn ist die Frage sinnlos.

K: Hier ist vielleicht noch hinzuzufügen, daß ja überhaupt kein Gegensatz vorliegt, sondern daß ja Fähigkeit zum Lernen mit der Fülle des Angeborenen nicht kleiner, sondern *größer* wird. Je größer der Schlüsselbund, um so mehr Zimmer kann man aufsperren. Also diese ursprüngliche Vorstellung, daß nur das leere Hirn frei ist, ist ja im

Kern falsch. Das volle Hirn, hochprogrammiert, hat die größeren Voraussetzungen zum Lernen, ist ein freieres Hirn.

H: Für den Kybernetiker wäre noch eine andere Formulierung einleuchtend, nämlich die folgende: Die beiden Komponenten, das Angeborene und das Erlernte, wirken zusammen wie der Klaviervirtuose und sein Instrument. Jeder weiß: Ohne den Klaviervirtuosen vermag das Instrument gar nichts. Aber auch der großartigste Virtuose ist unfähig, irgend etwas von dem darzubieten, was er kann, wenn er nicht ein funktionierendes Instrument hat. Wenn man nun fragt, zu wieviel *Prozent* ist an der Leistung eines Konzertes der Klaviervirtuose beziehungsweise das Instrument beteiligt, so sieht man, wie sinnlos diese Frage ist. In der Sicht der Kybernetik liegt das daran, daß sich die beiden Komponenten – der Virtuose und sein Können auf der einen Seite und das Instrument auf der anderen – nicht addieren, sondern miteinander multiplizieren. Aus diesem Grunde ist die Frage falsch gestellt. *Beides* ist *hundertprozentig* notwendig. Denn wenn eines von beiden fehlt, ist das Ergebnis null.

K: Und wenn mehr, Reicheres angeboren ist, dann kann auch mehr, Vielfältiges erworben werden.

H: So ist es: Je höher die Begabung ist, desto mehr wird auch aus einer armen Umwelt herausgeholt.

Der kleine Mozart, der kleine Lorenz

K: Die eine falsche Vorstellung ist also die: Der Mensch, wie Popper sagt, als ein leerer Kübel, in den alles Wissen hineingefüllt wird. Die andere falsche Vorstellung: Das ganze Menschenschicksal, alle künftigen Werke des Menschen sind sozusagen mitgeboren. Der kleine Mozart kommt bereits mit der »Zauberflöte« zur Welt, er braucht sie nur noch niederzuschreiben.

H: Gerade die Hochbegabung braucht die Umwelt, um sich zu entfalten. Insofern ist also Wolfgang Amadeus Mozart ein Produkt – wenn man wissenschaftlich ausdrücken will – sowohl seiner Veranlagung als auch seines Schicksals. Etwas, was auch für Konrad Lorenz gilt: Wenn wir das Leben von Konrad Lorenz ansehen, so haben wir einerseits eine großartige *Begabung*. Er ist ein fabelhafter Beobachter von Tieren, er ist auch ein Meister des Wortes – das zeigen seine vielen Bücher –, er ist ein Meister des logischen und des philosophischen Denkens, und er ist ein fabelhafter Zeichner. Andererseits hat er unendlich reiche *Erfahrungen* und Beobachtungen gemacht . . . In der wunderbaren Parkwildnis in Altenberg konnte und durfte er nicht nur Tiere halten, sondern auch aufziehen, und hat dabei schon als Kind und als Schüler eine Unmenge von Einzelbeobachtungen gespeichert, die ihm auch heute noch immer wieder als Beispiele für seine theoretischen Überlegungen dienen. Dann war ungeheuer wichtig, daß er Lehrer hatte, Lehrer fand, die ihm kongenial, aber älter waren, aus diesem Grunde mehr Erfahrungen hatten und an die er sich anschließen konnte. Es gibt ja nichts Großartigeres für einen jungen Menschen, als daß er Menschen findet, die er als Vorbild nehmen, denen er nachfolgen kann.

K: Und dann hat er auch noch lauter Schüler gehabt, von denen seine Frau – er hat es heute berichtet – später gesagt hat: Schau, alle Buben sind jetzt Professoren! Also er hat in jeder Beziehung Glück gehabt.

Ein inneres Programm wird abgespielt

Oe: Es stimmt natürlich, daß er in dieser Hinsicht viel Glück gehabt hat, nämlich auch Partner zu finden in der Entwicklung seiner Ideen. Aber er war auch bereit, aus Fehlern zu lernen: So hat Erich von Holst Konrad Lorenz auf die Idee gebracht, seine alte, von ihm selbst vertretene Kettenreflextheorie aufzugeben. Konrad Lorenz war also imstande, seine Irrtümer zuzugeben und sie zu korrigieren.

K: Wir müssen nochmals erklären, worum es hier ging: Die Vorstellung, daß alles, was der Mensch tut, von außen ausgelöst wird, stand gegen die Erkenntnis, daß Angeborenes von innen her zu wirken beginnt. Konrad Lorenz sagt sehr schön: Die Entdeckung, die Erich von Holst gemacht hat, platzte wie eine Bombe in die damalige Wissenschaft. Das Tier ist nicht nur ein Element im Reflexablauf, sondern wirkt aufgrund angeborener Antriebe *aus sich heraus* . . .

Oe: Aus sich heraus. Zum Beispiel alle diese angeborenen Mechanismen des Nestbaus. Sie laufen ab, ohne daß es entsprechende Reize gibt, nötigenfalls als Scheinhandlung, die automatisch loslaufen. Und was Konrad Lorenz ja sehr eifrig studiert hat, dieser Leerlaufmechanismus setzt um so schneller und genauer ein, je länger das Tier gewissermaßen zurückgehalten wird.

K: Es liegt also ein inneres Bedürfnis vor. Entscheidende Erkenntnis: Drinnen ist etwas vorprogrammiert, das ablaufen will.

Oe: Richtig. Und da ist die wissenschaftliche Notwendigkeit gegeben, sich auch irgendein Modell, eine Vorstellung zumindest zu machen, was eigentlich da drin geschieht.

Ein unsichtbarer Feind wird vertrieben

H: Ich möchte noch ein anschauliches Beispiel aus dem Lorenzschen Erfahrungsbereich für dieses Prinzip anführen, und zwar von der Graugans, die ja heute in unserer Diskussion noch nicht vorgekommen ist. Eine der schönsten Verhaltensweisen der Graugans ist die Werbung des Ganters um die von ihm erwählte Gans. Dazu gehört eigentümlicherweise der Angriff auf Tiere, die gar nichts mit den beiden zu tun haben: Der Ganter greift plötzlich an, dreht sich um, kehrt zurück – und dann kommt eine typische Verhaltensweise: das »Triumphgeschrei«, man sollte vielleicht besser sagen, das »Triumphrufen«. In dieses Triumphrufen stimmt die Angebetete mit ein. Es kann eine große Gans, ein Schwan sogar sein, den der Ganter angreift, es kann eine Ente sein, die gar nicht weiß, was sie dem Ganter getan hat, die dann verjagt wird. Aber es kommt vor, wenn gar kein Feind da ist, der verjagt werden kann, daß dann der Ganter einen Angriff auf einen nicht vorhandenen Gegner startet und zurückkehrt.

K: Weil er das Programm in sich hat: Das muß abgespult werden.

H: Es ist etwas innen, das Erregung produziert, ohne daß es von außen her durch eine Sinneserregung angeregt wird.

Spurensuche, wo die Knochenfunde aufhören

K: Jetzt kommen wir zu etwas Wichtigem: Wenn er das in sich hat, hat er es nicht irgendwo, sondern sicherlich als Konstellationen im zentralen Nervensystem, genetisch begründet, dort wiederum genetisch kodiert. Ich glaube, insofern war doch die Verhaltensforschung wichtig, weil sie die Evolutionslehre fortgesetzt hat. Sie war doch bis zu einem gewissen Zeitpunkt an Paläontologie gebunden. Was man finden konnte an Knochen, das hat Aufschluß gegeben über die Entwicklung des

Lebens. Vorne war eine dunkle Zone, nämlich die erste Milliarde Jahre, als es noch keine Knochen und dergleichen gegeben hat, und hinten war eine dunkle Zone, denn irgendwo waren dann die Schädel ähnlich, und man konnte nicht mehr feststellen, wo die Evolution hinlief. Die Verhaltensforschung hat doch gezeigt: man kann auch an den Spuren, also am Verhalten, Evolution nachweisen und rückschließen dadurch auf Gegebenheiten im zentralen Nervensystem. Man kann also den wichtigsten Teil der Evolution in diesem Sinn nachvollziehen.

Oe: Ja, die Paläontologen, die sich mit den fossilen Tieren beschäftigen, haben natürlich immer ein Material an der Hand; das Verhalten wird nirgendwo aufbewahrt, das verschwindet einfach. Man kann es aber an den jetzt lebenden Tieren und auch am Menschen beobachten. Und da findet man ganz urtümliche Verhaltensweisen, die der Paläontologe, der es mit Fossilien zu tun hat, natürlich nie finden kann.

K: Das Wagnis, in dieser Richtung zu beobachten und daraus wissenschaftliche Schlüsse zu ziehen, war somit ein ähnlicher Durchbruch wie etwa das Einfärben von Präparaten unter dem Mikroskop: Plötzlich sieht man etwas, das man vorher nicht gesehen hat. Man kann neue Wirklichkeiten erschließen.

Oe: Ein schöner Vergleich.

H: Der Sprung von der Paläontologie zur Vergleichenden Verhaltensforschung hat zur Evolutionslehre ein Bindeglied, nämlich die vergleichende Methode. Über den Weg der Stammesgeschichte von früher bis heute wissen wir einiges auch aus der Embryologie.

K: Und aus der Tiergeographie . . .

H: Ja, auch aus der Tiergeographie. Ein weiterer Zugang ist das Verhalten. Das Verhalten wurde für die Evolutionstheorie immer wichtiger, ja man erkannte es in manchen Fällen sogar als führendes Evolutionsprinzip. Die Morphologie, die man als handfester empfindet, *folgt nach* als eine Unterstützung von Evolutionsrichtungen, die durch Verhaltensänderungen eingeleitet wurden.

Verhalten, Hirn, Gen

K: Daher führt sie ja zur Erkenntnistheorie, zur Evolutionären Erkenntnistheorie: Nur aus dem Verhalten kann man Funktionsweisen des Nervensystems evolutionär erschließen. Es ist kein Zufall, daß Lorenz sowohl der Begründer der Vergleichenden Verhaltensforschung wie einer der wichtigsten evolutionären Erkenntnistheoretiker ist.

H: Ich empfinde den Evolutionsaspekt der Evolutionären Erkenntnistheorie eher darin, daß sie aufweisen kann, inwiefern unsere Erkenntnisfähigkeiten einen Anpassungswert haben, der sich in der Evolution einmal eingestellt haben muß.

Oe: Da stimme ich durchaus zu. Das entscheidende Problem ist natürlich dabei, daß man in diesem Zusammenhang eben sehr genau die Grenzen abstecken muß, denn jetzt wiederholt sich gerade auf dieser Stufe das alte Problem von »angeboren« und »erworben«. Wenn man ein Kulturdeterminist ist, dann sagt man: Alle menschliche Erkenntnis ist im Grunde genommen völlig frei – und hat in gewissem Sinne völlig recht, denn was hat die menschliche Erkenntnis nicht alles geleistet? Sie hat in unwahrscheinlicher Weise die kognitive Nische, das heißt also jenen kleinen Ausschnitt, der uns mit unseren Sinnesorganen zugänglich ist, überstiegen. Kein Wesen auf dieser Welt hat diese Leistungen vollbracht, hat seine Umwelt so verändert, im Guten und im Schlechten, wie der Mensch. Und in dem Sinn ist das natürlich bis heute noch ein großes Problem in der Evolutionären Erkenntnistheorie, wie man hier die einzelnen Faktoren richtig sehen soll. Es muß so etwas in uns stecken, ein angeborenes Verhalten, das uns dazu zwingt, über unsere angeborenen Fähigkeiten hinauszusteigen. Und dies scheint in der Komplexität unseres Nervensystems zu liegen . . .

K: Was die Rückschlüsse aus dem Verhalten auf die Situation im Nervensystem anbelangt: Erwarten Sie oder sehen Sie schon eine Konvergenz der Verhaltensforschung mit der modernen Hirnforschung? Oder gar mit der Genetik? Zeichnet sich ab, daß man nach mehreren Forschergenerationen die Inhalte der Verhaltensforschung praktisch bestätigt finden wird in Hirnstrukturen oder gar in den Genlandkarten?

Oe: Es ist ja eigentlich schon von Beginn an so gewesen. Die Verhaltensphysiologie eines Erich von Holst ist ja hauptsächlich auf das zentrale Nervensystem gerichtet gewesen, obwohl man sich damals zunächst nur mit den niedrigen Tieren beschäftigt hat. Man muß die Entwicklung der Ethologie auf der einen Seite und der Gehirnforschung auf der anderen Seite in einem Aufschaukelungsprozeß sehen. Die Schwierigkeit liegt darin, daß es ungeheuer schwer ist, im zentralen Nervensystem die höheren Leistungen, die Erkenntnisleistungen des Menschen zu verfolgen.

K: Für die Feststellung »Hier sitzt der rechte Winkel« ist der letzte Nobelpreis verliehen worden.

Oe: Die moderne Lokalisationstheorie ist ungeheuer dynamisch. Die alte Lokalisationstheorie war statisch. Da hat man irgendwo im Kopf fixe Punkte gehabt . . .

K: Die Tante-Emma-Zelle: Die Zelle, in der, wie in einem Album, alles über Tante Emma enthalten ist . . .

Oe: Die gibt's natürlich auch nicht. Heutzutage wird das viel dynamischer gesehen, aus dem einfachen Grund, weil eben hier ungeheuer komplexe Vorgänge im Spiel sind, die man vielleicht nie – und das sagen viele Gehirnphysiologen, mit denen ich gesprochen habe – nie genau aufdecken kann.

H: Worüber wir hier sprechen, ist ein weiterer Zweig der Verhaltensbiologie, nämlich die Verhaltensphysiologie. Die Verhaltensphysiologie, deren besonders prominenter Vertreter Erich von Holst gewesen ist, fragt nach den physiologischen, nach den materiellen Vorgängen bei der Steuerung von Verhaltensweisen. Dabei sind wichtig Regelprozesse, die im zentralen Nervensystem ablaufen, sowie Prozesse der Datenverarbeitung. Die Schaltungen, die dort vorliegen, für den Fall, daß sie angeboren sind, bilden sich in der Ontogenie bzw. der Embryologie. Ihre Entstehung ist Gen-gesteuert. Entwicklungsphysiologisch stellt sich die Frage: Wie schaffen es die Gene, eine bestimmte Struktur aus Regelkreisen und anderen computerähnlichen Strukturen aufzubauen? Die nächste Frage ist dann, wie diese Strukturen das Verhalten hervorbringen.

K: Aber ein Zusammenhang muß es ja wohl sein. Sicher kein einfacher . . .

H: Sicher kein einfacher Zusammenhang. Bei Vögeln, beim Perlhuhn und anderen Hühnern, hat Professor Scheich aus Darmstadt nach einer bestimmten sehr modernen Methode herausbekommen, an welchen Stellen im Gehirn durch den Vorgang der Prägung sich etwas in der Struktur ändert.

K: Hier klärt sich ja der scheinbare Widerspruch von »Angeborenem« und »Erworbenem« zum Teil auf. Geprägt kann ja nur etwas werden auf Grund von Ererbtem, aber die Prägung selbst ist dann ein Lernvorgang, ein Vorgang, wie die Welt auf ein Lebewesen einwirkt.

S: Ein neues Ergebnis ist ja, daß Prägung mit einem ziemlich massiven Zelltod verbunden ist. Wenn ein Vogel etwa seinen Gesang geprägt kriegt oder in dem Fall, wo er jetzt lernt, wie seine Art aussieht, dann kann man auch feststellen, daß nach diesem Zeitpunkt Zellen absterben im Gehirn – die werden offenbar nicht mehr benötigt. Das sieht so aus, als würde es – das ist jetzt ganz hypothetisch – eine Vielzahl von Möglichkeiten im Gehirn geben, wovon nur eine realisiert wird . . .

K: Da schnappt etwas ein, und alles andere ist unnötig . . .

S: Es ist so, als hätte das Tier eine Unzahl von Leitungen vorbereitet, und diejenige, die jetzt benutzt wird, wird beibehalten, die anderen sind unnötig und sterben ab. Das ist ja nicht dasselbe, als wollte der Organismus nun schnell irgend etwas aufbauen. Es ist eher so: Nur der Pfad wird behalten, der wirklich der richtige war.

K: Hier ist an das berühmteste aller Exempel, an das Graugans-Beispiel zu erinnern, der Graugans, die hinter Konrad Lorenz herläuft.

H: Sie meinen die Martina. Das ist ja eines der Tiere, die so berühmt geworden sind, daß es wahrscheinlich niemand von uns Menschen hier gelingen wird, jemals so weltbekannt zu werden wie Martina. Ich wiederhole die bekannte Begebenheit: Konrad Lorenz will beobachten, wie ein Gänschen aus dem Ei schlüpft. Dabei sagt er irgend etwas. Und darauf macht das Gänschen, das kaum stehen kann, die richtige Gänse-Grußbewegung.

K: Angeboren selbstverständlich, wie der Fall zeigt.

H: Ganz angeboren. Es kommt nie vor, daß eine Graugans den Grußlaut einer Entenart hervorbringt.

K: Also braucht sie niemanden, der ihr das Grüßen beibringt.

H: Das kann sie von vornherein, das ist so geschaltet. Nun will Konrad Lorenz dieses Gänschen zu den neun anderen geben, aber das Gänschen läuft Konrad Lorenz hinterher. Da hatte offensichtlich in dieser ganz kurzen Zeit, in der Konrad Lorenz das Gänschen beobachtet und das Gänschen geantwortet hatte, ein erfahrungsabhängiger Vorgang stattgefunden, der eine Bindung verursacht hatte.

K: Und zwar unwiderruflich. Unveränderbar und unwiderruflich.

H: Die Bindung erwies sich in diesem Fall als unwiderruflich. Konrad Lorenz hat dieses Gänschen aufgezogen und es damit hundertprozentig, nicht nur hinsichtlich Mutter-Kind-Beziehung, sondern auch sexuell, sagen wir besser freundschaftlich auf sich geprägt. Es wäre vielleicht am ersten Tag noch möglich gewesen, das Gössel umzuorientieren, wenn er sich nicht sofort in seiner Güte von dem Weinlaut des Gänschens hätte rühren lassen.

K: Dann wäre es eine neurotische Gans geworden . . .

H: Nein, nicht unbedingt. Durch die Martina-Geschichte ist für einige Jahrzehnte die Vorstellung führend geworden, daß die Prägung ein sekundenschneller Vorgang wäre, was sie in Wirklichkeit nicht ist. Auch beim Gänschen dauert sie ein, zwei Tage.

K: Es gibt verschiedene Prägungen und Prägungszeiten.

H: Ganz verschiedene. Gerade bei der Gans muß aber gleich am Anfang des Lebens in wenigen Stunden die Prägung auf die Mutter erfolgen.

Mutterliebe durch Geburtsschmerz – keine Legende

K: Vielleicht fällt einem nur bei kurzen Prägungsphasen dieses Ereignis auf: Wahrscheinlich ist ja der ganze kognitive Apparat so angelegt, daß er nach und nach aktiviert wird. Daß die Umwelt auf ihn antwortet und ihn erst richtig in Bewegung setzt, also »prägt«.

H: Es sind Reifungsprozesse, aber die Abfolge der Reifungsprozesse ist von innen her programmiert. Man kann mit keinem Mittel der Welt etwa die Sexualprägung vor- oder die Mutter-Kind-Prägung auf später verlegen. Es gibt aber auch Prägungsphasen, also sensible Phasen, die durch Hormone in Gang gesetzt werden. Das ist wichtig, auch als Modell für menschliches Verhalten. Beispielsweise führt die Ausdehnung der Scheide bei der Geburt zumindest bei Säugetieren dazu, daß eine wirksame Substanz ausgeschieden wird – und diese bringt bei dem Tier, das gerade ein Junges geboren hat, die Bereitschaft hervor, sich an dasjenige Wesen, das gerade da ist, zu binden. Da dies in allen natürlichen Situationen das selbstgeborene Junge ist . . .

K: Also die Entstehung der Mutterliebe bei der Geburt ist keine Legende . . .

H: Ist keine Legende, sondern sie ist beim Säugetier hervorgerufen durch ein Hormonsignal, und dieses Hormonsignal entsteht durch den Geburtsvorgang.

Tiererfahrung – eine Frage für Menschenbeobachtung

K: Wir kommen jetzt zu einem wichtigen Punkt, der uns heute schon sehr beschäftigt: Inwiefern ist das alles überhaupt auf den Menschen anzuwenden? Der Mensch ist natürlich *auch* ein Tier, aber *nicht nur* ein Tier.

H: Es gibt keine Übertragung von Wissen über das Tier auf den Menschen – keine direkte. Also eine Aussage: beim Rhesusaffen ist es so und daher sei es auch beim Menschen ebenso, ist von vornherein unerlaubt und falsch. Denn nicht einmal von einer Tierart auf die andere, vom Pferd auf Esel, von Ziege auf Schaf, läßt sich irgendeine Aussage unkontrolliert übertragen.

K: Doch lassen sich auf Grund von Untersuchungen am Tier Hypothesen aufstellen, die sich auf den Menschen beziehen. Diese sind dann in einem zweiten Schritt, der keine Analogieübertragung vom Tier auf den Menschen ist, sondern eine Untersuchung am Menschen selbst, genau zu überprüfen. Tiere sind, so kompliziert sie sind, doch einfacher als der Mensch. Manches am Menschen ist so verdeckt, daß man es, ohne in bestimmter Weise darauf hingewiesen zu sein, im Überbau seines geistigen Lebens nicht sieht. Aus dem Grund kann uns die Tierbeobachtung helfen, die richtigen Fragen über den Menschen zu stellen.

Oe: Ich stimme natürlich ganz überein mit Ihren Ausführungen, gerade weil Sie sehr schön gezeigt haben, daß das bloße Analogiedenken eigentlich nichts nützt. Auf der anderen Seite finde ich gerade, daß das Thema »Prägung« ungeheuer wichtig ist, auch wenn man sagen muß, daß man bei Menschen nur von »prägungsähnlichem Verhalten« sprechen kann. Denn wenn man bedenkt, daß ja Prägung natürlich nicht nur im positiven Sinn stattfindet, sondern auch im negativen, dann ist es natürlich schon so, daß man sagen muß: Inwieweit ist der Mensch eben durch solche Prägungen oder prägungsähnliche Vorgänge manipulierbar?

K: Geprägt . . .

Oe: »Geprägt« in diesem Sinn. Da finde ich, ist es sehr entscheidend – und ich möchte das noch einmal hervorheben, was Sie ja selbst am Nachmittag sehr ausführlich dargestellt haben –, daß man eigentlich beim Menschen niemals in Absolutheitsbegriffen und Endgültigkeitsbegriffen reden kann. Zum Beispiel in dem Sinn, daß ein Kind, das mißhandelt wurde, dann absolut und endgültig verloren ist, weil es diese Prägung nicht überwindet. Beim Menschen ist es offensichtlich so, daß all das, was man im Tierreich ganz festgelegt vorfindet, einen Freiheitsspielraum zuläßt.

Angeborene Sprache – erworbene Sprache

K: Wir sollten von der wichtigsten Prägung sprechen – von der Prägung der Sprache. Die Vermutung, daß die Sprache als vorgegebene »Grammatik« im Hirn ist, wenn wir zur Welt kommen, ist gut begründet, daß aber diese Sprache aktiviert werden muß, in verschiedenen Richtungen aktiviert werden kann, ist ebenso klar: Kaspar-Hauser-Schicksale bestehen eben darin, daß von dieser Möglichkeit kein Gebrauch gemacht wird – und später ist es zu spät. Also ist der Mensch in diesem Sinn, in bezug auf sein Wichtigstes, auf die Sprache, nicht im besonderen der Prägung ausgeliefert?

S: Hier liegt eines der besten Beispiele für *prägungsähnliche Vorgänge* bei den Menschen vor. Wir wissen ja, daß das kleine Kind, in dem Alter von vier, fünf, wo es am meisten zu sich nimmt, an die dreißig, vierzig Wörter am Tag ohne weiteres aufnimmt – ohne jede Belohnung.

K: Es *will* lernen, ob es belohnt wird oder nicht. Es *muß* lernen.

S: Ja. Und jeder, der kleine Kinder beobachtet hat, weiß, was für eine Freude das Kind an neuen Wörtern hat, wie es damit spielt, wie es sie durchprobiert – auch mit diesem ständigen Lallen. Bei diesen Schimpansen, denen man »Sprache« gelehrt hat, hat sich gesagt, daß sie nur lernen, um irgend etwas zu kriegen. Aber sie sitzen niemals wie ein Kind und plappern. Sie machen die Sprechversuche nur, damit sie eine Banane kriegen. Aber das Menschen-Kind *spielt* damit.

H: Diese Prägung im Zusammenhang mit der Sprache ist aus einem anderen Grunde noch von außerordentlicher Wichtigkeit. Die Sprache entwickelt sich bei Menschen nur dann richtig, wenn sie auch gehört wird. Nun gibt es ja leider immer wieder Kinder, die schwerhörig geboren wurden. Wenn jetzt eine bestimmte sensible Phase versäumt wird, ohne daß dem Kind eine Hörhilfe gegeben wird, so wird die Sprachentwicklung später nicht nachholbar, und damit sind auch weite Bereiche des Denkens nicht nachaktivierbar. Hier hat die Kenntnis eines wichtigen Prägungsvorganges dazu geführt, daß man erkannte, wie ungeheuer wichtig schon bei einem Kind, das noch nicht sprechen kann, die Untersuchung ist, ob dieses Kind eventuell schwerhörig ist, und daß man die kleinsten Hörreste, die da sind, mit Hilfe von Hörgeräten aktivieren soll, und zwar ganz, ganz früh. Früher sind zahllose Kinder taubstumm und damit unentwickelbar in ihrem geistigen Leben geblieben, die man hätte retten können, wenn man gewußt hätte, daß man, um die Taubstummheit zu vermeiden, schon ganz früh ein Hörgerät anpassen muß.

Oe: Ich glaube, gerade die Komplexität dieses Problems Sprachentwicklung zeigt ja, daß die Sprache mit Recht das große Streitobjekt zwischen den Kultur-Deterministen und genetischen Deterministen war. Heutzutage sieht man das eben völlig anders. Es ist auf keinen Fall so, wie man sich früher vorgestellt hat, so die alten Genetiker oder Pseudo-Genetiker, daß isolierte Kinder von selber eine eigene Ursprache entwickeln. Da sollen ja solche scheußlichen, auch gewollten Experimente durchgeführt worden sein. Einem ägyptischen Pharao wirft man es vor, König Jakob IV. von Schottland soll ein ähnliches Experiment gemacht haben . . .

K: Man hat geglaubt, das Kind fängt dann von selber an, die *eigentliche* Ursprache zu sprechen.

Oe: Ja, und das war natürlich ein Mißverständnis . . .

K: Ein heimtückisches Mißverständnis. Denn einerseits ist da die richtige Annahme, daß die Sprache im Hirn drinsteckt, aber andererseits die falsche Annahme, daß diese Sprache von selber herauskommt, ohne geprägt, ohne aktiviert zu werden.

S: Eine Ursprache hat es niemals gegeben.

K: Es gibt eine, die sitzt im Hirn, aber viel tiefer, als man glauben sollte, viel tiefer unter der Schicht, die dann die gesprochene Sprache trägt . . .

S: Es gibt ein Programm, eine Potentialität, etwas zu lernen, aber daß sie von selber realisiert werden könnte, ist Unsinn.

K: Aber in dieser Fähigkeit steckt die Fähigkeit, Begriffe zu bilden, steckt die Fähigkeit zu Logik, zu Mathematik und so fort. Helen Keller ist ein Beispiel, die blind und taubstumm zur Welt gekommen ist und die doch die volle Sprache erlernt hat.

H: Sie ist mit drei Jahren blind und taub geworden. Wäre sie blind und taub geboren worden, wäre das nicht möglich gewesen. Sie hat ein paar Prägungen gehabt, die entscheidend waren.

Oe: Bis zum dritten Lebensjahr ist gerade, was die Gehirnentwicklung anbelangt, ein ungeheurer Entwicklungsprozeß festzustellen.

K: Und mit diesem Restbestand konnte sie dann weitertun?

H: Ja. Sie war ein hochbegabtes und bewundernswertes Menschenkind und hat auf die vorhandenen Prägungen dann alles andere aufbauen können.

Oe: Man muß auch sagen, daß zu unserem Sprachvermögen eine gewisse Ausbildung des Kehlkopfes gehört. Sie ist mit Sicherheit genetisch vorprogrammiert . . .

K: Das ist die »hardware« sozusagen . . .

Oe: Richtig. Die muß vorhanden sein . . .

K: Aber »software« ist auch vorhanden, Programmierung.

Oe: Die ist auch vorhanden. Entscheidend ist – es gibt eine einfache Formulierung dafür –: Die Evolution hat zwar die Anlage, die Potentialität zur Sprache in unseren Gehirnstrukturen vorprogrammiert, aber sie hat nicht die Codierung einer bestimmten Sprache vorgegeben.

K: Darum kann jedes Kind selbstverständlich jede Sprache erlernen. Als Kind. Auch Zeichensprachen, auch Symbolsprachen. Wenn es blind ist, auch Blindenschrift – das ist alles drin in der Potentialität der Sprache und sitzt tiefer als das, was für uns die gesprochene Sprache ist.

Dreißig Laute als gesamtmenschliches Sprachrepertoire

S: Interessant ist folgende Tatsache: Jede menschliche Sprache nützt etwa dreißig Laute aus. Und dabei kann der Mensch ja Hunderte von verschiedenen Lauten produzieren. Aber es ist so, daß alle untersuchten Sprachen eine recht kleine Menge von Lauten verwenden, zwischen zwanzig und dreißig. Und viele Geräusche, die wir ohne weiteres machen können, kommen niemals zur Verwendung in irgendeiner Sprache. Die sind also in diese Potentialität nicht einbegriffen.

Oe: Richtig, das heißt, es gibt so etwas wie ein Rahmensystem für die bestehenden natürlichen Sprachen. Das heißt also, es gibt eben nur eine bestimmte Anzahl von Lauten, die wirklich benützt werden und so weiter. Das muß eigentlich alles im genetischen Programm drinstecken.

K: Vermute ich richtig, daß die tiefere Untersuchung der Sprache durch Verhaltensforschung, Hirnphysiologie und Genetik der eigentliche Konvergenzraum zwischen Biologie und Philosophie sein wird? Denn wenn die Biologie über das Instrument des Denkens, nämlich über die Sprache, herfällt, dann ist ja wohl die Konvergenz nicht mehr aufzuhalten? Was den Philosophen gar nicht gefällt, muß ich korrekterweise sagen.

Oe: Ja, ja. Aber ich glaube, das sind die Philosophen, die zu wenig von der Naturwissenschaft verstehen und zu wenig von der Neurophysiologie und die darin einen Reduktionismus fürchten. Aber die Gefahr besteht eigentlich nicht, daß man auf die Art und Weise gewisse philosophische Ideen auf eine tiefere Ebene herabdrückt. Die alten Philosophen waren nämlich so geartet, daß sie durchaus jede Art Hilfestellung aus den empirischen Wissenschaften benützt haben.

Die Liebe ist eine Himmelsmacht

K: Jetzt noch schnell zum Einfacheren zurück – zu anderen Prägungen, die prägungsanalog sind. Welche sind bedeutsam für den Menschen? Die ihn in dieser Weise mit dem Tierreich verbinden, obwohl er sich deutlich davon absetzt?

H: Wir haben prägungsähnliche Vorgänge beim Kind, die die Bindung zu den Eltern hervorbringen . . .

K: Auch wenn das Kind geprügelt wird . . .

H: Ja, das ist ja etwas sehr Trauriges, daß Kinder, die bei Eltern aufwachsen, von denen sie mißhandelt und eventuell sogar tödlich bedroht werden, trotzdem eine enge Bindung an diese Eltern haben. Dies ist ein Merkmal, das sie mit der Prägung der Tiere verbindet . . .

K: Ich glaube, Sie haben gesagt: Aus diesem Grund darf man ein solches Kind nicht fragen: Willst du bei deinen Eltern bleiben? Da ist ein Gerichtsentscheid sinnvoller.

H: Ein solches Kind wird immer sagen: Ich möchte bei den Eltern bleiben – auch wenn die Erwachsenen, die das beurteilen, sehen, daß dieses Kind wegen des Charakters der Eltern vom Tode bedroht ist.

K: Damit wir mit dem positiven Teil des Spektrums enden: Konrad Lorenz hat heute ganz am Schluß in der Diskussion gesagt und das war der Knalleffekt des Tages: Die wichtigste Prägung für den Menschen ist ja das *Sich-Verlieben*.

H: Ja, das würde ich auch sagen. Der Vorgang des Sich-Verliebens vollzieht sich sehr schnell, er geht ohne momentane Belohnung vor sich – ein wichtiges Argument für prägungsähnliche Vorgänge . . .

K: Man kann auch unglücklich verliebt sein . . .

H: Die Verliebtheit erfaßt einen vom Kopf zum Fuß, man ist als ganzer Mensch in einer Weise, die man vorher selbst kaum für möglich gehalten hat und später kaum nacherleben kann, himmelhoch jauchzend oder zu Tode betrübt – ein ganz eigentümlicher Zustand.

K: Man kommt nur schwer davon los . . .

H: Man kommt ganz schwer davon los.

K: Aber als Mensch kann man davon loskommen. Insoferne ist man ein Mensch und nicht nur eine Graugans.

H: Ich weiß nicht, ob ich davon loskäme.

K: Ich danke, meine Herren.

II
Antal Festetics
Das »Du« zwischen Mensch und Tier

»Einer alten Fabel nach, so steht es geschrieben, besaß der Sohn Davids, König Salomo, einen Ring, der ihm die mystische Kraft verlieh, die Sprache der Tiere zu verstehen. Sie, Konrad Lorenz, sind der Erbe König Salomos insofern, als Sie in der Lage sind, Informationen zu entziffern, welche Tiere unter sich vermitteln, und Sie können tierisches Verhalten deuten. Ihre Fähigkeit, die Regeln zu erkennen, denen tierische und menschliche Verhaltensweisen zugrunde liegen, veranlaßte uns manchmal zu glauben, Sie seien in den Besitz des Zauberrings von König Salomo gekommen!«

Selten noch wurde die Zuerkennung des Nobelpreises für Physiologie und Medizin so poetisch begründet, denn das waren am 10. Dezember 1973 die Worte Professor Börje Cronholms, Vorsitzender des Nobelkomitees, im Konzerthaus von Stockholm anläßlich der Ehrung von Konrad Lorenz mit der höchsten wissenschaftlichen Auszeichnung.

»Diese Entdeckungen gründen . . . auf Studien an Insekten, Fischen und Vögeln . . .«, fuhr der Laudator in der Aufzählung der Leistungen von Konrad Lorenz und seiner beiden Mit-Laureaten, Karl von Frisch und Nikolaas Tinbergen, fort, ». . . und es könnte daher scheinen, als wären sie von geringer Bedeutung für die Humanmedizin. Das sind sie aber keineswegs! Abgesehen von ihrer Bedeutung an sich, haben sie einen weitreichenden Einfluß auf Psychiatrie, Sozial- und psychosomatische Medizin sowie auf andere Bereiche der Heilkunde . . .

. . . Eine wesentliche Folgerung daraus ist, daß die psychologische Situation, in der sich ein Individuum befindet, mit seiner biologischen Grundausstattung nicht in Widerspruch geraten darf. Dies gilt für alle Arten; auch für die, die sich selbst in schamloser Eitelkeit ›Homo sapiens‹ getauft hat!«

Im Rahmen des Wiener Symposiums zum 80. Geburtstag Konrad Lorenz' ist mir die Aufgabe gestellt worden, aus seinem Lebenswerk den Aspekt der Wildtierforschung zu beleuchten und auf einige weiterführende Arbeiten hinzuweisen. Der Gegenstand dieses Berichtes ist deshalb eine kleine Auswahl von ethologischen Ergebnissen, die für die Wildbiologie, mein engeres Fachgebiet, wie wir es am Institut für Wildbiologie und Jagdkunde der Universität Göttingen betreiben, von besonderer Bedeutung ist:

1. Die Lorenzsche Methode ethologischer Forschung, denn schon ein erster Erkenntnisfortschritt der Verhaltenskunde liegt bereits in der Arbeitsweise von Konrad Lorenz;

2. Die für die Wildbiologie wichtigsten Entdeckungen von Lorenz, nämlich die Prägung, das Kumpan-Schema, die Tradition bei Tieren, die Spontaneität instinktiven Verhaltens und die biologisch sinnvollen Funktionen intraspezifischer Aggression;

3. Die psychologisch-soziologischen Längsschnitt-Studien von Lorenz an der Graugans;

4. Die domestikationsbedingten Verfallserscheinungen;

5. Die Anwendung der Lorenzschen Prägung in wildbiologischen und Artenschutz-Vorhaben;

6. Neue ethologische Arbeitstechniken, die eine Rekonstruktion von nicht unmittelbar sichtbaren Verhaltensweisen ermöglichen, und schließlich

7. Die Rolle der Emotion in der Wildtierforschung.

Von wo kommst du? Was machst du?

Die Wildbiologie untersucht Wirbeltiere aus dem besonderen Blickwinkel der Tier-Mensch-Beziehung. Will man nun Gestalten, Leistungen oder Verhaltensweisen, also die Morphologie, die Physiologie oder Ethologie verschiedener Tierarten vergleichend untersuchen, so empfiehlt es sich, dies von drei Seiten her zu tun. Die eine Seite ist die stammesgeschichtlich-systematische Stellung. Dabei muß die phylogenetische Entwicklungslinie (»Von wo kommst du?«) und der auf ihr erreichte Differenzierungsgrad des Wildtieres geklärt werden. Diese Ebene umfaßt also *Homologien*, den historischen Teil der Art-Beschreibung.

Konvergenz-Merkmale, *Analogien*, sind von der zweiten Seite, die der ökologischen Funktionen her, zu verstehen. Wir meinen damit die »Tätigkeit« der einzelnen Lebensformen (»Was machst du?«), ihre Gegenwartssituation, ihre »ökologische Planstelle« oder, von der Umwelt her betrachtet, die sogenannte »ökologische Nische« bzw. landschaftliche Einpassung.

Der operationelle Begriff der ersten Ebene ist also ein systematischer, *die Art* oder Species (z. B. Rothirsch) der zweiten Ebene ein ökologischer, nämlich *die Lebensform* (z. B. Großer Pflanzenfresser). Dieses Begriffspaar zeigt zum einen den kategorialen Gegensatz von Divergenzen und Konvergenzen auf, also der taxonomischen und der ökologischen Betrachtungsweise, zum anderen aber auch den Umstand, daß Ökologie eben eine Betrachtungsweise ist und somit viel mehr als eine Disziplin, wie zum Beispiel Physiologie. Auf diesen Tatbestand hinzuweisen scheint mir u. a. auch deshalb wichtig, weil heute unter dem Begriff »Ökologie« nicht nur Forschungen laufen, die diese Firmierung gar nicht verdienen, sondern auch »alternatives Leben«, »grüne« Politik und vieles mehr, die mit diesem wertfreien Begriff nichts zu tun haben.

Warum ist der Hirsch ein Hirsch? Warum ist das Reh ein Reh?

Die erste, die phylogenetische Betrachtungsebene geht von der Fragestellung Konrad Lorenz' aus, die uns Vorbild ist und die wir auf der zweiten, auf der ökologischen Betrachtungsebene, als bipolare Dimension zur ersten, weiter auszubauen bemüht sind. Die dritte Betrachtungsebene betrifft die *soziale Organisation*. Wir fragen nach dem Geselligkeitsgrad der betreffenden Art bzw. Lebensform. Dieses Element ist mit den beiden anderen Ebenen keineswegs gleichwertig und überwiegend von den Anpassungen auf der Ebene der ökologischen Funktionen, aber nur im geringen Maße von der phylogenetisch-taxonomischen Stellung abhängig (z. B. ist der Rothirsch ursprünglich eine Lebensform der offenen Landschaft gewesen und sozial, das Reh dagegen eine Lebensform des Dickichts und mehr solitär).

Wildtiere sind nach diesem Schema zum einen – als Ergebnis der stammesgeschichtlichen Ausformung – Arten des natürlichen zoologischen Systems, zum anderen aber auch Ergebnis der Umwelt-Einpassung, also Lebensformen natürlicher Ökosysteme. Daraus folgt, besonders aus der letztgenannten Kategorie, ihre soziale Struktur. Dieser Betrachtung liegt die Darwinsche Deszendenzlehre zugrunde. Eine eigene Theorie hat die Wildbiologie also nicht. Eigene Methoden hat unser Fach aber auch nicht. Man kann als Ethologe genauso Wildbiologie betreiben wie als Morphologe oder Genetiker. Die Untersuchung von Wildtieren sollte alle ihre Lebensvorgänge umfassen, auch die pathologischen. An unserem Göttinger Institut ist deshalb auch traditionell der veterinärmedizinische Aspekt der Wildbiologie vertreten.

Wir definieren also die Wildbiologie vom Objekt und nicht von der Methode her. Dabei stehen allerdings die vielfältigen Phänomene des Umgangs des Menschen mit Wildtieren und ihren Lebensräumen im Vordergrund. Ein aktueller Aspekt ist dabei zur Zeit die einheimische Fauna. Unsere Wildtiere sind noch keineswegs ausreichend erforscht und deshalb auch in den Schulbüchern und Massenmedien den scheinbar »interessanteren« exotischen Arten ferner Erdteile gegenüber vernachlässigt worden. Unseren Kindern sind die Löwen der Serengeti schon besser bekannt als zum Beispiel der Fischotter und seine Beute, etwa die heimischen Weißfischarten.

Ohne Kenntnis dieser Arten können sich unsere Kinder aber auch nicht für sie begeistern und werden später einmal, in verantwortungsvollen Stellen, auch kaum motiviert sein, für den Schutz einheimischer Tiere und für die Erhaltung ihrer Lebensräume etwas zu tun. Der pädagogische Leitsatz von Konrad Lorenz lautet dazu: »Das Wichtigste ist, unsere Kinder in die Natur zurückzuführen. Wer das versteht, wer in dieser Hinsicht ein guter Pädagoge ist, der rettet, weiß Gott, mehr Seelen als ein guter Seelsorger!«

Die Donau-Wildnis vor seiner Haustür, die seinerzeit das Kind Konrad zum Naturforscher werden ließ, aber auch sein Tümpelaquarium als ein kleines Abbild, ein »Mikrokosmos« dieser bedrohten Welt voller Naturwunder, sind für ihn immer noch ein schier unerschöpfliches Anschauungsmaterial zu diesem heute wohl wichtigsten Anliegen, das wir haben. Und Konrad Lorenz ist einer der wenigen, deren Weltanschauung vom An-Schauen der Welt kommt und nicht umgekehrt!

Die Einsicht, daß Tiere auch beseelt sind

An Altenberg führt eine uralte Vogelzugstraße vorbei, die schon das Kind Konrad in Bann hielt. Es packte ihn die Sehnsucht, mit den durchziehenden Wasservögeln mitfliegen zu können. Aus der Faszination am Zug der Wildgänse entstand später, 1933, die Doktorarbeit über den

Vogelflug, mit der Konrad Lorenz durch die ganzheitliche Betrachtung und Schärfe seiner Deutungen auf einen Schlag zum würdigen wissenschaftlichen Nachfahren des Stauferkaisers Friedrich II. wurde, der bereits vor über siebenhundert Jahren das ornithologische Meisterwerk »De arte venandi cum avibus« schrieb.

Ein wesentlicher Zug Lorenzscher Ethologie war und ist der *vergleichende* Aspekt: von der Graugans zum Menschen – ein Weg, der vor fünfzig Jahren mit dem Gänsekind »Martina« begann, das der junge Verhaltensforscher 1936 ausgebrütet und auf sich geprägt hat, und dieser wissenschaftliche Weg wurde vor zehn Jahren mit dem Nobelpreis gekrönt. Er reicht allerdings viel weiter zurück, in die Kindheit von Konrad Lorenz, als der Sechsjährige an der Donau stand, am Himmel eine Schar rufender Wildgänse vorüberziehen sah und nachher »Nils Holgerssons wunderbare Reise mit den Wildgänsen« aus der Feder von Selma Lagerlöf gelesen hat. Das Kind übernahm von der Dichterin die Überzeugung und konnte dies später als Wissenschaftler auch plausibel belegen, daß Gänse, wie alle höheren Tiere, *beseelte* Wesen sind, die genauso leiden und sich freuen können wie wir Menschen. Konrads Wunsch, eine Gans zu halten, wurde von seinen Eltern soweit »zur Hälfte« erfüllt, als er ein Entenküken aufziehen durfte.

Der Erwerb dieses Entleins führte zur vorerst »unbewußten« Entdeckung jenes einmaligen, an eine bestimmte Phase der Entwicklung gebundenen Lernvorganges, der das Objekt eines ganzen Systems von Verhaltensweisen unwiderruflich festlegt. Enten und Gänse werden in dieser Weise auf eine bestimmte Bezugsperson festgelegt, also »geprägt«, die sie forthin als ihre Mutter betrachten. Fünfundzwanzig Jahre später ist aus diesem Kindheitserlebnis eine wissenschaftliche Abhandlung geworden: »Der Kumpan in der Umwelt des Vogels«, veröffentlicht 1935 in dem »Journal für Ornithologie«. Sie bildete die Grundlage für einen neuen Zweig der Biologie: der Vergleichenden Verhaltensforschung. In dieser bahnbrechenden Abhandlung hat der damals 32jährige Verhaltensforscher die Erkenntnisse zusammengefaßt, die er an seinen in Altenberg frei gehaltenen Gefiederten durch schlichte Beobachtung gewonnen hat. Zu seiner »Menagerie« gehörten 100 Dohlen, 32 Nachtreiher, 20 Kolkraben, 15 Seidenreiher, 9 Turmfalken, 7 Kormorane, 7 Elstern, 7 Mönchsittiche, 6 Weiß- und 3 Schwarzstörche, 4 Nebelkrähen, 3 Rallenreiher, jeweils 2 Graugänse, Brautenten, Mäusebussarde, Flußseeschwalben, Gelbhaubenkakadus, Eichelhäher, Alpendohlen, Graukardinale und Gimpel, je 1 Wespenbussard, Kaiseradler, Rabenkrähe, Mantelmöwe und Amazonenpapagei, weiters ungezählte Stock- und Türkenenten sowie Goldfasane. Die kleinen Singvögel im Käfig, seine Fische im Aquarium und die frei laufenden Katzen, Hunde und Halbaffen gar nicht dazugerechnet.

Die angeborenen Lehrmeister des Lernens

Obwohl in seiner »Kumpan-Arbeit« Instinkthandlungen noch als Kettenreflexe deutend, erkannte Lorenz damals schon ihre Spontaneität; er beschrieb Appetenz, Leerlaufhandlung, Signalreiz und Auslöser. Letzteres hat er an der Begrüßungszeremonie seiner halbzahmen Nachtreiher erkannt, die auf der großen Hängebuche des Altenberger Parkes gebrütet haben. Lorenz entwickelte in dieser richtungweisenden Schrift aber auch seinen »AAM«-Begriff, wie das Kürzel des Angeborenen Auslöser-Mechanismus lautet, und zeigte die Leistungen und Trennbarkeit der Funktionskreise von Eltern-, Kind-, Sozial-, Geschwister- und Sexualkumpan auf. Das wichtigste Ergebnis dieser Studie war jedoch das, was rund 40 Jahre später in der Begründung für die Verleihung des Nobelpreises an Konrad Lorenz an erster Stelle erschien: die Entdeckung der *Prägung* als eines besonderen Lernvorgangs »ohne Belohnung«, aber auch ohne Vergessen, auf eine sensible Phase beschränkt, also gewissermaßen die »Liebe auf den ersten Blick«.

Für Lorenz war die Prägung ein willkommenes Mittel, um Wildtiere dauerhaft an sich zu binden, oft allerdings nicht ohne ärgerliche oder komische Folgen. In dieser modernen Arche Noah passierten immer wieder Mißgeschicke, doch gerade diese brachten dem Verhaltensforscher oft auch wichtige Einsichten. Jener Goldhamster etwa, um hier nur ein Beispiel zu erwähnen, der eine Stemmkamintechnik erfunden hat, um zwischen einem hohen Maria-Theresien-Schrank und der Wand emporklettern zu können. Er hat dort in einen Briefordner, der *zum Schutz* vor den im Altenberger Haus frei laufenden Tieren auf den Schrank gestellt worden war, einen zentralen, kugelförmigen Hohlraum genagt und in diesem aus der zu dünnen Papierstreifen zerbissenen Lorenz-Korrespondenz ein gemütliches Nest eingerichtet. Ein halbes Jahrhundert später, im Max-Planck-Institut für Verhaltensphysiologie, war das auch nicht anders. Als ich Anfang der sechziger Jahre bei

Konrad Lorenz in Seewiesen famulierte, errichteten gerade seine frei
fliegenden Schamadrosseln ihr Nest auf seinem Bücherregal ausgerech-
net auf dem dicken Band der »Verhandlungen des 5. Ornithologen-
Kongresses«. Böse Zungen behaupteten, dies zeuge davon, wie selten
der Institutsleiter seine Bücher zu benutzen pflege.

Die große Liebe der Dohle »Tschock«

Seine »Freiland-Bauernhof-Ethologie« mit halbzahmen Tieren frei im
Haus und Lorenz' »viehische« Geduld bei der Beobachtungsarbeit waren das methodische Geheimnis für seine weitreichenden Entdeckungen. Lorenz war selbst ein »Umweltfaktor« seiner Tiere und paßte sich
ihrem Raum-Zeit-System ganz an. Die gefiederten oder bepelzten
Hausgenossen verloren mit der Angst freilich auch den Respekt vor den
Menschen.

Begonnen hat er mit dieser Arbeitsweise vor rund sechzig Jahren,
und 1926 ist bereits schon in die Geschichte der Verhaltensforschung
als das Geburtsjahr einer Vogelpersönlichkeit eingegangen: der Dohle
»Tschock«. Sie wurde als halbwüchsiger Nesthocker in einer Wiener
Tierhandlung vom Medizinstudenten Konrad Lorenz für vier Schilling
erworben, weil dieser einfach Lust verspürt hatte, in den großen Sperr-
rachen des Dohlenkindes Futter zu stopfen. Der Vogel sollte nach dem
Flüggewerden freigelassen werden, was jedoch daran scheiterte, daß er
von Lorenz nicht abließ, ihm überall nachflog, ihn sogar auf weiten
Radtouren an die Donau begleitete und alleingelassen verzweifelt
»Tschock« rief. Er wurde schließlich so getauft und in Altenberg behalten. Die Dohle betrachtete den jungen Verhaltensforscher als ihre Mutter, verliebte sich in die ehemalige Köchin des Hauses Altenberg und
besuchte diese täglich im Nachbardorf.

Im nächsten Jahr zog Lorenz vierzehn Dohlen auf, im darauffolgen-
den waren es sechzehn, für die er »Elternkumpan« war. Die Kolonie
vermehrte sich später von selbst, überlebte den Krieg und hauste ein
Vierteljahrhundert lang am Dachboden der Altenberger Villa.

Konrad Lorenz wandte sich zunächst, wie er 1935 schreibt, ». . . jener kindlichsten und doch wissenschaftlichsten Arbeit . . . (zu), die
darin besteht, in voraussetzungsloser Beobachtung tierischen Verhaltens ganz einfach nachzusehen, was es alles gibt!«. Manchmal war

jedoch nicht einmal das notwendig. Zufall und Situationskomik standen wiederholt Pate bei unerwarteten Erkenntnissen.

Animal agit – Descartes verstand wenig von Tieren

Diese und andere ungewöhnliche Geschehnisse tippte Konrads zukünftige Frau Margarethe heimlich aus seinem Tagebuch ab, und sie schickte sie an den äußerst kritischen Ethologen Oskar Heinroth nach Berlin, den die Aufzeichnungen seines jungen österreichischen Kollegen sofort begeistert haben und der diese noch im selben Jahr, 1927, veröffentlichen ließ.

An seinen Dohlen beobachtete Lorenz, daß bei diesen die Kenntnis des Feindes, zum Beispiel Katzen, nicht angeboren ist, wie bei den meisten anderen Vogelarten, sondern von den Eltern erlernt wird. Er entdeckte somit als erster, daß Dohlen zur Weitergabe individuell erworbenen Wissens vom Vater zum Sohn fähig sind. Es gelang ihm damit der Nachweis von echter *Tradition* bei Tieren, was bis dahin als spezifisch Menschliches galt.

Als Glanzstück intuitiven Erfassens der Ursachen von Verhaltensweisen kann die Entdeckung der Leerlaufbewegung an seinem zahmen Star »Hansi« 1932 durch Konrad Lorenz bezeichnet werden. Der handaufgezogene Vogel lebte in der Wiener Stadtwohnung der Familie Lorenz und hatte nie in seinem Leben Gelegenheit, auf Insekten Jagd zu machen. Er begann nun eines Tages nach der Zimmerdecke zu spähen, flog hinauf, schnappte nach imaginären Fliegen und vollführte sogar objektlos anschließend die Bewegungen des Totschlagens und des Schluckens der Beute ganz perfekt.

Lorenz dachte zunächst, der Vogel hätte einen »Vogel«, das heißt Halluzinationen, erkannte aber dann rasch, daß es sich dabei um Triebstau, Schwellenerniedrigung und Leerlaufreaktion spontanen Verhaltens handelt, als Ausdruck endogener Reizproduktion. Der Leerlaufstar wurde zum »Star« der Psychologie. Mit dieser Entdeckung widerlegte Lorenz die Ansichten über Verhalten sowohl der Mechanisten als auch der Vitalisten und schuf ganz ohne Statistik und Meßinstrumente das Fundament für die moderne Verhaltensforschung. Konrad Lorenz ist eben ein Beispiel dafür, daß nicht das Klavier, sondern das darauf gespielte Thema den Gehalt des Musikstückes bestimmt.

Das wissenschaftshistorisch wohl bedeutsamste Ereignis im Werdegang von Lorenz fand jedoch im Februar 1937 nach einem Vortrags-
abend der »Kaiser-Wilhelm-Gesellschaft zur Förderung der Wissenschaften«, spätnachts in der Kneipe des Berliner Harnackhauses statt.
Es war das erste Zusammentreffen Konrad Lorenz – Erich von Holst.
Sie brachte die Duplizität einer großen Entdeckung zutage: Was der
Verhaltensforscher rein nach Beobachtung seines zahmen Stares, der
eben nichtexistente Fliegen jagte, intuitiv richtig deutete, hat der Ner-
venphysiologe im Rückenmarkexperiment mit Aalen nachgewiesen.
Die Entdeckung erfolgte fast zur gleichen Zeit unabhängig voneinander
und auf ganz verschiedenen Integrationsebenen. Was der Ethologe »Instinkt« nannte, war für den Physiologen der »zentralnervöse Automatismus«.

Der von René Descartes entlehnte Spruch der Reflexologen »Animal
non agit, agitur« – das Tier handelt nicht, es wird bewegt – hatte nun
seine Gültigkeit verloren, endogene Reizerzeugung und zentrale Koordination der Triebhandlungen, ihre Spontaneität ist durch die beiden
Wissenschaftler bestätigt worden. Die Kaiser-Wilhelm-Gesellschaft
beschloß, für die kongenialen Partner Lorenz – von Holst ein Institut
für Verhaltensphysiologie ins Leben zu rufen. Verwirklicht werden
konnte dieser Plan jedoch erst durch ihre Nachfolgerin, die Max-
Planck-Gesellschaft, nach Kriegsende.

Lob der Amateure, Lob der Dilettanten

1937 kann aber auch aus anderen Gründen als das Geburtsjahr der
Ethologie bezeichnet werden: Lorenz und Niko Tinbergen entdeckten
die »Instinkt-Dressur-Verschränkung« an der Eirollbewegung einer
brütenden Graugans im Altenberger Garten, Lorenz und Otto Koehler
begründeten die »Zeitschrift für Tierpsychologie«, und ebenfalls 1937
wurde Konrad Lorenz an der Wiener Universität zum ersten Dozenten
für Tierpsychologie habilitiert. Allerdings nicht die wissenschaftlichen
Arbeiten von Lorenz, sondern seine populären Bücher verhalfen der
Ethologie in der Folgezeit zum breiten Durchbruch. Konrad Lorenz
machte mit seinen »Tier- und Hundegeschichten« in einer Zeit, als
man in den sogenannten »gebildeten« Kreisen noch kaum vernünftig
über Tiere sprach, diese hoffähig. In einmaliger Kombination von In-

formationsfülle und Verständlichkeit vermittelt er zwischen den Zeilen seiner scheinbar anekdotisch aneinandergereihten Tierbeobachtungen den roten Faden seines moralisch-ethischen Anliegens an einen breiten Leserkreis. Er lehrt uns, uns im Spiegel anderer Arten selbst zu erkennen.

Dem gelegentlichen Vorwurf einer wissenschaftlichen »Halbschuh-Touristik« begegnete Lorenz stets mit vehementer Ehrenrettung und Verteidigung der Amateure, Liebhaber und »Dilettanten« in der Verhaltensforschung, die schließlich die Grundlagen dieses Faches gelegt haben – ein Oskar Heinroth zum Beispiel! Neugierige Forscher, die einfach Freude am Beobachten hatten. Und Lorenz hat in seinem langen Forscherleben nie auch nur den geringsten Versuch unternommen, sich mit elitärem Hochmut von der Masse der Amateur-Tierbeobachter abzuheben.

Die von ihm begründete Vergleichende Verhaltenskunde ist vom methodischen Aufwand her die »billigste« unter den modernen Wissenschaften; anstatt sündteurer Laboratorien und Apparaturen genügen schon ein Zeichenblock und ein Fernglas, um zu wertvollen Ergebnissen zu kommen, vorausgesetzt, man hat den Blick des Zoologen für Raum- und Zeitgestalten.

Tagebuch der Hundegesichter

Aus seinem Bedürfnis, in der Vielfalt morphologischer und ethologischer Merkmale die Ordnung zu erkennen, beobachtete und zeichnete in sorgfältig geführten Tagebüchern Konrad Lorenz seit seiner Kindheit von den Mundwerkzeugen und Beinpaaren der Krebse bis zu den Gesichtsausdrücken der Hunde buchstäblich alles, was ihm über den Weg lief. Er steigerte dabei seinen Scharfblick für die Merkmale der Verwandtschaft bei Tieren, sein »systematisches Taktgefühl«, wie er es nannte, mit der Zeit bis zur Virtuosität.

Ein heute schon Klassiker unter den vergleichend-systematischen Verhaltensuntersuchungen ist Lorenz' Wildentenstudie, die er am kleinen, künstlich angelegten Altenberger Gartenweiher durchgeführt und 1941 veröffentlicht hat. Später, in Buldern und Seewiesen, hat er die Arten- und Kopfzahl frei gehaltener Schwimmvögel um ein Vielfaches erweitert. An seinen verschiedenen Wildentenarten hat Lorenz entdeckt, daß die Bewegungsweisen genauso homologisierbar sind und sich als systematische Merkmale für zoologische »Stammbaumforschung« eignen wie Körperteile, zum Beispiel Zähne oder Federn. Am Imponiergehabe der Schwimmenten beschrieb er die grundlegende Erkenntnis, daß die Zeremonie stets älter ist als ihr Organ – die Bewegung konservativer als das dazugehörige bunte Gefieder.

Die Enten bieten aber nicht nur für vergleichende Studien solcher Art besonders günstige Objekte, sondern auch die Möglichkeit, den Erbgang von Instinktbewegungen in Kreuzungen experimentell zu erforschen. Bei Schwimmenten entstehen nämlich – was den Zoologen sonst gar nicht freut! – fruchtbare Mischlinge auch zwischen Arten, deren Bewegungsinventare sich voneinander so markant unterscheiden, daß die Mendelsche Merkmalsaufspaltung bei den F_2-Mischlingen unmittelbar sichtbar wird. Das Verhalten der Bastarde ermöglicht Rückschlüsse auf den Gang der Phylogenese von Instinkthandlungen. Häufig stehen diese in ihrem angeborenen Verhaltensanteil nicht intermediär zwischen den Elternarten, sondern zeigen interessanterweise einen »Rückschlag« auf stammesgeschichtlich ältere Stufen.

Die Entteufelung der Erbsünde

Charles Darwin waren die Erkenntnisse neuzeitlicher Genetik noch unbekannt. Sein epochales Werk wurde später aber nicht nur durch die Vererbungslehre, sondern und vor allem durch die Verhaltenslehre um eine wesentliche Dimension erweitert. Ein Jahrhundert nach Erscheinen von Darwins »Die Entstehung der Arten« und »Die Abstammung des Menschen« platzte nun die zweite Bombe: Konrad Lorenz veröffentlichte seine Naturgeschichte der Aggression unter dem Titel »Das sogenannte Böse«, und die Verhaltensforschung bot nun weltanschaulichen Sprengstoff dadurch, daß sie ihre an Tieren gewonnenen Erkenntnisse auf den Menschen übertrug.

»Der Weg zum Verständnis des Menschen führt genau ebenso über das Verständnis des Tieres, wie ohne Zweifel der Weg zur Entstehung des Menschen über das Tier geführt hat.« Mit diesen Worten hat Lorenz bereits schon 1947 begründet, warum er konsequent von einer *vergleichenden* Verhaltensforschung spricht, und das ». . . bedeutet ebensowenig eine Herabsetzung der Menschenwürde, wie die Anerkennung der Deszendenzlehre eine solche bedeutet«. Fragestellung und Methodik einer vergleichenden Forschung, wie sie seit Darwin in allen anderen biologischen Disziplinen längst selbstverständlich geworden sind, kamen erst mit Konrad Lorenz zur systematischen Anwendung auf das Verhalten von Tieren und des Menschen.

Das wohl wichtigste und weittragendste Beispiel ist die intraspezifische *Aggression*. Was naive Menschen als die »Einflüsterungen eines inneren Feindes« empfanden, Philosophen seit alters her als das »wirkliche Böse« mißdeutet und Theologen als das »Übel der Erbsünde« hingestellt haben, war für Lorenz von Anfang an ein Instinkt wie jeder andere. Es galt nun, diesen mit naturwissenschaftlichen Methoden auf seinen Sinn, Ursprung und Ursache hin zu untersuchen. Der Vater der Psychoanalyse, Sigmund Freud, hat wohl mit seiner Lehre vom Unbewußten das Bild vom Menschen revolutioniert, erkannte bereits die Existenz der endogenen Reizerzeugung und somit auch Dynamik und Spontaneität der menschlichen Aggression, deutete diese jedoch als einen besonderen »Todestrieb«, als Neigung zur Selbstzerstörung. Sein Landsmann Konrad Lorenz konnte im Reich des Lebendigen keine Spur einer solchen »Todessehnsucht« entdecken, ganz im Gegenteil: Der Aggressionsinstinkt ist Erb*gut* und nicht Erb*übel*!

Er hat, wie zum Beispiel der Freßtrieb oder Sexualtrieb, arterhaltende Funktionen zu erfüllen und ist das Ergebnis eines langen, stammesgeschichtlichen Werdens, wie alle unserer Körperorgane und viele unserer Verhaltensweisen. Die innerartliche Aggression höherer Wirbeltiere hat wichtige biologische Regulativfunktionen: angefangen von der gleichmäßigen Verteilung der Individuen einer Population im Raum oder die Ausbildung von Territorien über die kämpferische Herstellung von Rangordnung in der Gruppe bis zur Entstehung von sozialen Hierarchien.

Darwin – schlecht übersetzt

Seit einem halben Jahrhundert gilt das besondere Interesse Lorenz' der innerartlichen Aggression bei Buntbarschen. Das Bild von seinem Aquarium ist einer breiten Öffentlichkeit bekannt geworden: Zwei Blaupunkt-Akaras bedrohen einander frontal durch »Kiemendeckelspreizen« und werden bald ins »Maulzerren« übergehen. Der schwarze

Punkt an der Flanke des Fisches zeigt an, daß dieser in der Defensive ist, sein Rivale im Bild rechts demonstriert Überlegenheit mit den dunklen Streifen.

Darwins »Kampf ums Dasein«, in dem der »Stärkere überlebt«, wurde erst durch die schlechte deutsche Übersetzung zu einem Mordszenario: Die Aggression bewirkt in der Regel Auslese ohne »Ausmerzung« des Schwächeren. Die Reglements der Turniere sind mit unserer Ritterlichkeit vergleichbar, und Lorenz sprach ohne alle Anführungszeichen von einem tierischen Verhalten analog der menschlichen *Moral*. Eine kämpferische Buntbarschart ist sogar von amerikanischen Zoologen nach dem für seine Fairneß sprichwörtlichen Box-Weltmeister »Jack Dempsey« benannt worden.

Zu diesem Komplex gehören auch Kampfzeremonien, die ritualisiert sind, um eine ernsthafte Beschädigung der Kämpfer zu vermeiden; angeborene, moral-analoge »Spielregeln« verhindern das Töten von Artgenossen. Hirsche kämpfen nur Geweih gegen Geweih, Buntbarsche packen einander an den Kiefern, die gegen Verletzungen gepanzert sind, und ziehen mit aller Macht, wie alpenländische Bauernburschen, die ihre Kräfte beim Fingerhakeln messen.

Keine Liebe ohne Haß, kein Haß ohne Liebe

Konrad Lorenz entdeckte im Familien- und Gesellschaftsleben verschiedener Tiere diese Zusammenhänge. Er wies als erster auf das falsche Moralisieren mit Tieren hin, zugleich aber auch auf die erstaunlichen, echten Moral-Analogien zwischen Tieren und dem Mensch, besonders am Beispiel der Kampfrituale des »bösen« Wolfes und anderer, mit scharfen Zähnen und Krallen »bewaffneter« Arten, die, hätten sie keine verläßlichen Tötungshemmungen, sich schon längst selbst ausgerottet haben würden. Das aber dürfte nicht im Sinne des Erfinders, sprich Schöpfers, d. h. der Evolution sein.

Keine Liebe ohne Aggression, aber auch kein Haß ohne Liebe! Diese brisante Schlußfolgerung aus den langjährigen vergleichenden Verhaltensstudien Konrad Lorenz' und den weiterführenden humanethologischen Forschungen Irenäus Eibl-Eibesfeldts löste weltweites, zum Großteil begeistertes Echo aus. Allerdings auch erbitterte Gegner. Von den Kritikern sei hier beispielhaft der US-Psychologe Erich Fromm zitiert: »Was könnte für Menschen . . . die sich fürchten und die sich unfähig fühlen, den zur Zerstörung führenden Lauf der Dinge zu ändern, willkommener sein als die Theorie von Konrad Lorenz, daß die Gewalt aus unserer tierischen Natur kommt und einem unzähmbaren Trieb zur Aggression entspringt.« Von »unzähmbar« hat Lorenz freilich nie gesprochen, sondern er verglich vielmehr, was seine Kritiker verschweigen, die Aggression mit einem Pferd, das geritten werden muß, damit es nicht stallwütig wird.

Das Band der Liebe ist um so fester, je aggressiver die betreffende Art; und je wehrhafter ein Tier ist, um so stärkere Hemmungsmechanismen hat es dem arteigenen Kampfpartner gegenüber. Nicht Adler bringen sich im Käfig bestialisch um, sondern Tauben, also das Symbol für Sanftmut und Frieden, die zwar keine scharfen Krallen haben, dafür aber auch keine tötungshemmende Rituale besitzen. Ihre einzige »Waffe« ist das Fluchtvermögen, das aber nützt ihnen im Käfig wenig.

Die Graugans im Menschen – aber nicht der Mensch in der Graugans

Konrad Lorenz' Interesse galt und gilt an erster Stelle der Aggression und der Bindung als soziales Phänomen. Und kaum ein anderes Tier ist zu so starken persönlichen Bindungen fähig wie die Graugans. Fern von unzulässiger Vermenschlichung hat Lorenz das dem unseren in so vielen Punkten analoge Gesellschaftsleben dieser hochsozialen Art ein halbes Jahrhundert untersucht.

In unserem bereits im Aufbau befindlichen »Konrad-Lorenz-Institut« der Österreichischen Akademie der Wissenschaften wird die Graugansforschung unter seiner Anleitung fortgesetzt und weiter vertieft. Für die freundliche Aufnahme von Gänsen und Gänseforschern in Grünau im Almtal sei an dieser Stelle dem Herzog von Cumberland gedankt, für die Subventionierung der Untersuchungen sind wir dem Bundesministerium für Wissenschaft und Forschung in Wien dankbar.

Konrad Lorenz entdeckte im Sozialverhalten der Graugans zahlreiche Analogien zu dem des Menschen. Er hat erkenntnistheoretisch überzeugend dargelegt, daß Gänse, wie alle anderen höheren Tiere und wir Menschen, ein subjektives Erleben haben. Aber warum eignen sich gerade Graugänse so gut zu solchen Studien? Weil sie ein hochdifferenziertes Familienleben führen, eine nahezu hundeartige Anhänglichkeit an ihren menschlichen Kumpan zeigen und daher die Möglichkeit bieten, sie dauernd in natürlichem Milieu frei fliegend zu halten, und weil wir kein Wirbeltier mit ähnlich interessantem Gesellschaftsleben kennen, bei dem auch nur annähernd so leicht psychologisch-soziologische Längsschnitt-Studien durchführbar wären.

Wer aber Lorenz indessen beschuldigt, er setze den Menschen mit der Graugans gleich und betreibe »Biologismus«, kennt den Unterschied zwischen Homologie und Analogie nicht. Der Verhaltensforscher spricht von Konvergenz der Funktionen und hütet sich auch umgekehrt, die Gänse zu vermenschlichen. Aber gerade diese Parallelität verwandtschaftsunabhängiger Anpassungen läßt uns die allgemeinen Funktionsgesetze besser verstehen. Besser, als würden wir vergleichende Untersuchungen an uns nächstverwandten Arten, am Gorilla oder Orang-Utan etwa, anstellen. Darin liegt der große erkenntnistheoretische Wert der Analogieforschung von Konrad Lorenz, und das war der Inhalt seiner Nobel-Vorlesung, die er 1973 in Stockholm gehalten hat.

Erst wenn wir nämlich die Tiere wirklich kennen und Einsicht in das große stammesgeschichtliche Werden haben, können wir das Einzigartige des Menschen auch begreifen. Es steckt wohl alles Tier im Menschen, aber keineswegs aller Mensch im Tier. Diese alte chinesische Weisheit hat sich durch die Lorenzsche Ethologie empirisch bewahrheiten lassen.

Biologie-Adel: Schimpansen, Makaken, Graugänse

Die Psychologie ist allerdings, historisch gesehen, nicht aus einer empirischen, methodisch induktiven Naturwissenschaft, sondern aus einer spekulativen, deduktiv arbeitenden Philosophie entwachsen. Der anhaltende, fruchtlose Streit um das sogenannte Leib-Seele-»Problem« ist ein deutliches Zeichen dafür. Was nun die Tiere betrifft, machte Lorenz deren Psychologie zu einer biologischen Disziplin, allerdings mit dem Ziel, zu einem tieferen Verständnis des Menschen zu gelangen. Den großen Schritt hat also nicht ein Seelenforscher im weißen Kittel, sondern ein Vogelkundler mit Fernglas und Gummistiefeln gemacht.

Konrad Lorenz gelang die Synthese dank seiner ungewöhnlich breiten Induktionsbasis eigener Beobachtungen an Dohlen, Raben, Reihern, Gänsen und vielen anderen Gefiederten. Von der großen Zahl verschiedener Vogelarten, die der »Vater« der Verhaltensforschung im Laufe seines an neuen Erkenntnissen reichen Forscherlebens untersucht hat, blieb die Graugans bis heute sein wichtigstes Beobachtungsobjekt. Seit dem legendären Gänsekind »Martina« im Jahre 1936, dessen Biographie, in 14 Sprachen übersetzt, heute weltweit bekannter ist als die von so manchen prominenten Zeitgenossen, lebten Graugänse mit Lorenz in Altenberg, Buldern, Seewiesen und leben nunmehr in Grünau im Almtal.

Es gibt auf der ganzen Welt nur drei Wildtierpopulationen sozial hochorganisierter Arten, über deren Genealogie seit Jahrzehnten so genau Buch geführt wird wie sonst nur über Adelsgeschlechter im Almanach von Gotha: eine Schimpansen-Kolonie in Tansania, eine Gruppe von Makakenaffen in Japan und die Graugänse von Grünau.

Zum Gänseforscher-Alltag gehört, daß alle sozialen Interaktionen in der Schar in einer Gänsekartei festgehalten werden, wie das zuerst Helga Fischer in Seewiesen, dann Sybille Kalas in Grünau getan haben und heute Angelika Schlager und Michael Martys ebendort tun. Es wird genau beobachtet und notiert, wer unter den Graugänsen mit wem, wie oft, wie lange, wie und weshalb was macht und was nicht macht. Das Anbiedern, Vertreiben, Warnen, Begrüßen und das »Triumphgeschrei«, die Seitensprünge, die »Mesalliance« (auch das gibt es bei Gänsen!), die Eifersucht, Protektion, Trauer, der Witwenzustand, das »Prügelknabe-Sein« und vieles mehr ist bei Graugänsen und beim Menschen so verblüffend ähnlich, daß sich ihr Sozialverhalten zum Vergleich mit unserem *besser* eignet als das der uns nächstverwandten Menschenaffen.

Wer hat das Schwein zur Sau gemacht?

Die Graugans als Wildtier diente Lorenz aber auch zum Vergleich mit der Mastgans als Ergebnis der Domestikation, um auf die Gefahren der Haustierwerdung hinzuweisen. An der Wildtier-Stammform und ihren hochgezüchteten Nachfahren im Hausstand, wie Grau- und Mastgans, aber auch zum Beispiel Karausche und Glotzaugenfisch oder Wolf und Mops, verdeutlichte Lorenz den Harmonieverlust von Bauplänen und das regellose, metastasenartige Wuchern von Körperorganen als Folgen der Domestikation. Die »Verhausschweinung« des Menschen ist seiner Meinung nach das Ergebnis einer der Domestikation analogen Entwicklung, die wir zivilisationsbedingt durchgemacht haben.

Unser ästhetisches Werturteil über das von uns subjektiv als »edel« empfundene Wildtier bzw. seiner als »vulgär« empfundenen Hausform entspricht einem angeborenen Schema und deckt sich mit unserem ethischen Werturteil. Dieses bildet in uns eine mehr oder weniger unbewußte Schablone des sozialen Handelns, gewissermaßen ein »Vor-Wissen« darüber, was gut und was böse sei. Die begriffliche Trennung ethischer und ästhetischer Werturteile ist also künstlich und keineswegs gerechtfertigt!

Aber was haben wir aus dem Wildtier durch künstliche Zuchtwahl in der Fließbandproduktion moderner Hochleistungsbetriebe gemacht? Aus dem Zucht-Haustier ein Zuchthaus-Tier, das verfettet und abgestumpft nur die Aufgabe hat, Fressen und Begattung als »Fulltime-Job« zu betreiben. Wir haben das Schwein zur Sau gemacht. Degeneration ist hier jedoch der falsche Ausdruck, denn dieser Zustand erinnert vielmehr an die einseitige Spezialisierung von Schmarotzern, deren Wirt in diesem Fall der Mensch ist. Er nimmt dem Schwein den Kampf ums Dasein ab, kehrt aber die Evolution zur Involution um. Bei Rindern, Enten und Hühnern ist das nicht anders.

Daß hieran ausschließlich der Fortfall der natürlichen Selektion die Schuld trägt, zeigen die Ausnahmen: der Hund und das Pferd. Dieser Tatbestand ist für eine artenschutzbezogene Wildbiologie von grundsätzlicher Bedeutung, wenn sich diese in der Praxis bemühen will, das Wild als »wild« zu erhalten, abgeschirmt vor den Gefahren der Domestikation. Ein Großteil der Pferde- und Hunderassen ist von im Hausstand auftretenden Disharmonien verschont geblieben, weil sie nicht auf übermäßige Sexualität und Freßsucht, sondern durch Dressur und Arbeit zu »Sportlern« gezüchtet worden sind. Sie dienen uns nicht zu Speisezwecken, sondern erbringen bestimmte Leistungen.

Das zahme Wildtier: Natur als Kultur

Mitte der sechziger Jahre fuhr ich mit Konrad Lorenz nach Ungarn in ein Gebiet, in dem Haustiere noch keine Frustrationserscheinungen durch Triebstau zeigen, wie Bewegungsstereotypien, Aggressivität, Leerlaufhandlungen und andere Ersatzbefriedigungen. Unser Ziel war es, in der Hortobágy-Puszta das Leben der großen, halbextensiv gehaltenen Herden von Schweinen, Schafen, Rindern und Pferden zu studieren. Haustiere leben dort im halbwilden Zustand und sind mit den halbzahmen Wildtieren von Konrad Lorenz' Zuhause insofern vergleichbar, als es sich in beiden Fällen um naturnahe Verhältnisse handelt. Wir gründeten spaßhalber einen »Verein zur Erhaltung halbwilder Zustände aller Art«, mit der lateinischen Abkürzung »Semiferox«. Die Naturschutz-Philosophie, die hinter dieser Idee steckt, ist allerdings eine durchaus ernst zu nehmende Sache.

Am Beispiel der Pusztapferde sei hier der Begriff »Semiferox« kurz erläutert. Stammbaummäßig, also historisch betrachtet, sind diese feurigen Rösser zwar seit alters her domestizierte, sogar hochgezüchtete, echte Haustiere. Aus ökologischer Sicht aber, in bezug auf ihre Gegenwartsfunktion (vgl. die zweite Betrachtungsebene auf Seite 71) als Glieder der Lebensgemeinschaft der ungarischen Steppen, sind diese freilebenden Pferdeherden wie »Wild«tiere einzustufen. Sie ernähren sich auf den großen Weideflächen im Sommerhalbjahr vollkommen »wild«, also natürlich und gestalten durch ihren Fraß, Tritt und Dung die Landschaft, in der sie leben, aktiv mit! Malerisch bekleidete, berittene Hirten in einer Tracht, die diese hier seit Jahrhunderten tragen, treiben die Pusztapferde mit lautem Peitschenknallen zur Tränke; ein täglicher Morgen-, Mittags- und Abendsport, den man etwas überspitzt auch als Ersatzhandlung für den fehlenden Wolf bezeichnen könnte, der die halbwild gehaltenen Herden einst durch seine häufigen Beutefangattacken »in Trab« hielt.

In freier Wildbahn hingegen haben wir Menschen das echte Wildpferd (Equus caballus) nicht nur in Europa, sondern jüngst auch in der Mongolei und somit bereits auf der ganzen Welt ausgerottet. Die letzten echten Wildpferde fristen ihr Dasein in Tiergärten und haben dort ihre ökologischen Funktionen als Glied einer funktionstüchtigen Lebensgemeinschaft weitgehend verloren. Für sie ist das Gehege nur Kulisse – die Energiezufuhr erfolgt aus künstlichen Quellen, durch die Futterraufe. Es treibt sie kein Wolf, aber auch kein berittener Hirt durch die Steppe, wie die Hauspferde der Puszta, die ökologisch gesehen »wilder« sind als ihre Vorfahren, die »reinblütigen« Urpferde hinter Gittern.

Wollen wir diese aber als Wildtierart in genetisch-ökologischer Sicht erhalten, so genügt es nicht, ein Zuchtbuch zu führen und »reinrassig« weiterzuzüchten. Die Ur-Pferde sollten in großflächigen Steppenreservaten, z. B. in Spanien, Ungarn oder in der Sowjetunion, gehalten, aber auch getrieben werden, um sie fit zu erhalten.

Wildes Vieh, zahmes Wild – dieser Grenzbereich zwischen Zoologie und Züchtungslehre ist bislang von der Wildbiologie arg vernachlässigt worden und gewinnt deshalb in unseren Überlegungen zunehmend Bedeutung.

Die Hirschkalb-Mütter von Göttingen

Zum Schwerpunktprogramm der Wildbiologie in Göttingen gehören die von Konrad Lorenz gestellten Fragen. Wir bedienen uns dabei besonders zweier Methoden, die eine Analyse des Verhaltens von einheimischen, in freier Wildbahn für die unmittelbare Beobachtung schwer zugänglichen Großsäugern ermöglichen: der Lorenzschen Prägung und – als neue, weiterführende Technik – der Radiotelemetrie. Daneben sind freilich auch Untersuchungen an Wildtieren im Freien mit der direkten Beobachtungsmethode, z. B. an Seehund, Feldhasen oder Sturmmöwen, bzw. in Gefangenschaft, etwa an Dachs, Marderhund oder Fasan, durchgeführt worden bzw. im Gange, um die Bewegungsleistungen und das Beutefangverhalten zu erkunden bzw. zu einem Ethogramm der betreffenden Arten beizutragen.

Hier sollen beispielhaft nur einige Vorhaben angeführt werden, an denen der Bezug zur Ethologie deutlich ist. Die Wildbiologie hat sich in Deutschland bislang mit halbzahmen Wildtieren, die auf Menschen geprägt sind, kaum befaßt. Wir stellten die Frage, ob die Lorenzsche Methode auch auf Großwild anwendbar ist. Bei den meisten einheimischen Säugetieren spielt allerdings, im Gegensatz zu Graugänsen und anderen Vögeln, bei sozialen Interaktionen der Geruchssinn eine überragende Rolle. Ob auch so olfaktorisch dominante Lebensformen, wie zum Beispiel Rothirsche (Cervus elaphus), dem Menschen gegenüber eine Nachfolge-Reaktion zeigen, war uns nicht bekannt

Mein Mitarbeiter Helmuth Wölfel hat im Rahmen seiner Doktorarbeit sechs Jahre hindurch Hirschkälber von der Geburt an mit der Hand aufgezogen und auf sich als Mutter-Kumpan »gebunden«. Im Gegensatz zu Vogelkindern hatte in diesem Hirschkalb-Ersatzmutter-Verhältnis das Beschnüffeln, Streicheln, Kratzen und die Hautmassage bei den Interaktionen eine wichtige Funktion. Obwohl Hirschkälber hochentwickelte Nestflüchter sind, entleeren sie sich in den ersten Wochen nach der Futteraufnahme (in unserem Fall: Flaschenmilch) nur, wenn sie von der Mutter im Anal- und Genitalbereich mit der Zunge beleckt werden. Dieser Vorgang mußte durch regelmäßige Massage mit der Hand imitiert werden. Es gelang aber nicht nur, zunächst die Prägung auf den Menschen als Mutter-Kumpan, sondern später auch als Sozial-Kumpan in der Rolle des »Leittieres« zu bewirken. Dadurch war es auch möglich, die Hirsche frei im Wald zu führen. Sie liefen Helmuth Wölfel überall nach, stiegen mit ihm freiwillig in einen VW-Bus und überquerten mit ihm sogar schwimmend größere Wasserflächen.

Die Bindung der Hirsche als halbzahme Wildtiere an den menschlichen Ersatzkumpan ermöglichte die Untersuchung einer ganzen Reihe von Fragen, die sonst kaum zu beantworten gewesen wären, etwa die der Ranghöhe, Ausdrucksformen, »Feind«-Vermeidung u. a. m. Unsere menschengeprägten Hirsche konnten wir aber auch in anderen Forschungsvorhaben »einsetzen«, bei der Untersuchung der natürlichen Nahrungswahl von Rotwild im Harz etwa oder bei der experimentellen Prüfung von Wildausstiegen auf ihre Eignung hin als Tierrettungsanlagen im norddeutschen Mittellandkanal, einer Wasserstraße mit hohen Spundwänden.

Der Falke im Universitäts-Horst

Als zweites Beispiel für die Anwendung der Lorenzschen Prägung in der Praxis, in diesem Fall im Wildtierschutz, sei hier die Wiederansiedlung des in Norddeutschland als Brutvogel bereits ausgerotteten Wanderfalken vorgestellt. Ausgehend von der Hypothese, daß die Hochhaus-»Landschaft« einer Großstadt, mit dem Auge des Wanderfalken gesehen, einem zerklüfteten Felsgebirge ähnlich ist und durch einige, für diesen Greifvogel wichtige Faktoren, wie günstige Aufwinde, hohe Sitzwarten, Reichtum an Tauben u. a. m. einen guten Ersatzbiotop darstellt, haben wir jüngst den Versuch einer Gebäude-Auswilderung des Wanderfalken unternommen.

Im letzten Stockwerk eines Hochhauses unserer Fakultät in Göttingen ist eine »Falkenkammer« errichtet worden. Die von Christian Saar an der Universität Berlin gezüchteten Falkenkinder wurden an unserem Institut von Friedrich Reilmann im Rahmen seiner Diplomarbeit betreut und ausgewildert. Die heranwachsenden Falkenkinder bekamen das Futter durch eine Fallröhre in ihrem Kunsthorstraum, ohne den Betreuer zu sehen, und hatten während der bei Greifvögeln sehr langen Nestlings- und »Ästlings«-Periode viel Zeit, durch das Gitterfenster die Umgebung, ihren Heimatort kennenzulernen.

Nach Flüggewerden ist das Gitter geöffnet worden, die Falken aber, die nunmehr ausflogen und auch die weitere Umgebung kennengelernt haben, sind durch Fütterung nach dem Prinzip der »Verwöhnungsbasis« an den »Falkenturm«, der für sie auch weiterhin Ruhe- und Schlafplatz war, »gebunden«.

Dadurch ist eine Landschafts-, Orts- bzw. Gebäudeprägung der Wanderfalken in Göttingen gelungen, und wir hoffen, daß diese Vögel am Hochhaus unserer Fakultät bald auch brüten werden, wie das anderenorts schon wiederholt der Fall war, in den USA zum Beispiel an Wolkenkratzern. Die ausgewilderten Wanderfalken sind mit dem Fernglas an ihren Farbringen individuell zu erkennen.

Sichtkontrolle und persönliches Erkennen durch den Beobachter ist allerdings nur bei tagaktiven Arten und in offenen Landschaften möglich. So konnten bislang unter den Großwildarten beispielsweise Zebras oder Löwen, also gesellige Arten der Steppe, mit der klassischen Methode der Verhaltensforschung, der Sichtbeobachtung, gut untersucht werden. Bei der Erforschung von im Wald oder Gebirge beheimateten, einzelgängerischen Arten, wie etwa der Luchs oder auch Hirschartige, insbesonders wenn diese überwiegend nachtaktiv sind, stieß die Ethologie allerdings auf erhebliche methodische Schwierigkeiten.

Funkpeilung plus Computer analysieren das Tier-Jahr

Die Entwicklung des Funkpeilsystems für Wildtiere und der dadurch möglichen radiotelemetrischen Kontrolle sendermarkierter Individuen hat uns nunmehr eine ganz neue Dimension der Verhaltensanalyse erschlossen. An unserem Göttinger Institut hat Fritz von Berg mit Hilfe eines Hochfrequenztechnikers ein radiotelemetrisches System eigens für Rehwild (Capreolus capreolus) entwickelt, und wir untersu-

chen damit seit nunmehr zehn Jahren das Raum-Zeit-System dieser
häufigen, aber noch viel zu wenig bekannten einheimischen Wildart.
Die Analyse der biotopbedingten jahreszeitlichen Aktivität von mit
Halsbandsendern ausgestatteten Rehen in der Umgebung Göttingens
durch meine Mitarbeiter Fritz von Berg, Björn Ruff und Konrad Wilke
sei hier als ein Beispiel öko-ethologischer Feldforschung angeführt. Der
circadiane Aktivitätsrhythmus im Jahresgang zeigt bemerkenswerte
Sommer-Winter-Unterschiede. Die Computerauswertung zeigt die re-
lative Häufigkeit der Aktivphasen unserer »Radio-Rehe« im Sommer-
Rhythmus: 9 Bewegungsschübe im 24-Stunden-Tag, Zeitgeber sind die
Dämmerungen. Der Winter-Rhythmus: nur 6 Aktivitätsschübe als
Ausdruck der physiologischen Anpassung an die Energieknappheit.

Dieser jahreszeitliche Wechsel im Verhalten deckt sich mit den meta-
bolistischen Bilanzen und den Ergebnissen der Panseninhalt-Untersu-
chungen physiologisch arbeitender Wildbiologen. Das Rehwild mei-
stert die kritische Energiesituation im Winter durch ein höchst eigenar-
tiges »Sparflammenprinzip«: Gesteuert durch die sich ändernden Tag-
Nacht-Längen vermindert es seine Tagesaktivität von 9–11 Schüben im
Sommer auf nur 5–7 im Winter. Das heißt – vereinfacht ausgedrückt –
im Sommer lebt es, im Winter überlebt es!

Ein weiteres Beispiel aus unserem Göttinger Forschungsprogramm
soll hier stellvertretend für artenschutzrelevante Projekte angeführt
werden. Konrad Lorenz ist der Schirmherr dieses in den österreichischen Alpen realisierten Vorhabens mit dem Ziel, den dort bodenstän-
digen Luchs (Lynx lynx) wieder heimisch werden zu lassen und einige
Aspekte seines Verhaltens zu erforschen.

Die Heimkehr des Luchses

Die Wiederansiedlung des Luchses, also einer ausgerotteten Wildtierart
ist ein Akt der späten Wiedergutmachung von Sünden, die wir Menschen seinerzeit der Natur angetan haben. Großraubtiere anzusiedeln
ist allerdings nicht gerade populär. Man sieht den Luchs im Wald nicht,
nur die toten, von ihm gerissenen Rehe. Der Artenschutz unserer Zeit,
dieser neue Kurs von Noahs Arche, darf allerdings nicht die Frage
stellen, ob das rettungsbedürftige Tier uns sympathisch oder unsympa-
thisch, nach unserer ökonomischen Wertvorstellung ein »Schädling«

oder ein »Nützling« ist. Der erste Naturschützer, der Tiere zwecks ihrer Rettung verfrachtet hat, Vater Noah nämlich, stellte diese Frage auch nicht. Er nahm alle Tiere in seine Arche auf. Uns sind freilich oft Fragen gestellt worden wie »Luchs – wozu?« oder »Was bringt uns dieses Raubtier?«. Die Wiederansiedlung beinhaltet keine »Verpflichtung« für den Luchs, irgend etwas »Nutzbringendes« zu tun. Wir können ihm keine Hausaufgaben stellen und auch nichts von ihm »erwarten«, was unserem Konsumdenken entspricht.

Die von uns ausgesetzten neun Luchse, Wildfänge aus den Karpaten, waren kein ökologisches, sondern lediglich ein psychologisches »Problem«: Ein Teil der Jägerschaft wurde mit der Heimkehr des Luchses aus Beuteneid nicht fertig, sah in dieser Raubkatze einen Jagdkonkurrenten und hatte nicht wahrhaben wollen, daß der Luchs keine »blutsaugende Bestie« ist, die die Jagdreviere »wildleer plündert«, wie es in alten Jagdbüchern zu lesen ist. Es galt für uns, dieses Feindbild abzubauen, also zunächst eine längst fällige Aufklärungsarbeit im Bereich Tier-Mensch-Beziehung zu leisten.

Vier Luchse wurden mit Radiosendern ausgestattet und in den ersten drei Monaten nach ihrer Freilassung von mobilen Peilstationen aus – zu Fuß, aus einem Peilwagen und einem Sportflugzeug – beobachtet. Erstmals ist diese indirekte Methode der Verhaltensforschung naturschutzbezogen, bei Wiederansiedlung von Raubtieren zum Einsatz gekommen. Das Ziel war, die Fragen zu beantworten, wie die Einpassung, das »Besitzergreifen« der Luchse in einem Gebiet vor sich geht, in dem sie zunächst keine Artgenossen vorfinden; ob sie territorial sind und wenn ja, wie groß etwa ein Luchs-Revier sein kann. Wie wichtig die Telemetrie für die Informationsgewinnung ist, z. B. der Rekonstruktion von Aktivitätsschüben oder Wanderungen, zeigt die Tatsache, daß wir während eines Vierteljahres 135 Funkpeil-Ortungen, die Fritz von Berg und Malte Sommerlatte durchgeführt haben, aber nur sieben Sichtbeobachtungen an den Luchsen anstellen konnten. Das radiotelemetrisch ermittelte Aktivitätsmuster bei den in der Steiermark wiederangesiedelten Luchsen zeigt im Durchschnitt vier Bewegungsschübe mit einem mitternächtlichen Aktivitätsminimum.

Nach dem ersten Schneefall wurde der Schwerpunkt ethologischer Feldforschungen auf die zweite Methode der »indirekten Verhaltenskontrolle«, auf das Ausfährten, verlagert. Diese Arbeitstechnik hat meine Mitarbeiter Malte Sommerlatte, Peer Boysen, Wolfgang de Waal und Ulrich Fielitz vor harte körperliche Proben gestellt. Das Suchen, Finden und Ausgehen von Luchsfährten im Hochgebirge, zwischen 1000 und 2200 Meter Meereshöhe und oft unter Lawinengefahr, war keine leichte Arbeit. Die Mühe hat sich allerdings gelohnt: Der verschneite Gebirgswald offenbarte wie ein Bilderbuch die Anwesenheit und die verschiedenen Verhaltensweisen der Luchse durch ihre Spuren im Schnee, die wir rekonstruktiv zu deuten hatten.

So konnten zum Beispiel während dreier Winter im Steirisch-Kärntner Grenzgebiet insgesamt 130 Luchsfährten bestätigt und auf einer Gesamtstrecke von 181 km ausgegangen werden. Um diese Spuren jedoch überhaupt erst zu finden, mußte im Hochgebirge eine Gesamtstrecke von rund 1000 km mit Kurzskiern zurückgelegt werden. Für ihre Einsatzbereitschaft möchte ich meinen Mitarbeitern an dieser Stelle danken.

Im Rahmen dieser Feldforschungen wurden u. a. auch Beutereste gesammelt, Markierungsplätze kartiert und das Beutefangverhalten an Hand verschiedener Indizien im Schnee, nach Spuren interpretiert. Der Luchs hat nicht, wie Jäger befürchtet haben, die Hirsche, Rehe und Gemsen ausgerottet, aber auch nicht die Hoffnung der Förster erfüllt, er könnte durch die Verminderung der Bestände dieser Pflanzenfresser die stellenweise zu hohen Verbiß- und Schälschäden im Walde vermindern. Weder die Trophäenjagd noch der Forstschutz wurde durch die Heimkehr des Luchses in die Alpen in irgendeiner Weise beeinträchtigt.

Beutegreifer wie Luchse, aber auch Füchse, Adler oder Habichte haben weniger eine quantitative, also regulative Funktion als vielmehr eine – freilich auch nur bescheidene – qualitative, also selektive Wirkung auf die Bestände ihrer potentiellen Beutetiere. Keine Selektion allerdings auf die stärksten, »besten« Individuen, wie wir das mit der Waffe zu tun pflegen, wenn wir Rekorde anstreben und dadurch oft im Grunde genommen eine biologische Kontraselektion bewirken.

Nichtmenschliche Jäger, wie ein Luchs, haben keinen Ehrgeiz, sportliche Spitzenleistungen zu vollbringen und die stärksten Trophäenträger zu erbeuten (sie hängen sich auch keine Geweihe auf die Wand!). Raubtiere »kaufen« gerne billig ein, und ein bewegungsdefektes, stark parasitiertes, verletztes, unaufmerksames oder krankes Reh oder Hirschkalb ist ein »Sonderangebot«, das die »Kauflust« erhöht. Luchse tragen somit, wie alle Beutegreifer, zur Aufrechterhaltung der Uniformität von Beutetier-Populationen bei. Was allerdings nicht heißt, sie würden *nur* krankes Wild selektieren und somit eine Art »sanitäre Eugenik« betreiben, wie diese veraltete und falsche Ansicht heute noch in Biologiebüchern zu lesen ist.

Welche Funktion hat also der Luchs in der Lebensgemeinschaft des Waldes? Er trägt, wenn überhaupt, dann vor allem dazu bei, das Wild »wild« zu erhalten. Denn Hasen, Rehe und die meisten anderen potentiellen Beuteobjekte von »Jagdtieren« verkörpern die *Lebensform* der »Fluchttiere«, die ihre nichtmenschlichen Verfolger brauchen, um Sinnesschärfe, Reaktionsvermögen und körperliche Fitneß, die diese Lebensform als Ergebnis einer durch Jahrmillionen erfolgten Ko-Evolution im Jäger-Gejagten-Verhältnis auszeichnet, ständig zu trainieren und letztlich aufrechterhalten zu können.

Ein System, das auf dem – in säkularen Zeiträumen betrachtet – stationären Zustand der Unvollkommenheit zweiter Strategien beruht, wenn zum Beispiel von fünf Jagdattacken eines Luchses nur eine erfolgreich ist. Es kommt dabei jedoch nicht auf diese eine erfolgreiche, sondern vielmehr auf die vier erfolglosen Angriffe an, denn sie sind es, die eine Rückkoppelung ermöglichen, das heißt, sowohl den Verfolger als auch den Verfolgten etwas schlauer werden lassen und dadurch das Verhältnis Jäger – Gejagte zwischen Luchs und Reh, Falke und Taube oder Hecht und Elritze zu einem eingespielten, homöostatischen System in Form eines biologisch positiven »Gleichgewichts des Schreckens« werden lassen. Und darüber hinaus wird es zu einem der fundamentalsten Systeme der Biologie, denn es liefert erstens die Mehrzahl der wichtigsten Kanäle des Energieflusses durch die Biocönosen und Ökosysteme, und es macht zweitens weitere Evolutionen möglich.

Ist der Waidmann in grünem Loden nun Wolfsersatz? Wir sollten uns nicht anmaßen, mit der Waffe, durch die sogenannte »Hege mit der Büchse« die Funktion von Raubtieren bewirken zu können. Unser Jagen ist keine Selbsterhaltung, sondern eine Lusthandlung und ist mit dem, was ein Luchs tut, wenn er jagt, nicht zu vergleichen, denn wir Menschen verfügen nicht über sein Gesicht und sein Gehör, sein Gebiß und seine Krallen, seine Sprungleistung und sein Jagdverhalten. Wir sind weder anatomisch noch verhaltensmäßig »Jäger«, sondern auf Krücken angewiesen, wie eine Waffe, auf optische Prothesen, wie ein Fernglas, aber auch auf olfaktorische Krücken, wie einen Schweißhund, dessen bessere Nase unser Riech-Unvermögen kompensiert.

Kadaver-Statistik

Am Göttinger Institut für Wildbiologie und Jagdkunde gehört dieser interessante kulturethologische Fragenkomplex zu den interdisziplinären Seminarthemen. Wir haben die komplizierten ökologischen, ethologischen und populationsdynamischen Zusammenhänge zwischen Raubtieren und ihren potentiellen »Opfern«, also das, was man gemeinhin als »Räuber-Beute-Verhältnis« bezeichnet, untersucht – auch im Vergleich zur menschlichen Jagd. Es stellte sich heraus, daß die vergleichende Betrachtung des Verhaltens zu einem anderen Ergebnis führt als die theoretischen Modelle der Populationsökologie. Diese stellt nämlich die Wirkung, die ökologische Rolle von Beutegreifern an Hand der Zahl der erbeuteten, toten »Opfer« dar, ohne Berücksichtigung der ethologischen »Begleiterscheinungen«. Eine solche mit nur Zahlen aufwartende Argumentation täuscht das vor, was vorher bereits schon angedeutet wurde, daß nämlich Raubtiere nichts anderes tun, als ununterbrochen nur töten. Diese Vorstellungen hatten eine Art »mathematische Leichenökologie« zur Folge, besonders in der jagdlichen Praxis, die sich oft ausschließlich an einseitigen »Kadaver-Statistiken« orientiert.

In der zoologischen Partnerschaft Jäger – Gejagte hat jedoch gar nicht das Töten als vielmehr das Verfolgen die wichtigste Funktion und auch die weitreichendste biologische Wirkung. Dabei ist, wie bereits oben betont, gar nicht das »Jagdglück« als vielmehr das *Entkommen des Verfolgten* eher die Regel als die Ausnahme. Raubtiere sind darüber hinaus und ganz im Gegensatz zum Menschen nicht in der Lage, ihre

Beutetiere auszurotten, und kein Raubtier hat sich auf dieser Welt noch »übervermehrt«. Dieser im zoologischen Bereich unsinnige Begriff sollte endlich aus den Tierbüchern ersatzlos gestrichen werden!

Plädoyer für die Emotion

Im Biologieunterricht sollte statt dessen nicht verschwiegen werden, daß unser Fach neben der rationalen auch eine emotionale Seite hat, die naturwissenschaftlich begründbar ist und somit ein legitimer, ja sogar unentbehrlicher Aspekt der Wildtierforschung ist. Höherorganisierte Wirbeltiere, die wichtigsten Objekte der Wildbiologie also, stehen mit uns Menschen nicht nur anatomisch, sondern auch in bezug auf Emotionen in echter, phylogenetischer Verwandtschaft. Sie haben nicht nur ein rotes Blut, sondern auch ein hochentwickeltes Gemüt. Wenn der Psychologielehrer von Konrad Lorenz an der Wiener Universität, Karl Bühler, unser emotionales Verhältnis zum Mitmenschen als empfindendes Wesen die »Du-Evidenz« bezeichnet, so glaube ich fest daran, daß uns auch eine verwandtschaftliche Emotion dem Wildtier gegenüber als genetisch vorprogrammierte Erlebnisqualität a priori eigen ist.

Wertempfindungen dieser Art lassen sich allerdings weder definieren noch quantifizieren. Deshalb wird heute in der Technik, Wissenschaft und Politik die emotionale Seite des Menschlichen wahrhaft denunziert und das Rationale zu einer neuen Religion erhoben. Die Vergötzung des Verstandes und die Verketzerung des Gefühls ist der große Irrglaube unserer Zeit. Auf das zutiefst Inhumane dieser Einstellung öffentlich und konsequent hinzuweisen ist eine der großen und mutigen gesellschaftspolitischen Leistungen von Konrad Lorenz.

Um junge Leute für die Natur zu begeistern und für den Naturschutz zu motivieren, müssen wir von ihnen im Rahmen der wissenschaftlichen Ausbildung nicht nur Ergebnisse verlangen, sondern ihnen auch Erlebnisse wünschen. Das echte, warme Gefühl der Tierliebe des Tierforschers darf nicht verleugnet oder gar verdrängt werden, denn sie ist die Voraussetzung für das Verständnis unserer Mitgeschöpfe. Die Landschaft, in der wir arbeiten, soll nicht nur der Lebensraum des Wildtiers, sondern auch der Erlebnisraum des Wildbiologen sein, denn wir haben nicht nur physiologische und intellektuelle Bedürfnisse, sondern auch emotionale.

Uns wird in der Wissenschaft von den Vertretern eines »ontologischen Reduktionismus« das gleiche vorgehalten wie im Umweltschutz von Technokraten, die von Wertblindheit befallen sind: Sie werfen uns vor, wir seien »emotional«, die Gegenseite aber »sachlich«. Der Gegensatz zu sachlich ist aber nicht emotional! Der Gegensatz zu sachlich ist unsachlich! Für mich ist Emotion selbst ein naturwissenschaftliches Argument! Die Neurochirurgie lehrt, wie Franz Seitelberger auf dieses überraschende Phänomen hinweist, daß der Mensch am besten im Affekt zu lernen imstande ist. Die Zerstörung jener Stelle unseres Gehirnes, wo die Emotionen ihren »Sitz« haben, des Hippocampus im limbischen System nämlich, verwehrt dem Patienten die Aufnahme neuer Gedächtnisinhalte. Es sind also nicht romantische »Tieronkel« oder schwärmerische »Grüne«, sondern mit Computer arbeitende Mediziner, die uns bei der Ehrenrettung menschlicher Gefühle in der Wissenschaft argumentative Schützenhilfe leisten. Ohne Emotionen wären wir bedauernswerte Verhaltenskrüppel, und Gott behüte uns vor solchen Monstern. Unser Verstand freilich, lehrte uns Konrad Lorenz, sollte zu unserem Gemüt in Beziehung stehen wie der Reiter zu seinem Roß. Das Pferd trägt ihn, er aber bestimmt die Marschrichtung!

Zur Feier des 100. Wildbiologischen Seminars in unserem Göttinger Institut, eines interdisziplinären, öffentlich zugänglichen Kollegs über alle Fragen der Tier-Mensch-Beziehung, in dem im Laufe von zehn Jahren eine Reihe prominenter in- und ausländischer Referenten, unter anderem auch Konrad Lorenz, vorgetragen haben, sandte uns dieser die hier folgenden Zeilen: »Ich wünsche dem Institut für Wildbiologie und Jagdkunde auf das herzlichste Glück zu seinem 100. Seminar. Es ist Aufgabe seiner Arbeit, die Brücke zu schlagen zwischen der emotionalen Betrachtung natürlicher Systeme auf der einen Seite und ihrer quantifizierenden Erforschung auf der anderen. Den Männern, die auf diesem Gebiete arbeiten, wird von seiten ehrfürchtiger Verehrer der Natur Materialismus vorgeworfen werden, von den reduktionistischen ›hard nosed scientists‹ dagegen unwissenschaftliche Schwärmerei. Es wird im Verfolgen der neuen, ganzheitsgerechten Forschungsrichtung noch manchen Strauß geben. In der Wissenschaft aber ist tatsächlich der Krieg der Vater aller Dinge, sowenig er es in der Politik ist. Die

Wahrheit tritt letzten Endes aus dem Streit der Meinungen in geklärter Form hervor. Veritas vincit!«

»Ich hätte ein Stein sein müssen . . .«

Ethologie, Wildbiologie, Tier-Mensch-Vergleich, Tier-Mensch-Beziehung, »Du-Evidenz« und Emotion – das große, epochale Lebenswerk von Konrad Lorenz ist freilich noch viel mehr als diese, mein engeres Fachgebiet betreffenden Schwerpunkte. Und man wird möglicherweise auch das eine oder andere Detail von dem widerlegen können, was Konrad Lorenz in seinem so überaus reichen Forscherleben glaubte als richtig erkannt zu haben. Es ist aber für einen Wissenschaftler gar nicht entscheidend, daß er in allen Fragen recht behält, sondern vielmehr wichtig, ob er zur Ausformung eines neuen Denkmodells beigetragen hat oder nicht. Die Gravitationslehre von Isaac Newton war ja auch nicht ganz richtig, was aber das Verdienst des großen Physikers in keinster Weise verringert hat.

Der Ruhm eines Charles Darwin, eines Sigmund Freud oder eines Konrad Lorenz ist nicht eine Aktie, deren Wert an der »Börse« der Wissenschaften mit der Bedeutung der Deszendenzlehre, der Psychoanalyse oder der Ethologie steigt oder fällt. Das Verdienst dieser Männer, die in unserem naturwissenschaftlichen Menschenbild die tiefsten Spuren hinterlassen haben, liegt darin, daß sie etwas Großes und grundsätzlich Neues geschaffen haben, etwas, auf dem alle folgende Wissenschaft als eine Grundlage aufbauen kann.

Zuletzt aber noch ein persönliches Wort zu Konrad Lorenz, dessen bevorstehenden 80. Geburtstag wir mit diesem Symposium feiern. Es mag sein, daß nun der eine oder andere Leser zwischen den Zeilen dieses Berichtes leise Schwärmerei wird glauben entlarven zu müssen. Das braucht er nicht zu tun, denn ich bekenne mich ganz offen dazu. Gerne würde ich jedem wünschen, das Glück zu haben, einen Meister wie Konrad Lorenz verehren zu können, der mich nicht nur lehrte, tierisches Verhalten zu deuten, sondern mir auch die Augen öffnete für das Schöne in der Natur. Ich hätte ein Stein sein müssen, um von seiner Begeisterung nicht angesteckt zu werden, und für diese »Infektion« bin ich ihm ein Leben lang dankbar!

Irenäus Eibl-Eibesfeldt
Mensch, erkenne Dein biologisches Selbst

Es ist mir eine besondere Freude, auf diesem Symposium über ein in den letzten Jahren rasch erblühtes Fach sprechen zu können, zu dessen Entwicklung der Jubilar die entscheidenden Denkanstöße geliefert hat. Die Humanethologie wird als Biologie menschlichen Verhaltens definiert, und entsprechend ihrer biologischen Fragestellung sucht sie einerseits die *Funktionsweise* des Organismus Mensch zu ergründen. Darüber hinaus stellt sie die Frage nach dem Gewordensein der beobachteten Verhaltensweisen. Im ersten Falle geht es gewissermaßen um die Aufklärung der unmittelbaren Ursachen eines Verhaltens, um die Erforschung der Funktionsweisen der physiologischen Maschinerie. Wir wollen wissen, was ein Verhalten in Gang setzt und zu Ende bringt, wie Sinnesreize verarbeitet werden, wie die Koordination der Muskelaktionen erfolgt, was ein Verhalten motiviert und dergleichen mehr. Das ist der Aufgabenbereich der Verhaltensphysiologie. Die Frage nach dem Gewordensein bemüht sich dagegen um Einsicht in die Ursachen, die ein bestimmtes Verhalten im Laufe der Stammesgeschichte, Kulturgeschichte oder Individualgeschichte entstehen ließen. Diese Frage nach diesen »letzten Ursachen« ist eng mit der Frage nach der Funktion verknüpft. Erst wenn man herausfindet, welche Aufgabe im Dienste der Eignung eine Verhaltensweise erfüllt, in welcher Weise sie also zum Überleben des Merkmalsträgers in Nachkommen beiträgt, weiß ich, welcher Selektionsdruck ihr Zustandekommen bewirkte.

Es leuchtet ein, daß die Beantwortung dieser Fragen ganz andere Methoden erfordert als die der Verhaltensphysiologie. So spielt die vergleichende Methode bei der Rekonstruktion stammesgeschichtlicher Zusammenhänge und beim Aufspüren von Universalien im menschlichen Verhalten eine große Rolle. Ferner bedingt die Frage nach der Angepaßtheit eine ökologische Ausrichtung. Es gibt jedoch Bereiche, in denen die Methoden beider Richtungen eingesetzt werden, so bei der experimentellen Erforschung von Säuglingen und von Kindern, die

unter bestimmten Bedingungen des Erfahrungsentzuges heran-
wuchsen.

Die Humanethologie beschränkt sich keineswegs, wie gelegentlich
angenommen wird, nur auf die Erforschung des biologischen Erbes im
menschlichen Verhalten. Die biologische Fragestellung nach den Selek-
tionsfaktoren erweist sich auch für kulturell entwickelte Verhaltensmuster als sinnvoll.

Pawlow: Die mißglückte Atomisierung des Verhaltens

Ein Schwerpunkt der Humanethologie liegt jedoch sicher bei der Erforschung des stammesgeschichtlichen Erbes. Das hat seine guten Gründe. Die Verhaltenswissenschaften vom Menschen wurden nämlich, seit
Pawlow die bedingten Reflexe entdeckte, von dem Glauben beherrscht,
man könnte alles Verhalten aus diesen Bausteinen konstruieren. Man
glaubte die Elemente des Verhaltens entdeckt zu haben und hoffte nach
dem Vorbild der Physik den Aufbau des Verhaltens aus diesen Bausteinen experimentell erforschen zu können. Einer objektiven Verhaltensforschung schien sich in der Tat der Weg zu öffnen, und diese Möglichkeit griff man begeistert auf, zumal die biologischen »Instinktivisten«
der damaligen Zeit mit einem oft mystischen Instinktbegriff ope-
rierten.

Darwins Ansatz war noch nicht zum Durchbruch gekommen. Es traf
sich ferner, daß die Milieutheorie in der Reflexlehre eine wissenschaftliche Begründung zu finden meinte. Watson, der Begründer des Behaviorismus, war der festen Überzeugung, der Mensch würde einzig
durch die Umwelt geformt. Das bestimmte in der Folge den zum Teil
radikal milieutheoretisch ausgerichteten antigenetischen und antibiolo-
gischen Kurs des Behaviorismus, der im kulturellen Relativismus der
Völkerkunde seine Entsprechung fand, und blockierte in Teilbereichen
den Erkenntnisfortschritt der Verhaltensforschung.

Lebewesen – keine Groschenautomaten

Es ist das Verdienst von Konrad Lorenz und Niko Tinbergen, die Verhaltensforschung aus dieser Sackgasse herausgeholt zu haben. Mit den

99

von beiden entwickelten Konzepten der Ethologie, die ja im Rahmen unserer Tagung ausführlich dargestellt werden, gaben sie der Verhaltensforschung neue Impulse. Insbesondere die Klärung des Begriffes »Angeboren« im Sinne von stammesgeschichtlich angepaßt verhalf der biologischen Richtung zum Durchbruch. Lorenz zeigte zunächst an Tieren, daß deren Verhalten in genau definierbarer Weise durch stammesgeschichtliche Anpassungen quasi vorprogrammiert ist. Tiere verfügen über ein Repertoire von Bewegungsweisen, die sich auch dann entwickeln, wenn relevante, die spezifische Passung betreffende Information während der Ontogenese vorenthalten wird. Die den Bewegungsweisen zugrunde liegenden Neuronennetze wachsen demnach in einem Prozeß der Selbstdifferenzierung auf Grund der im Erbgut festgelegten Entwicklungsanweisungen bis zur Funktionsreife. In einer vielleicht nicht ganz präzisen, aber doch zweckmäßigen Kurzbeschreibung pflegt man von angeborenen Bewegungsweisen zu sprechen. Neben diesem angeborenen Können zeigen Tiere die Fähigkeit, bestimmte Reizsituationen, wiederum vor relevanter individueller Erfahrung, in arterhaltend sinnvoller Weise zu beantworten. Man kann von einer Fähigkeit angeborenen Erkennens sprechen. Sie beruht auf Apparaten der Wahrnehmung, die in einem Prozeß der Selbstdifferenzierung heranwachsen. Unter ihnen spielen die »angeborenen Auslösemechanismen« eine besondere Rolle. Sie sind auf spezifische Reizmuster abgestimmt und so mit der Motorik verschaltet, daß beim Eintreffen bestimmter Schlüsselreize bestimmte Verhaltensweisen ausgelöst werden.

Auf die Vielzahl der Einrichtungen, die als Sollmuster z. B. über Rückmeldung ein Verhalten steuern oder Erwartungen bestimmen, kann hier nur hingewiesen werden, ebenso auf die Tatsache, daß Organismen nicht passiv als Groschenautomaten auf Reize warten, sondern von einer Vielzahl von motivierenden Mechanismen angetrieben, im Appetenzverhalten nach auslösenden Reizsituationen suchen, die es erlauben, ein Verhalten abzureagieren.

Neurogene Motivation spielt dabei eine besondere Rolle. Sie wurde zum ersten Mal von Erich von Holst für Bewegungsweisen der Lokomotion nachgewiesen. Entscheidende Durchbrüche der neueren Zeit verdanken wir der Erforschung der physiologischen Chemie des Hirns. Wir kennen mittlerweile eine Fülle von Überträgersubstanzen und Hirnhormonen, die als Modulation die Hirntätigkeit regional in spezifischer Weise beeinflussen. Bleibt noch der Hinweis, daß auch das Lernen durch stammesgeschichtliche Anpassungen bestimmt wird, die artspezifische Lernbegabungen bewirken. Eine solche ist die von Lorenz entdeckte Objektprägung.

Sechs Nobelpreise: Die Humanethologie als Wissenschafts-Hit

Die biologische Verhaltensforschung erblühte nach dem Zweiten Weltkrieg. Die Tatsache, daß in den letzten zehn Jahren sechs Vertreter dieser Richtung mit dem Nobelpreis ausgezeichnet wurden, unter ihnen unser Jubilar, belegt die Bedeutung dieser Disziplin.

In den »Angeborenen Formen möglicher Erfahrung« zeigte Lorenz bereits auf, in welchem Ausmaße wohl auch die menschliche Wahrnehmung durch stammesgeschichtliche Anpassungen vorprogrammiert sein dürfte. Und 1951 bezeichnete er es als die wichtigste Aufgabe der von ihm begründeten neuen Forschungsrichtung, im einzelnen zu prüfen, wie weit die von ihm durch Forschungen an Tieren entwickelten Hypothesen auch zum Verständnis menschlichen Verhaltens beitragen können, und zwar durch Forschung am Menschen. Nun, das ist mittlerweile geschehen. Es würde den Rahmen dieses Referates sprengen, wollte ich den Werdegang der Humanethologie auch nur skizzenhaft präsentieren.

In den frühen sechziger Jahren begann man von verschiedenen Seiten mit humanethologischer Forschung. Ich beschränke mich darauf, auf Blurton-Jones, McGrew, Hutt und Brannigan hinzuweisen. Die Anstöße gingen wohl von Bowlby und Ainsworth aus, die auf Lorenz basierend eine biologische Attachment-Theorie entwickelten. Die Kinderethologie ist bis heute ein blühendes Fach. In Deutschland wären die Arbeiten von Hassenstein und seiner Mitarbeiter zu nennen, ferner Grossmann und viele andere. Zahlreiche experimentelle Untersuchungen belegen, daß bereits Neugeborene sehr differenziert wahrnehmen.

Lächeln verbindet Sehende und Blinde

Projiziert man fünfzehn Tage alten Säuglingen einen sich symmetrisch ausdehnenden Fleck, dann reagieren sie mit Abwehrbewegungen und blinzeln, so als würde ein Objekt in Kollisionskurs auf sie zukommen. Sie verbinden also mit dem visuellen Eindruck taktile Erwartungen – ein netter Nachweis für einen AAM (Angeborenen Auslösemechanismus). Asymmetrisch sich ausdehnende Flecken bewirken keine Erregung, offenbar interpretiert sie der Säugling als vorbeiziehend (Ball und Tronick 1971, Bower 1971). Meltzoff und Moore (1977) wiesen nach, daß Neugeborene bestimmte Gesichtsausdrücke, zum Beispiel des Erstaunens und der Freude, nachahmen, was vorgegebene Projektionsbahnen von der Wahrnehmung zur Motorik erfordert.

Ich selbst begann in den frühen sechziger Jahren mit Untersuchungen an Taub- und Blindgeborenen. Obgleich diese Kinder in ewiger Nacht und Stille heranwachsen und demnach keinerlei Vorbild nachahmen können, zeigen sie eine Reihe der typischen Gesichtsbewegungen wie Lächeln und Weinen. Der Nachweis stammesgeschichtlich angepaßter Verhaltensmuster beim Menschen war damit erbracht, doch ist die Information, die man von Taubblinden erhalten kann, natürlich begrenzt, da viele der komplizierten Verhaltensweisen über das Auge und Gehör ausgelöst werden, über Kanäle, die bei Taubblinden verschlossen sind.

Der Mensch unter Sozialdruck – dennoch ein Mensch

Ich begann daher 1964 zusammen mit meinem langjährigen Freund Hans Hass mit der Dokumentation ungestellter sozialer Interaktionen im Kulturenvergleich. Kulturen verfolgen verschiedene Sozialisationspraktiken, und sie entwickelten sich in sehr verschiedenen Umwelten. Verhaltensmuster, die sich dennoch und sogar gegen den erzieherischen Druck ausbilden, weisen auf angeborene Dispositionen hin. So entwickeln sich geschlechtstypische Verhaltensweisen im Kibbutz auch gegen den auf Egalität ausgerichteten erzieherischen Druck (Spiro 1979). Da kulturell Tradiertes ferner einem schnellen Wandel unterliegt – man denke an die rasche Evolution der Sprachen –, weisen Universalien im Verhalten auf stammesgeschichtliche Anpassungen hin, mit der Einschränkung natürlich, daß gleichsinnig formende Umwelteinflüsse ausgeschlossen werden können. Aus diesen Anfängen erwuchs ein umfangreiches Dokumentationsprogramm, das seit 1969 in Longitudinalstudien eine Reihe von Kulturen erfaßt, die im Modell verschiedene Entwicklungsstufen der kulturellen Evolution vorführen. Es handelt sich um die Buschleute der Kalahari, die als Jäger und Sammler den altsteinzeitlichen Typus repräsentieren, die Yanomami des oberen Orinoko als beginnende Pflanzer, die Eipo West-Neuguineas als neusteinzeitliche Pflanzer, die Himba des Kaokolandes als Hirtenvolk, die Trobriander als Gärtner der Südsee und die Balinesen als Bauernkultur nichtwestlicher Prägung. Dazu erhob ich Stichproben bei vielen anderen Kulturen. Wir haben mittlerweile an die zweihundert Kilometer Film von ungestellten sozialen Interaktionen und Ritualen in unserem humanethologischen Filmarchiv der Max-Planck-Gesellschaft. In Gemeinschaftsproduktion mit dem Institut für den wissenschaftlichen Film in Göttingen werden daraus Filmpublikationen hergestellt. Das Original bleibt allerdings unangetastet. Zur Aufnahmetechnik muß ich aus Zeitgründen auf andere Publikationen hinweisen.

»Babylilili« – die Oktavenerhöhung im Gespräch mit dem Kind

Als Bezugsbasis für den Vergleich läuft ferner seit 1970 ein Kindergartenprojekt. Über Jahre wurden mit Hilfe von Videoaufnahmen die sozialen Interaktionen der Kinder registriert und statistisch ausgewertet. Meine Mitarbeiterin Barbara Hold (1976) wies dabei unter anderem nach, daß das von Chance und Larsen (1976) erarbeitete Kriterium für Ranghöhe auch für Kinder gilt. Ranghoch sind jene, die von den Kindern am meisten angeschaut werden, die also im Zentrum der Aufmerksamkeit stehen oder, wie das im Deutschen schon zum Ausdruck kommt, die »Ansehen« genießen.

Die kulturenvergleichende Dokumentation belegt nun eine Reihe von bemerkenswerten Gemeinsamkeiten. Ich möchte die Eltern-Kind-Beziehung als Beispiel bringen. Vergleicht man die Filmaufnahmen aus verschiedenen Kulturen, dann fällt einem die weitgehende Übereinstimmung der Interaktionsmuster auf. Die Mutter bemüht sich überall bereits sehr früh um Blickkontakt mit dem Kind, und das Kind richtet seine Augen zunächst nach der Mutter. Die Mutter interpretiert dies als Zuwendung. Interessanterweise fixieren auch Blindgeborene die Mutter beziehungsweise die Schallquelle, offenbar auf Grund eines zentralen Fixierprogrammes. In allen Kulturen fanden wir, daß Mütter ihre Säuglinge in typischer Babysprache zum Spiel ermuntern. Die

Sprechlage ist um eine Oktave gegenüber der Normalsprache erhöht, und zwar nicht nur bei Personen weiblichen Geschlechts. Auch Männer sprechen um eine Oktave höher.

Küssen heißt Füttern – Margaret Mead auf dem Holzweg

Beim Sprechen und Scherzen nähern und entfernen die Mütter rhythmisch ihr Gesicht dem des Kindes. Sie heben den Kopf kurz an, heben dabei die Augenbrauen mit einem Ausdruck gespielter Überraschung, nicken dann dem Säugling zu und berühren oft sein Gesicht mit Lippen oder Nase, reiben sich am Gesicht des Säuglings oder küssen ihn. Der *Kuß* gehört zu den Universalien. Er leitet sich von der Kußfütterung ab.

In der älteren Literatur wird nun gelegentlich behauptet, es gäbe Kulturen, in denen das Kind keine bevorzugte Bindung an die Mutter oder eine andere Bezugsperson habe. Das Kind, so wurde behauptet, sei in diesen Fällen auf die Gruppe sozialisiert. Bekannt ist der Ausspruch von Margaret Mead, demzufolge das Kind auf Samoa keine besondere emotionelle Bindung an Vater oder Mutter habe (»In Samoa the child owes no emotional allegiance to its mother or father«, Mead 1935). Ich erinnere mich noch genau daran, als ich 1967 bei Derek Freeman in dem Dorf Saanapu auf Samoa zu Gast war. Derek las mir die Stelle vor und sagte mir: »Paß auf, was sich jetzt abspielt.« Und ich sah eine Mutter, die zur Küste lief, um mit dem Boot zum Fischfang auszuziehen, und ich sah, wie zwei Personen einen aus Herzensgrund schreienden Säugling zurückhielten, der seiner Mutter folgen wollte. Und es blieb nicht nur bei dieser einen Beobachtung. In allen Kulturen, die wir besuchten, fanden wir, daß die Mutter, meist aber auch der Vater, ausgesuchte Bezugspersonen sind.

Der gute Bekannte, der verdächtige Fremde

Und in allen Kulturen beobachtete ich einen weiteren bemerkenswerten Verhaltenszug – die Fremdenscheu. Im Alter von sechs bis acht Monaten beginnend, zeigten Kinder überall ein deutlich ambivalentes Verhalten Mitmenschen gegenüber. Während sie bis dahin jede Person freundlich anstrahlten, beginnen sie nunmehr deutlich, zwischen ihnen bekannten und fremden Personen zu differenzieren.

Bekannte Personen werden weiterhin freundlich angelächelt, fremde Personen dagegen lösen ein Pendeln zwischen Zuwendung und Abkehr aus. Das Kind lächelt den Fremden an, dann quillt Scheu in ihm auf, und es birgt sein Gesicht an der Mutter, um sich nach einer kurzen Pause wieder dem Fremden freundlich zuzuwenden. Bleibt der Fremde auf Distanz, dann kann sich das Kind allmählich mit ihm vertraut machen und anfreunden, nähert er sich jedoch, dann schlägt die Scheu des Kindes in deutliche Furcht um, das Kind weint, und es wehrt sich aktiv oder gerät in Panik, wenn der Fremde es aufnehmen möchte.

Diese Reaktion des Kindes beobachteten wir wie gesagt in allen Kulturen, und zwar auch gegenüber fremden Angehörigen der eigenen ethnischen Gruppe. Schlechte Erfahrungen mit Fremden sind dazu keineswegs Voraussetzung. Auch Kinder, die nachweislich nie von Fremden Böses erfuhren, die nie beraubt oder mißhandelt wurden, zeigen diese Fremdenscheu. Wir müssen also annehmen, daß zu diesem Zeitpunkt Signale des Mitmenschen, die Flucht und Abwehr auslösen, wirksam werden, und zwar aufgrund von Reifungsprozessen im Wahrnehmungsapparat des Kindes. Gleichzeitig wirken jedoch auch Signale auf das Kind ein, die freundliche Zuwendung bewirken, und es kommt zu einer Überlagerung der einander widersprechenden Tendenzen. Bei simultaner Überlagerung kommt es zum Beispiel zum Blickkontakt bei gleichzeitiger Abwendung des Oberkörpers. In anderen Fällen pendelt das Kind zwischen Zuwendung und Abkehr, ja Verteidigung. Die Fluchtkomponente überwiegt zwar im allgemeinen, bei älteren Kindern kann man jedoch auch aggressive Verhaltensweisen der Abwehr, die sich zum Beispiel im Aufstampfen mit dem Fuß, aber auch in Nagelbeißen, Lippenbeißen und anderen gegen den eigenen Körper gerichteten Verhaltensweisen äußert, beobachten.

Was macht man im Hotelaufzug mit den Augen?

Auf welche Signale des Mitmenschen das Kind mit Scheu reagiert, ist nur zum Teil bekannt. Wir wissen aber, daß wir bis ins hohe Erwachsenenalter den Blickkontakt mit Ambivalenz wahrnehmen. Wir müssen zwar den Menschen anblicken, um ihm zu signalisieren, daß wir zur Kommunikation bereit sind, der Augenkontakt darf aber nicht zu lange gehalten werden, sonst empfindet der Partner den Blickkontakt als bedrohliches, dominierendes Starren. Eine solche Eskalation wird normalerweise dadurch vermieden, daß der Redende immer wieder den Blickkontakt abbricht. Der Zuhörer dagegen darf den Blickkontakt halten. Nun ist natürlich jeder Mitmensch Träger von Signalen, die Angst auslösen, auch die Mutter des Kindes.

Dennoch wissen wir, daß sie keine oder, genaugenommen, fast keine Furcht auslöst. Das System ist nämlich offenbar so gebaut, daß persönliche Bekanntheit die Angst auslösende Wirkung bestimmter zwischenmenschlicher Signale stark abschwächt, so daß die freundlichen Zuwendungsreaktionen überwiegen. Man kann sagen, daß das Verhalten des Menschen durch persönliche Bekanntheit dadurch in Richtung auf Vertrauen verschoben wird, während im Umgang mit Fremden zunächst Mißtrauen dominiert. Dieses recht einfache, aber tief verwurzelte Reaktionsschema beeinflußt unser soziales Verhalten in ganz entscheidendem Ausmaß, unter anderem führte es dazu, daß wir Menschen Geborgenheit im kleinen Kreis der uns Vertrauten suchen und den Kontakt zu Fremden bis zu einem gewissen Grad vermeiden.

Und über die längste Zeit unserer Geschichte lebten wir auch in geschlossenen Kleinverbänden, die Fremden im allgemeinen abweisend gegenübertraten oder ihnen zumindest mit einem gewissen Mißtrauen begegneten. Das hat sich mit der Bildung der anonymen Großgesellschaft ganz entscheidend geändert. Heute haben wir es im Alltag vor allem mit Menschen zu tun, die wir nicht kennen. Der dauernde Kontakt mit Fremden aktiviert unser agonistisches System und damit unsere Abwehrbereitschaft, was sich im Verhalten deutlich äußert. Bornstein und Bornstein (1976) haben die Gehgeschwindigkeit von Menschen in Großstädten verschiedener Bevölkerungsdichte untersucht und festgestellt, daß die Gehgeschwindigkeit mit der Größe der Städte linear zunimmt. So als wären die Leute dauernd voreinander auf der Flucht.

Des weiteren maskieren wir in der anonymen Gesellschaft unseren Ausdruck. Wir vermeiden es vor allem, Schwäche zu zeigen, die den anderen einladen könnte, Kontakt aufzunehmen. Wir vermeiden es ferner, selbst Blickkontakt herzustellen, wie jeder feststellen kann, der in einem Hotelaufzug mit Fremden fährt. Die Leute schauen auf ihre Fußspitzen und auf die Anzeigetafel. Aber es gehört sich nicht, daß man einander ansieht. Goffman sprach von einer »polite inattention«. Sie ist nicht immer so »polite«. Wir wissen, daß die Kontaktmeidung so weit geht, daß Leute an Personen vorbeihasten, die auf dem Gehsteig zusammenbrechen und eigentlich der Hilfe bedürfen. In diesem Sinne wirkt die anonyme Gesellschaft deutlich dehumanisierend. Der Mitmensch wird zum Stressor. Man beklagt die Dichte, paradoxerweise aber auch die Einsamkeit in der Masse. Denn zur gleichen Zeit fehlt uns die Geborgenheit eines individuellen Verbandes, des Personenkreises, den wir gut kennen, denn unsere Familien sind zerrissen, und auch unser Freundeskreis ist dank der heute so gepriesenen Mobilität, die in Wirklichkeit Entwurzelung bedeutet, über einen weiten Raum verstreut.

Der Nachbar – des Nachbarn größter Feind

Nun ist der Mensch im Grunde ein sehr freundliches, geselliges Wesen und er würde sicher gerne auch in der anonymen Gesellschaft den Kontakt mit Mitmenschen suchen. Das setzt aber voraus, daß eine allmähliche Annäherung erfolgen kann, daß man allmählich miteinander bekannt wird. Der Mensch ist scheu und muß sich langsam und vorsichtig an den anderen herantasten können, um seine Sozialscheu zu überwinden. Hat er dazu Gelegenheit, dann freundet er sich auch mit dem Fremden an. Das geht ja sogar so weit, daß in Stellungskriegen einander gegenüberliegende Truppen zuletzt aufeinander zu schießen aufhören und Zigaretten tauschen. Da dies dem Konzept der kriegführenden Parteien im Wege steht, spricht man bekanntlich von einer Demoralisierung der Truppen durch Stellungskrieg.

Für eine solche vorsichtige Annäherung an den fremden Mitmenschen sind unsere Städte nicht eingerichtet. Straßen und Plätze sind vom Verkehr zerstört. Man muß sich auf den Gehsteigen drängen, und die Wohnblöcke sind im allgemeinen im Kasernenstil so konstruiert, als wäre jeder des Nachbarn größter Feind. Die einzelnen Familien sind in ihren Wohnzellen wirksam isoliert. Es gibt allerdings Ansätze für einen humanen Massenwohnungsbau, gerade in Wien wurde hier, an gute Traditionen anknüpfend, Bahnbrechendes auf dem Wege eines humanen Massenwohnungsbaus geleistet.

Humaner Massenwohnungsbau kostet zwar geringfügig mehr, auf

lange Sicht machen sich jedoch die Investitionen bezahlt. Ich halte die Anonymität der zwischenmenschlichen Beziehungen in der Großgesellschaft für gefährlich, da sie ein Angstsyndrom bewirkt. Kommen dann Krisenzeiten verstärkend dazu, dann weckt dies die Bereitschaft der Menschen, sich bei Angst starken Führungspersönlichkeiten anzuschließen oder auch alternativen Ideologien, die Sicherheit anbieten.

Augengruß – international

Angst infantilisiert den Menschen und weckt archaische Tendenzen der Schutzsuche bei Ranghohen, die Wurzel liegt sicher ursprünglich in der Mutter-Kind-Beziehung. Die Mutter ist für viele Säuger und nestflüchtende Vögel Fluchtziel bei Gefahr, und sie bleibt es interessanterweise auch dann, wenn man im Experiment das Junge für sein Nachfolgen bestraft. Dann wird die Bindung nur noch stärker. Auf diesen interessanten, uns Menschen ebenfalls angeborenen Verhaltenszug kann ich hier jedoch nicht näher eingehen. Unsere kulturenvergleichende Untersuchung menschlichen Verhaltens deckte viele Universalien auf, zum Beispiel im Repertoire der Ausdrucksbewegungen, die bis in feinste Details kulturenübergreifend Übereinstimmungen zeigen. Ein Beispiel, das ich gerne erwähne, ist der Augengruß, der freundliche Zuwendung ausdrückt und den man als ritualisierten Ausdruck freudiger Überraschung deuten kann. Die Brauen werden dabei für ein Sechstel einer Sekunde schnell angehoben, das Verhalten ist in einem charakteristischen Ablauf anderer Verhaltensmuster eingebettet. Die Person, die so grüßt, hebt zuerst ruckartig den Kopf hoch an, dann die Brauen, gleichzeitig breitet sich ein Lächeln aus. Die Computerauswertung von über 140 ungestellt aufgenommenen Augengrüßen von den Eipo und Yanomami ergab keinerlei kulturspezifische Ausprägung. Die Bewegung ist sehr stereotyp. Wir fanden jedoch nicht nur Übereinstimmungen in einzelnen Bewegungsabläufen, wir stellten darüber hinaus fest, daß es eine Reihe elementarer Interaktionsstrategien gibt, die in allen Kulturen in gleicher Weise auftreten: Wie man es anstellt, um sich vor anderen positiv darzustellen, wie man einen freundlichen Kontakt herstellt, wie man eine Aggression abblockt, einen Partner herausfordert oder beschwichtigt, wie man es erreicht, daß einem gegeben wird.

Für all dies gibt es nur eine beschränkte Anzahl von Möglichkeiten. Die beim Kulturenvergleich beobachteten Strategien erweisen sich dabei als im Prinzip gleich. So wird in Ritualen freundlicher Kontakteröffnung zwischen Partnern etwa gleichen Ranges stets Selbstdarstellung in Antithese mit freundlicher Beschwichtigung kombiniert. Ein Waika-Indianer, der als Festgast das Dorf seiner Gastgeber betritt, stellt sich zunächst durch recht aggressives Gebaren zur Schau. Pfeil und Bogen schwenkend, tanzt er eine Runde. Diese Selbstdarstellung verbindet er jedoch mit einem beschwichtigenden Appell, ein kleines Kind tanzt neben ihm und schwenkt grüne Palmwedel. Auch in seiner Körperdekoration verbindet er aggressive und beschwichtigende Ausdrucksmittel. Er trägt Kriegsbemalung, schmückt aber seine Haare mit weißen Daunenfedern, ein Zeichen des Friedens. Die Selbstdarstellung ist wohl von dem Bestreben motiviert, sich sicherzugeben und damit jeden Versuch des Partners, eine Dominanzbeziehung herzustellen, abzublocken. Wir Menschen neigen ja dazu, Schwächen des Partners zur Herstellung einer solchen Beziehung zu nützen, weshalb wir im Alltag stets bestrebt sind, das Gesicht zu wahren. Der Appell über das Kind dagegen drückt die freundliche Intention, die Bereitschaft zum Kontakt aus. Das Kind beschwichtigt ja über seine freundlichen Signale, über das Kindchenschema, das Lorenz beschrieb.

Vergleichen wir nun andere Rituale freundlicher Kontaktanbahnung, dann werden uns diese auf den ersten Blick wohl ganz anders erscheinen. Unsereins tanzt bei dieser Gelegenheit keinen Kriegstanz. Wenn wir aber die zugrunde liegenden Prinzipien ins Auge fassen, dann erkennen wir eine prinzipielle Gleichheit. Die antithetische Kombination von Selbstdarstellung und Beschwichtigung ist zwar in verschiedene kulturelle Formen gekleidet, aber doch immer nachweisbar. Wenn in unserer Kultur ein Staatsgast zu Besuch kommt, wird er zunächst mit militärischem Gepränge empfangen. Man schießt auch Salut, alles ritualisierte Formen aggressiver Selbstdarstellung. Zugleich läßt man aber dem Besucher durch ein kleines Mädchen Blumen überreichen.

Wenn anläßlich eines Trauerrituals der Medlpa des Hochlandes von Neuguinea Gäste ankommen, dann werden diese von den anwesenden Männern zunächst mit einer Art Scheinangriff empfangen. Speere schwingend stürzen die Männer auf die Besucher los und umkreisen sie. Aber hinter ihnen tanzen Frauen heran, die grüne Cordylinenzweige schwenken. Wieder verbinden sich die beiden antithetischen Appelle.

Wenn in Bayern die Schützenkompanien der verschiedenen Dörfer mit paramilitärischem Gepränge ins Gastgeberdorf marschieren, dann gehen neben dem Fahnenträger Ehrenjungfern oder Kinder.

Und wenn zwei Personen einander begrüßen, dann tun sie es mit festem Händedruck, ein fast turnierartiges Abschätzen des Partners. Zugleich lächeln wir und sagen freundliche Worte.

Selbst ein Vortrag folgt häufig diesem Schema, indem der Sprecher sich für seinen Auftritt quasi vorher entschuldigt. Das erlesene Publikum wäre ja so gescheit, daß er nur mit Scheu auftrete. Aber dann kommt die Selbstdarstellung, indem die eigene Kompetenz mehr oder weniger dezent hervorgestrichen wird.

Die universale Grammatik menschlichen Verhaltens

Äußerlich sieht das alles sehr verschieden aus, und in der Tat hat die kulturelle Vielfalt der Sitten und Bräuche uns zunächst daran gehindert zu sehen, daß die Regeln, nach denen diese Vorgänge gestaltet werden, die gleichen sind. Es gibt ein universales Regelsystem, das unsere sozialen Interaktionen kontrolliert, eine universale Grammatik menschlichen Sozialverhaltens. Innerhalb dieses Regelsystems können Verhaltensweisen verschiedenen Ursprunges einander als funktionelle Äquivalente vertreten, auch Worte und Sätze. Mit dieser Entdeckung wurde die Kluft zwischen verbalem und nichtverbalem Verhalten überbrückt und der Weg zur Erforschung einer Grammatik menschlichen Sozialverhaltens eröffnet. Darauf will ich in meinem Akademievortrag näher eingehen. Wir müssen uns hier mit dem Hinweis begnügen.

Auch der Abschied hat natürlich seine Struktur. Hier gilt die Regel, daß er nicht zu abrupt erfolgen darf, sonst wird er als Kontaktabbruch – als Abbruch der Beziehungen interpretiert. Man bereitet ihn vor, indem man, wenn nur zwei sprachen, durch Stellungsänderung die Dyade eröffnet und so nichtverbal die Intention zu gehen ausdrückt. Das kann auch verbal geschehen. Man festigt außerdem symbolisch das Band für die Zukunft, durch Geschenke zum Beispiel, die auch verbal als gute Wünsche gegeben werden können. Dieser Regel entsprechend möchte ich dem Jubilar Gesundheit und Glück wünschen, auf daß unsere Bindung weiterhin stark im Gefühl und reich im Austausch der Erfahrung bleibe. Mit diesen Wünschen darf ich den Dank an meine Zuhörer verbinden.

Bernd Lötsch
Das ökologische Gewissen der Nation.
Konrad Lorenz und die Umweltfrage

Viele Menschen verstehen nicht, wieso Konrad Lorenz, der große Verhaltensforscher, der mit fünf Jahren die Prägung von Entenküken entdeckte und dabei selbst unwiderruflich auf Entenvögel geprägt wurde, in seinem achten Lebensjahrzehnt zum ökologischen Gewissen der Nation, zum Wachstums- und Gesellschaftskritiker wurde. Wo ist der geistige Zusammenhang zwischen dem Vater der Graugänse, der »mit den Fischen und dem Vieh redet« wie einst König Salomon, und dem engagierten Warner vor einer entfesselten Wirtschaft, welche die Ökonomie der Natur ins Wanken bringt?

Nur wenige wissen, daß die Wurzeln des Ökologen (und auch des Evolutionsdenkers) Lorenz fast ebensoweit in die frühe Kindheit zurückreichen wie die des Verhaltensforschers. Das Interesse für die Angepaßtheit von Organismen an ihre Umwelt, die Einsicht in die Haushaltslehre der Natur mit ihren Kreisläufen und dynamischen Gleichgewichten zieht sich neben dem Medizinstudium, neben dem der Zoologie und Psychologie und neben allen Entdeckungen der Verhaltenslehre wie ein roter oder besser grüner Faden durch sein Forscherleben.

Die Ökologie war sozusagen schon von Anfang an dabei – wenngleich auch in ihren verschiedensten Facetten und wissenschaftlichen Fragestellungen und erst sehr spät (wohl kaum vor 1960) in die Sorge um den Fortbestand des Menschen und der Biosphäre mündend. Der spöttische Einwand gegen Lorenz' unbequeme Bußpredigten, der alte Herr solle bei seinen Graugänsen bleiben, vom Menschen verstehe er nun einmal nichts, ist noch relativ leicht zu widerlegen. Kaum einer seiner Kritiker dürfte gewußt haben, daß Konrad Lorenz praktisch und theoretisch alle fachlichen Voraussetzungen erfüllte, um sich nach dem Krieg als Facharzt für Psychiatrie und Neurologie niederzulassen, und daß sechs seiner vorläufig neun Ehrendoktorate von Vertretern psychologischer und psychiatrischer Fachdisziplinen beantragt wurden. Und die höchste Auszeichnung der Gesellschaft für Gerichtspsychiatrie bekam er vermutlich auch nicht wegen der Gänse.

Auch zur Psychoanalyse hat Lorenz ein positives Verhältnis – oder vielleicht noch mehr: die Psychoanalyse zu ihm –, hat er ihr doch durch seine Entdeckung des Prägungsphänomens einen der stärksten Beweise für unauslöschliche frühkindliche Traumen geliefert und gezeigt, daß diese unabhängig von pathologischen Verirrungen eine notwendige biologische Funktion haben – bei Tieren etwa das Erlernen des Mutterobjektes oder des Bildes der späteren Partnerin, beim Kind auch gewiß die irreversible Erlernung bestimmter ästhetischer und ethischer Normen als »kulturelle Prägung«. Daß in dieser Phase hautnaher Mutterbindung auch eine Weichenstellung für die spätere emotionale Entwicklung und Sozialisationsfähigkeit erfolgt, ist eine weitere Übereinstimmung psychoanalytischer und ethologischer Betrachtungsweisen.

Doch auch auf anderen gesellschaftskritischen Gebieten versuchte man der populären Leitgestalt des europäischen Umweltgedankens möglichst jede Sachkompetenz abzusprechen. Als Lorenz an seinem 70. Geburtstag anläßlich einer Pressefahrt der »Gruppe Ökologie« wortgewaltig und mit der Autorität des frischgekürten Nobellaureaten gegen Pläne des Donauausbaues zur industrialisierten Europarinne wetterte und die pointierte Frage aufgriff, wieso denn eine ganze bestehende Flußlandschaft, die Wachau, einem geplanten Kahn angepaßt werden müsse und nicht der Kahn dem Fluß, meinten Politiker und Industrielle, der alte Herr möge bei seinen Gänsen bleiben – von der Donauschiffahrt verstehe er nun einmal nichts. Sie konnten nicht wissen, daß Konrad Lorenz das Kapitänspatent für Donauschiffe bis 2000 PS und 20 m Länge besitzt. Die erforderliche (tatsächlich schwierige) Prüfung bestanden zu haben hatte ihn seinerzeit mit mehr Stolz erfüllt als manches der erwähnten Ehrendoktorate.

Ein Zentrum des qualifizierten Widerstandes bildete der dynamische Bürgermeister von Spitz, ein kultivierter Wachauer Patrizier und Weinbauer – von dem Konrad Lorenz 1973 erklärte: »Gebt mir 1000 solcher Bürgermeister, und ich rette Euch Europa.«

Doch das ökologische Engagement geht bei ihm weiter und tiefer, als man aufgrund des medienwirksamen Gepolters vielleicht annehmen könnte. Fernsehauftritte in Umweltfragen zwingen zu deftigen Bonmots und radikalen Verkürzungen – dies weiß wohl jeder aus eigener Erfahrung, dem ein zwar wohlmeinender, aber gehetzter Reporter das Mikrophon vor die Zähne hielt: »Wie retten Sie die Welt? (Sie haben vierzig Sekunden Zeit).«

Verständnislose Eierköpfe aus den Elfenbeintürmen mancher Forschungsstätten haben Lorenz vorgeworfen, er lasse einen Persönlichkeitskult um sich zu. Seine Freunde wissen aber, wieviel Überwindung es ihn jedesmal kostet, sich wieder und wieder vor die Kameras zerren zu lassen, und daß er es nur tut, weil er für unzählige Menschen zur prophetenhaften Vatergestalt einer neuen Einstellung zum Lebendigen geworden ist, auf die wir im Interesse der Sache einfach nicht verzichten können. Oder glaubt wirklich jemand, Lorenz benötige es – nach mehreren Bestsellern, mit Millionenauflagen in alle Weltsprachen übersetzt, nach einem Nobelpreis und acht Ehrendoktoraten – für sein Geltungsbedürfnis, wenn er gegen Anraten des Arztes vergrippt und fiebernd im schneidenden Wind eines kalten Oktobermorgens, eine Woche vor der großen Volksabstimmung über Atomenergie in Österreich, gegen diese letzte und giftigste Blüte des Wachstumswahns in die surrenden Kameras predigt? Die erwähnten Hochschulinsassen müssen schon sehr wenig Erfahrung mit der Härte öffentlichen Umweltengagements haben, um zu glauben, diese Opfergänge, dieser Kampf gegen einen selbstzerstörenden Zeitgeist, biete Konrad Lorenz viel anderes als Anstrengung, lästige Ablenkung von seiner eigentlichen Arbeit und Ärger über sinnstörende Verkürzung und entstellende Wiedergabe in den Massenmedien. Und doch ist es die große Stärke der Umweltbewegungen in aller Welt, daß sich gerade die Besten der wissenschaftlichen Weltgemeinschaft auf ihre Seite schlagen, für sie ins Rampenlicht treten, und zwar auch dann noch, wenn weltfremde Szientisten unter ihren Kollegen gehässig von »Publicity« und Personenkult reden.

Über das journalistische Etikett »Umweltpapst« ist keiner von uns glücklich, am allerwenigsten Konrad Lorenz, da er nie den Anspruch der Unfehlbarkeit stellte. – Im Gegensatz zur päpstlichen Dogmatik behält Lorenz sich das Recht vor, jeden Tag gescheiter zu werden – ein Recht, von dem er nach Kräften Gebrauch macht. Bekanntlich betrachtet er es als gesündesten Morgensport, gleich nach dem Aufstehen eine Lieblingshypothese einzustampfen. Ein Beispiel aus jüngster Zeit: Während er zur Verwüstung der Greifensteiner Au durch den Kraftwerksbau noch schwieg, weil er meinte, sonst seine Argumente gegen Atomkraft zu schwächen (man könne nicht gegen Wasser- und Atomkraft gleichzeitig sein), kam er 1983 zur Überzeugung, daß für ein Land wie Österreich neue Großkraftwerke jeder Art abzulehnen seien (Neue Kronenzeitung, 7. 9. 83). Angesichts des erreichten Verschwendungsniveaus, progressiven Landschaftsverlustes und sinkender Zuwachsraten seien Einsparung, Kraftwärmekupplung und Solarnutzung die ökologisch besten Beiträge zum Energieproblem.

Vielfältig und interessant sind Konrad Lorenz' Wege zum tieferen Verständnis der Umweltproblematik. Seine Zugänge waren die des Aquarienliebhabers, des Evolutionsforschers, des Ethologen, aber auch des Arztes und Psychiaters.

Lorenz und »die Welt im Glase«

Der erste Zugang zur Ökologie als Haushaltslehre der Natur war für ihn bereits als Volksschüler und Gymnasiast das Aquarium. Es war für ihn »nie bloß ein hygienisch gereinigter Stall zur Haltung von Versuchstieren«, sondern von Anfang an Lebensgemeinschaft.

Die Abhängigkeit der Tiere von der lichtgetriebenen Sauerstoff- und Biomasseproduktion der grünen Pflanzen, die Sonnenstrahlung (bzw. Licht) als einzige Energiequelle; Kreisläufe mit perfekter Abfallverwertung durch »biologische Müllschlucker« wie Bodenfische, Schnecken, Protozoen und Bakterien, die Kenntnis solcher »Spezialberufe« in der Ökonomie des Lebendigen, die einander als Inhaber verschiedener ökologischer Nischen ergänzen statt zu konkurrenzieren; die Erfahrung mit lawinenartig anschwellenden Katastrophen bei Überschreitung der biologischen Tragfähigkeit des Systems – die recht harmlos mit dem Tod eines Fisches beginnen und bis zur Verjauchung der Lebensgemeinschaft führen können; die Behinderung der Sauerstoffversorgung aus der Luft durch zu hohes Auffüllen des Gefäßes – ein Problem, das sich in gleicher Weise beim Aufstauen von Flüssen stellt; die Atemnot der Lebensgemeinschaft bei Überwärmung – eine Erscheinung, die auch bei Abwärmeeinleitung aus kalorischen Kraftwerken in Gewässer Sorgen bereitet; explosive Algenvermehrung bei Überdüngung, als Eutrophieproblem und Wasserblüte auch von unseren Badeseen bekannt; die im Aquarium erkennbaren Mechanismen zur Bevölkerungskontrolle wie Selbsthemmung durch Stoffwechselprodukte, Auftreten von Parasitosen, Revierverhalten und Dichtestreß, die hier verschärft durch Raummangel und fehlende Fluchtmöglichkeit bis zur Tötung von Artgenossen gehen – kurzum die Erkenntnis, daß es im begrenzten System kein fortwährendes Nettowachstum geben kann und daß auf Dauer

»nur die Sonnenenergie als legitime Einnahmequelle« eines solchen Weltmodells und unserer Biosphäre in Frage kommt, der »Riecher für die Gefährdung eines umschmeißenden Aquariums und eines umschmeißenden Planeten«, all das hat Lorenz bereits als Bub durch seine Aquarienleidenschaft intuitiv zu erfassen begonnen.

Auch die ökologische Faustregel, daß Artenvielfalt ein Zeichen von Stabilität sei, das Wegsterben von Arten bei gleichzeitiger Massenvermehrung einiger weniger überlebender Organismengruppen hingegen den Keim des Unterganges in sich trage, pflegt Lorenz an Meeresaquarien überzeugend zu demonstrieren.

Ein Leben lang Aquarien mit Erfolg manipuliert zu haben ist besonders geeignet, die ökologische Sachkompetenz eines Biologen unter Beweis zu stellen – denn hier hat sich analytisch gewonnenes Systemverständnis durch Synthese zu bewähren. Ein solches praktisches Großexperiment war die Errichtung des 32 000 l fassenden Seewasserbeckens neben der Altenberger Villa, ein Jugendtraum, den sich Lorenz erst aus Mitteln des Nobelpreises erfüllte (was er als braver Steuerzahler aus Steuermitteln nie gewagt hätte). Die von Lorenz konzipierte Bodenfiltration funktioniert nun bereits sieben Jahre mit einer für andere Fachleute überraschend hohen Effizienz.

Nicht nur die Wachstumskritik, auch die Warnung vor weiterer Verarmung des Artenspektrums, vor der Labilisierung von Ökosystemen durch Vereinfachung und Unterbrechung ehemals geschlossener Kreisläufe, etwa in der chemisierten Landwirtschaft, wuchs bei ihm aus dem spielerischen Umgang mit Aquarien.

Er sei in die Biologie als Amateur und Dilettant geraten, doch dies habe nichts Abwertendes, denn Amateur komme von amare – lieben – und Dilettant von dilettarsi – sich ergötzen –, und ein Forscher, der dazu nicht fähig sei, gehöre, so Lorenz wörtlich, »in die Würscht«! In den Aquarienfreunden, die – wie er – mit Fangnetz und Lupe die Wunderwelt des Süßwassertümpels erkunden, sieht Lorenz zugleich die wichtigsten Verbündeten im Kampf um die letzten Feuchtbiotope, »denn aus der tieferen Einsicht in die kleinen Wunder wächst das Verständnis für die großen Wunder, die Ehrfurcht vor der Schöpfung, vor dem Gewachsenen, vor dem, was Menschenhand nicht machen kann. Darin liegt der erzieherische Wert. Ein guter Biologielehrer kann heute mehr Seelen retten, als so mancher Theologe.«

Zunächst sind die klassischen Evolutionstheorien, sowohl Lamarckismus als auch Darwinismus, *ökologische* Erklärungsversuche des Artenwandels – ist es doch in jedem Fall die Umwelt, welche die Organismen im Laufe Tausender Generationen formt.

Nach der neodarwinistischen Position, die Lorenz mit der Mehrheit der Biologen einnimmt, beruht die Evolution auf spontanen, ungerichteten Erbänderungen und der Auswahl der Vorteilhaftesten im Kampf ums Überleben. Das Erbgut einer Spezies stellt durch diesen jahrmillionenlangen Erfahrungsprozeß von Versuch und Irrtum, Belohnung und Ausmerzung ein informationssammelndes System dar.

Aufgrund dieses Informationsspeichers spiegeln Körperbau, Stoffwechsel und Verhaltensphysiologie die natürlichen Umwelt- und Auslesebedingungen wider, unter denen die Art entstand. Und nur das Weiterwirken der »grausam bewahrenden Selektion« vermag die einmal erreichte Qualität aller Merkmale aufrechtzuerhalten. Fehlt sie, führt das zum »evolutiven Verkommen«, wie man beim Übergang von Wildformen zu Haustieren sieht. Der Züchter hält natürliche Auslesefaktoren von seinen Tieren fern und setzt einige wenige Zuchtziele wie Fettansatz und Fleischproduktion an ihre Stelle. Die so eingeschleppten genetischen Abbauerscheinungen reichen von Pigmentausfällen über Änderungen des Körperbaues bis zu Vergröberungen und Defekten im arteigenen Verhaltensinventar. »Erst der Mensch hat das Schwein zur Sau gemacht« (Horst Stern). Daß auch der Mensch nun schon seit Jahrtausenden im Zustand der Selbstdomestikation und zunehmend abgeschirmt von den natürlichen Auslesefaktoren, die ihn hervorbrachten, von solchen Ausfalls- und Vergröberungserscheinungen bedroht sein könnte (»Verhausschweinung des modernen Zivilisationsmenschen«), ist eine legitime Sorge des Evolutionsdenkers Lorenz, von der auch noch im ethologischen Kontext die Rede sein müßte, da auch Gerichtspsychiater diese Ansicht teilen.

Die Kunst der modernen Medizin und der soziale Fortschritt – Errungenschaften, zu denen sich Lorenz ausdrücklich bekennt – werfen das Problem auf, daß auch Individuen mit verschiedenen erblichen Krankheiten, Skelettanomalien oder Ausfallserscheinungen heute normale Fortpflanzungschancen erhalten, wodurch die Zahl derer, die nur mit Hilfe einer enormen medizinischen Infrastruktur gebären und leben können, in unserer Population langsam, aber beständig zunehmen muß. Konrad Lorenz' Vater, ein überaus humaner Arzt, der nicht aus Forschungsneugier, sondern aus dem Wunsch zu helfen arbeitete, hat seelisch unter diesem Konflikt gelitten, daß er erbliche Skelettfehler bei Kindern auszugleichen vermochte und damit der Verbreitung solcher Defekte im Erbgut der Bevölkerung Vorschub leistete.

In einer Hochzivilisation, welche die »grausam bewahrende natürliche Auslese« von ihren Individuen fernhält, muß allein schon der natürliche Zustrom an spontan auftretenden Defekten und Mißbildungen zu einer langsamen Verschlechterung des Gesundheitsstandards der Population führen.

Um so größer ist ihre Verpflichtung, jeden, aber auch jeden als mutagen (erbschädigend) erkannten Einfluß von vornherein zu unterbinden. Für den Evolutionsforscher und Mediziner Konrad Lorenz ist dies das stärkste Argument gegen die Verbreitung der Atomtechnik.

Der Ethologe Lorenz hat wegen der unmenschlich großen zentralistischen Strukturen, welche die Atomenergie hervorbringt, noch weitere Einwände gegen diese Megatechnik (in der er eine Gefahr für unsere Demokratie erblickt). Das genetische Argument hingegen gälte in gleicher Weise für mutagene Substanzen, doch scheint uns hier im chemischen Giftcocktail unserer Technozivilisation die Entwicklung längst außer Kontrolle geraten zu sein – ein Argument mehr, bei der Nukleartechnik bereits den Anfängen zu wehren. (Für Wildpopulationen mit hoher Vermehrungsrate, rascher Generationenfolge und scharfem natürlichen Auslesedruck würde eine erhöhte Strahlenbelastung hingegen keine Katastrophe, sondern nur eine Beschleunigung der Evolution bedeuten.)

In menschlichen Populationen hingegen kann bereits eine starke Erhöhung der natürlichen Untergrundstrahlung, wie sie etwa auf den thoriumhaltigen Monazitsanden der indischen Kerala-Region herrscht, zur deutlichen Zunahme von Mongolismus (Down-Syndrom, Trisomie 21) und zur Vervierfachung schwerer erblicher Schwachsinnsformen führen – Erscheinungen, die von einer erhöhten Chromosomenbruchhäufigkeit in den Körperzellen auch äußerlich ungeschädigter Individuen begleitet sind. Dies ist um so bemerkenswerter, als Säuglinge in der Kerala-Region durch schlechte soziale und medizinische Bedingungen eine hohe Sterblichkeit haben – also noch unter einem relativ hohen biologischen Auslesedruck stehen. Natürlich konnten solche Aussagen über die gesundheitlichen Effekte relativ niederer Strahlendosen nur nach sorgfältigen statistischen Erhebungen gemacht werden – es herrscht hier das »Trefferprinzip« – es erwischt immer nur einige wenige.

»Da mit jedem Krebs und jedem mißgebildeten Kind Menschenschicksale entschieden werden, dürfte statistische Seltenheit kein Argument für ihre bewußte staatliche Billigung sein. Anonyme Menschenopfer auf dem Altar des Wachstumswahns.

Als Biologe weiß ich, daß wir in der Entwicklung der Menschheit seit jeher natürlicher Strahlung ausgesetzt waren. Sie hat ständig Erbänderungen erzeugt, überwiegend schädliche, die ausgemerzt wurden. Denn die Chance einer Verbesserung des Erbmaterials durch eine Mutation ist ähnlich gering, wie die Verbesserung eines wohlgefügten Gedichts durch einen Druckfehler, wie ein großer Genetiker einmal sagte.« (Lorenz 1978a)

Auf diesem Niveau spielte sich Lorenz' Kernenergiekritik ab, zu hoch offenbar für Atomkraftwerksfans unter Topmanagern und Politprofis, die dem alten Herrn Kompetenzüberschreitung vorwarfen. Auch ein Nobelpreisträger sei nicht allwissend, erklärte etwa der (hier offenbar allwissende) Generalsekretär der Nationalbank, Dr. Heinz Kienzl. Von der »obersten Graugans« lasse er sich nicht über die Nukleartechnik belehren. »Quem Deus vult perdere, prius dementat« ist ein Lieblingszitat von Konrad Lorenz in vielen seiner Schriften.

Der Mensch gewöhne sich an alles, hieß es dann noch eilfertig von industrieller und politischer Seite. Wenn Insekten und Bakterien sich so rasch an Pestizide und Antibiotika angepaßt hätten, warum solle nicht auch der Mensch als anpassungsfähigster Erdenbürger widerstandsfähig gegen seine Umweltgifte werden.

Auch dieser verbreitete Irrglaube ist eine Herausforderung an den Evolutionsdenker Lorenz, der wie seine Fachkollegen weiß, daß der Mensch keine vergleichbare Chance zur Resistenzbildung hat. Denn bei Bakterien oder Insekten läuft die scheinbare Gewöhnung in Wahrheit über ein gigantisches Massensterben all jener, die das Gift eben nicht vertragen, und das sind zunächst fast alle. Bei der enormen Individuenzahl von Insekten und Bakterienpopulationen mit ihrem riesigen Genpool finden sich jedoch stets einige Individuen, die von Natur aus (niemand weiß genau wieso) »trinkfest« gegen die neue Droge sind. Durch das hohe Vermehrungspotential und die rasante Generationenfolge (bei Bakterien mitunter alle halben Stunden ein Teilungsschub) baut sich von diesen wenigen Überlebenden aus relativ rasch eine neue – nunmehr giftresistente – Population auf. Da das Pestizid in der Regel die Raubinsekten, Kleinsäuger und Vögel als biologische Schädlingsvertilger der Agrarlandschaft viel nachhaltiger ausschaltet, oft schon dadurch, daß es ihnen die Beute wegspritzt, erholen sich die Schädlinge – befreit von ihren natürlichen Gegenspielern und gefördert durch ausgedehnte Monokulturen – besonders gut. Deshalb erleben wir den grotesken Fall der Schädlingsvermehrung durch chemische Schädlingsbekämpfung. So erreichten Schadinsekten und Milben in kalifornischen Plantagen nach Pestizidspritzungen explosive Massenvermehrungen. Die Populationsdichten stiegen bis auf das Tausendfache jener Schädlingszahlen, die man auf unbehandelten Vergleichsfeldern ermittelte. Dieses »Pestizidsyndrom«, das mittlerweile eine Reihe spezialisierter tropischer Landwirtschaftszweige an den Rand des Abgrundes gebracht hat und den Übergang zu integrierten biologischen Bekämpfungsmethoden erzwang, hat Konrad Lorenz bereits vor siebzehn Jahren in einer kleinen Arbeit »Über gestörte Wirkungsgefüge in der Natur« vorhergesagt, und zwar in der für ihn typisch intuitiven Art aufgrund von Einzelbeobachtungen und Erfahrungsberichten aus der Gärtnerei seines Schwagers:

»Die Mediziner haben eine gute Definition für chemische Mittel, die eine Sucht erzeugen. Das sind nämlich jene, deren Dosis ständig gesteigert werden muß, um eine unentbehrlich gewordene Wirkung gleichbleibender Stärke zu erzeugen. Die Agrarwirtschaft ist auf dem besten Wege giftsüchtig zu werden und es ist abzusehen, welche verheerende Wirkung die nötige Verstärkung der Dosierung auf lange Sicht entwikkeln kann.« (Lorenz 1966)

Tatsächlich stieg der Pestizidaufwand etwa in der Bundesrepublik zwischen 1969 und 1977 von 14 000 auf 22 000 Tonnen, in den USA zwischen 1964 und 1970 von 71 000 auf 250 000 Tonnen. Nach Aussage der Environmental Protection Agency (EPA) gebrauchen die amerikanischen Farmer heute zwölfmal soviel Schädlingsbekämpfungsmittel wie vor 30 Jahren – trotzdem habe sich der Anteil des Ertragsverlustes vor der Ernte nahezu verdoppelt.

Lorenz denkt ständig in evolutionären Kategorien, so selbstverständlich wie ein anderer atmet oder ißt. Diese Durchdringung seiner Persönlichkeit mit dem Entwicklungsgedanken und die Originalität, mit der er ihn anwendet, kann – wie so vieles bei Lorenz – wohl nur aus seiner Kindheit heraus erklärt werden.

Prägendes Kindheitserlebnis, in der Rückschau bedeutend genug, um sogar die Nobelpreisrede damit zu beginnen, war es für den ungefähr sechsjährigen Konrad, als der Vater ihm von einem Spaziergang im Wienerwald einen Feuersalamander heimbrachte, der kurz darauf 44 Larven in die Wasserschüssel des Froschhäuschens gebar. Die Verwandlung dieser kiementragenden Wasserwesen zum lungenatmenden Feuersalamander, dessen Metamorphose zum Landbewohner so total ist, daß er glatt ertrinken würde, höbe man ihn nicht rechtzeitig aus dem Aquarium, ist für Konrad, der bereits als Schüler die »Schöpfungstage« von Wilhelm Bölsche verschlingt, das große Erlebnis des stammesgeschichtlichen Überganges der Lebewesen vom Wasser aufs Land.

Das populärwissenschaftliche Buch Bölsches über die Geschichte des Lebens auf der Erde (erschienen 1906), das dem lebhaften Konrad von seiner Kindsfrau Resi Führinger täglich nach Tisch vorgelesen wird, um ihm die Zeit der erzwungenen Mittagsruhe zu vertreiben, ist für ihn eine zentrale Weichenstellung – die erste Begegnung mit der Evolutionstheorie Darwins. »Sein hohes Lied der Abstammungslehre hat mich im empfänglichsten Alter, etwa zwischen 10 und 12 Jahren, erreicht und seit diesem Zeitpunkt bin ich hauptberuflich Stammesgeschichtsforscher.«

In einem Alter, in dem andere Jungen vom Beruf des Lokomotivführers träumen, beschließt Konrad Paläontologe zu werden.

In seiner Phantasie lebt er zwischen Riesensauriern und Flugechsen so sehr, daß er mit seiner Spielgefährtin Gretl Gebhardt (seiner späteren Frau) im Garten der Villa Iguanodon spielt – halb aufrecht, mit steil nach oben gerichteten Daumenkrallen, einen alten Gartenschlauch als Saurierschwanz nachschleppend. Besonders fasziniert ihn der Urvogel Archaeopteryx, jene Übergangsform vom Reptil zum Vogel, von der Schuppenhaut zum Federkleid, zwar noch mit Eidechsenkopf, aber schon warmblütig und flugfähig. Bereits hier also, auf der Stufe echsenartiger Vorfahren, trennt sich der Stamm der Vögel von dem der übrigen Wirbeltiere, es müssen demnach Welten zwischen den Vögeln und den späteren Säugern liegen; auch das weiß Konrad lange vor seiner vergleichenden Verhaltensforschung, daß die nächsten gemeinsamen Verwandten von Mensch und – sagen wir – Graugans primitive

Reptilien gewesen sein müssen, die mit ihren kleinen Gehirnen noch keinerlei komplexe soziale Verhaltensweisen gehabt haben können.

Die geradezu schlagenden Übereinstimmungen in manchen sozialen Verhaltensweisen zwischen den augenorientierten Kleingruppenwesen Graugans und Mensch können daher nicht auf stammesgeschichtlicher Verwandtschaft (Homologie) beruhen, sondern – und dies ist beinahe interessanter – müssen aufgrund der gleichen Überlebensfunktionen im Sozialverband, also analog, entstanden sein.

Man warf Lorenz vor, daß er Begriffe wie *begrüßen, sich verlieben, heiraten, eifersüchtig* oder *Imponierverhalten* im Zusammenhang mit seinen sozialen Raben-, Gänse- oder Entenvögeln zumindest unter Anführungszeichen hätte setzen müssen. Lorenz hingegen sieht darin funktionelle Konzepte, die zwar auf verschiedenen Wegen, aber aus ökologisch und soziobiologisch erklärbaren Gründen konvergent evolviert zu frappant ähnlichen Erscheinungen geführt haben. Wir setzen ja auch das Wort Flosse nicht unter Anführungszeichen, wenn wir vom Delphin reden, und verwenden das Wort Auge auch beim Tintenfisch, obwohl kein stammesgeschichtlicher Zusammenhang, sondern nur Funktionsgleichheit – Analogie – mit unserem Sehorgan besteht. Diese Art von Analogieschluß ist es, die in der Ökologie längst zum wichtigsten Erkenntnisinstrument geworden ist – den vergleichenden Ethologen von fachfremden Kritikern aber bis heute nicht verziehen wird. Tatsächlich hat kaum jemand so virtuos auf diesem Erkenntnisinstrument zu spielen gewußt wie Lorenz. So wies er als erster darauf hin, daß es tierische Verhaltensprogrammierungen gibt, die wirken, als läge ihnen ein moralisches Gesetz zugrunde – Tötungshemmung gegenüber Sippenmitgliedern, Inzesttabus, aufopfernde Brutpflege, selbstlose Kampfbereitschaft zum Schutz des Schwächsten. Lorenz nannte sie »Moral-analoge« Verhaltensweisen. Analog – das heißt funktionell vergleichbar, von ähnlichem Überlebenswert für das Kollektiv wie unsere Moral. Beide sind vorteilhaft im Interesse eines übergeordneten Ganzen, vorteilhaft für die Tiersozietät ebenso wie für die menschliche Gesellschaft, nur die Wege ihrer Herausbildung waren verschieden – im einen Fall biologische Evolution, im anderen Falle kulturelle Evolution (oder besser gesagt: kulturelle Überformung, denn ganz ohne instinktive Grundlagen sind auch menschliche Moralsysteme nicht entstanden).

Nicht nur das Interesse für die Stammesgeschichte des Lebens auf der Erde, sondern auch die Sensitivität für die Analogien zwischen biologischer und kultureller Evolution, die für Lorenz' Gesellschaftskritik und Umweltengagement so wichtig ist, könnte bereits bei der Lektüre von Wilhelm Bölsches »Schöpfungstagen« (1906) geweckt worden sein – wenn dieser die Hochblüte und den Niedergang der einst weltbeherrschenden Saurier poetisch mit Blüte und Verfall der griechischen Kultur vergleicht – ja mehr noch: Bölsche spricht sogar bereits vom fruchtbaren Rückgriff auf verschüttete Traditionen und alte Werte in der Evolution:

»Wie eine furchtbare Mahnung fegt der Sturm der Vergänglichkeit durch die zertrümmerten Säulen.

Aber Jahrhunderte gehen wieder hin. Und aus dem Wirrwarr hebt sich wie ein Phönix eine neue Kulturblüte: die Renaissance. Alles Höchste des Griechentums zeigt sie wiederauflebend gerettet und sie zeigt es doch zugleich als innerlich fortgeschritten.

Griechenkultur – und der Brontosaurus mit seinen 20 000 Kilo Fettgewicht am Ufer eines vorweltlichen Sees – sind das nicht sinnlose Vergleiche?

Doch das ist ja eben das Allertiefste, Allerbedeutsamste einer geläuterten und wahrhaft vereinheitlichten Naturauffassung, daß sie überall die Hand des gleichen Gesetzes erkennt.«

Wir wollen nicht überinterpretieren, Lorenz lebt zwar wie kaum jemand sonst mit den Bildern seiner Kindheit, doch mag er sich dieses Details vielleicht nicht entsinnen. Er weiß nur, daß Bölsche ihn geprägt hat. Dann ist aber auch die Vermutung erlaubt, daß solche Analogien bereits im Kind den geistigen Boden bereiteten, auf dem später die evolutionäre Kulturkritik wachsen konnte, die bei allem Kulturpessimismus nie aufhört, auf die Renaissance zeitlos gültiger menschlicher Werte zu hoffen.

Evolutionäre Kulturkritik

Der innere Widerstreit zwischen Kulturpessimismus und Hoffnung zieht sich durch fast alle späteren Schriften von Konrad Lorenz, und beide Positionen wurzeln in der evolutionären Betrachtungsweise:

Während die stammesgeschichtliche Evolution des Menschen unvorstellbar langsam voranschreitet und er im biologischen Kern seines

Wesens überaus altmodisch bleibt, bringt die auf begrifflichem Denken und Sprache basierende kulturelle Evolution einen lawinenartig anschwellenden Erfahrungsschatz, zum ersten Mal wird die »Vererbung erworbener Eigenschaften« möglich (von Lorenz manchmal scherzhaft als »Erwerbung verdorbener Eigenschaften« bezeichnet), sie führt zum exponentiellen Wachstum des menschlichen Wissens und Könnens, schafft dem Menschen selbst innerhalb kürzester Zeiträume radikale Verfremdungen seiner Lebensumwelt, an die der uralte Kern in ihm nicht angepaßt – und auch nicht anpaßbar ist.

»Es ist zum Beispiel wahrscheinlich, daß das regelmäßige Absterben von Hochkulturen, das Oswald Spengler als erster klar erkannt hat, eine Folge der Diskrepanz der Geschwindigkeiten ist, mit denen sich phylogenetisch programmierte und kulturell tradierte Verhaltensnormen entwickeln. Die kulturelle Entwicklung des Menschen läuft seiner ›Natur‹ davon . . .« (»Die Rückseite des Spiegels«, S. 252)

Wie soll die Menschheit aus diesem selbstmörderischen Fortschrittstempo ihrer Techno-Zivilisation herausfinden, einer Entwicklung, die längst auch viele emotionale Grundbedürfnisse und ethische Normen überrollt hat?

Die *biologische* Evolution ist viel zu langsam, um den Menschen an die Diktate der Technokratie anzupassen – zum Glück, es wäre schade um ihn, das Ergebnis könnte nur ein Monster sein. Die biologische Evolution erweist sich in den hier betrachteten Zeiträumen als konservativ, solide und altmodisch. Keine Rede von Höherzüchtung – im Gegenteil: Sie birgt höchstens die Gefahr biologischen Qualitätsverlustes durch Wegfall der natürlichen Auslese.

Was also läßt den Evolutionsforscher hoffen? (Und daß er hofft, steht außer Frage, bezeichnet er doch sich und seine Freunde oft als »Pathomisten«, pathologische Optimisten.) Die Hoffnung konzentriert sich auf die zweite Evolution, die der Kultur und unseres Geisteslebens – denn war sie durch exponentiellen Wissenszuwachs so rasch und mächtig, den Menschen innerhalb von nur zwei Generationen an den Rand der Selbstvernichtung zu führen, so könnte nur die ebenfalls exponentiell anwachsende Einsicht in die Gefahr ihn davor retten.

Meint Lorenz damit unsere naturwissenschaftliche Ratio, die big science mit ihren zahlenhörigen Eggheads und Denkmaschinen? Weit gefehlt! Sie ist es ja gewesen, die jene Gefühle, kulturellen Werte und ethischen Normen zu Illusionen erklärt hat – jene spezifisch menschlichen Orientierungshilfen, die als einzige in der Lage wären, der entfesselten Eigendynamik wertblinder Großapparate Paroli zu bieten. Bei allem Respekt für wissenschaftliche Erkenntnismöglichkeiten – der Mensch ist insgesamt einfach nicht gescheit genug, um die komplexen Wirkungsgefüge der Natur und vor allem die komplexen Wirkungsgefüge seiner Psyche und seines Sozialverhaltens hinreichend zu durchdringen, um rein wissenschaftlich neue Überlebensmodelle zu erfinden, die sowohl ökologisch als auch zwischenmenschlich funktionieren.

»Wir können das Rad der Zeit nicht zurückdrehen. Wir können das Wissen, das wir unserer Naturforschung verdanken, nicht einfach wieder vergessen. Wenn uns diese Früchte vom Baum der Erkenntnis manchmal übel bekommen, liegt das nicht an unserem Wissen an sich, sondern an seiner Stückhaftigkeit. Es gibt Dinge, über die wir viel, ja fast alles wissen, und solche, über die wir wenig, ja fast nichts wissen. Daß wir das Atom zu spalten gelernt haben, könnte eitel Segen für die Menschheit bedeuten, hätten wir gleichzeitig genügend Einsicht in die Funktion unserer eigenen phylogenetisch und kulturell entstandenen sozialen Verhaltensnormen gewonnen. Zum anderen Teil aber sind die Probleme, die es zu lösen gilt, solche der Ethik und der Wertphilosophie.« (Lorenz 1972b: 174)

Evolution – das bedeutet für Lorenz eine Art von schöpferischem Konservatismus, heißt Bewährtes zu bewahren, heißt nur dort zu neuern, wo es überprüfbare Vorteile für das Überleben bringt, heißt vor allem Respekt vor natürlich Gewachsenem, genetisch Tradiertem – denn es enthält selbst mehr Informationen gespeichert über die Wirkungsgefüge der Natur als unsere Wissenschaft – und ebenso enthalten viele kulturelle Traditionen, die Weisheit der großen Religionen, ethische Normen, ja selbst manche Riten mehr Informationen über die menschliche Natur im Dialog mit Umwelt und Sozialverband als alle politischen Utopien.

Wir müssen jenen dummen Hochmut des modernen Scientismus überwinden, nur das Zähl- und Meßbare, nur das physikalisch Beweisbare anzuerkennen und dabei den gewaltigen Erfahrungsschatz alter Kulturen über Bord zu werfen, bevor wir auch nur die Chance gehabt haben, ihn zu begreifen.

»Tradition – ein Schatz überindivideller kumulierter Erfahrung ist die Erbinformation der Kultur. Eine Kultur enthält ebensoviel ›gewachsenes‹, durch Selektion erworbenes Wissen, wie eine Tierart. Zerstörung gültiger Traditionen muß sich für eine Kultur deshalb genauso verderblich auswirken, wie die Zerstörung genetischer Information für eine Spezies.« (Lorenz und Lötsch 1977, IWF Film G 188)

Dieser evolutionäre Ansatz erweist sich als überraschend fruchtbar für eine praktische Entwicklungshilfe, welche versucht, die verheerenden Folgen blinden Technologietransfers der Industriestaaten in die Krisenzonen Afrikas und Asiens zu vermeiden. Die trotz teurer Klimatisierung unerträglichen Glas- und Betonbauten, die Zerstörung und Versalzung der Tropenböden durch unpassende Agrartechnologien, Arbeitslosenheere in den wachsenden Slums und Auslandsverschuldung, wachsender Hunger neben stellenweise steigenden Agrarexporten sind nur einige der bekannten Fehlentwicklungen falscher Fortschrittskonzepte. Im Gegensatz dazu können halbvergessene Kulturtraditionen mit modernen Methoden auf ihren Anpassungswert an das örtliche Klima, vorhandene Rohstoffquellen und sozioökonomische Strukturen geprüft werden. Die in Nachbarschaftshilfe herstellbaren regionalen Bauformen mit ihren passiven Kühlsystemen, die genial einfachen Handwerkstechniken, widerstandsfähigen Nutztierrassen und alten Pflanzensorten erweisen sich für heiß-trockene Wüstenregionen mit ihren bettelarmen Volksmassen ohne Beschäftigung und ohne Kaufkraft neuerdings als wichtige Grundlagen realistischer Überlebensmodelle.

Diese »sanften, ökologisch eingepaßten Entwicklungsstrategien«, die mit stromlos klimatisierten Billigbehausungen nach dem Muster alter Dorfstrukturen und der Ermöglichung eines bescheidenen Selbstversorgungsgrades in der Großfamilie arbeiten, könnten den Menschen dieser Länder auch einen Teil ihrer kulturellen Identität wiedergeben – doch stößt gerade dies auf psychologische Barrieren, verursacht durch eine globale Nivellierung unter dem Diktat technokratischer Fortschrittsvisionen. (Lötsch und Lorenz 1982)

»Die Ursachen der rückläufigen Evolution der heutigen Kultur sind im wesentlichen dieselben wie die des stammesgeschichtlichen Absinkens anderer lebender Systeme . . . Es ist die Vielseitigkeit des Selektionsdruckes, die das evolutive Geschehen nicht nach einer Seite, sondern nach oben treibt. Phylogenetiker nennen dies die kreative Selektion . . . Der Selektionsdruck, dem alle heute existierenden Kulturen erliegen, ist deshalb einseitig geworden, weil alle Völker der Erde mit gleichen Mitteln in den Wettbewerb treten. Sie alle verfügen über die gleiche, auf gleichen naturwissenschaftlichen Ergebnissen aufbauende Technik, sie kämpfen mit den gleichen Waffen, sie belügen einander mittels der gleichen Massenmedien und beschwindeln einander auf derselben Weltbörse . . . Alle feineren Differenzierungen schwinden, alles wird mit erschreckend zunehmender Geschwindigkeit immer häßlicher. Differenzierung heißt auf deutsch verschieden werden.« (Lorenz 1974a: 353)

Die menschliche Kultur könnte auf ihre Art eine Fortsetzung des biologischen Schöpfungsgeschehens in den Geist hinein sein. Die Gesetze ihrer Entfaltung in Dialekte und Sprachen, Sitten, Kulturkreise und Stile erinnern seit jeher an die Herausbildung von Vielfalt in der biologischen Evolution. Geht es in dieser um die Entstehung der Arten, kann die Kulturgeschichte als Entstehung von Eigenarten verstanden werden. Die großflächige Monokultur hingegen – vom Wiener Pflanzenökologen Karl Burian als Erbsünde der zivilisierten Menschheit bezeichnet – scheint nicht nur ökologisch krisenanfällig – sie scheint auch im Felde des Geistigen den Keim des Untergangs in sich zu tragen. Was könnte hier eine deutlichere Sprache reden als die fortschrittstrunkenen Manhattan-Visionen ländlicher Bürgermeister! Provinz verrät sich am verläßlichsten durch die Art, wie sie versucht, Provinz zu verleugnen. Mehr regionales Selbstbewußtsein täte not.

Deshalb wird in der Uniformierung einer Weltzivilisation keine kulturelle Zukunft zu suchen sein. Um so wichtiger scheint es Lorenz deshalb, den Menschen von Kindheit an eine Haltung der Bewunderung und Toleranz gegenüber Kulturgütern und Eigenarten anderer Völker anzuerziehen.

Der Erdball ist kleiner geworden, die Kommunikation ist total. Bewußte Werthaltungen sind nötig, um zu einem geistigen Weltbürgertum zu finden, das keinen Verzicht auf die Mannigfaltigkeit dieser bunten Welt bedeutet.

Der Zugang des Ethologen zum Umwelt- und Friedensproblem

Für Konrad Lorenz und seine Schüler wie Irenäus Eibl-Eibesfeldt, Otto Koenig oder seinen philosophierenden Freund, den Evolutionsforscher Rupert Riedl, lautet die zentrale Frage für das Verständnis globaler Krisen:

Was macht den Homo sapiens (wieso übrigens »sapiens«?) zum Zerstörer seiner Welt? Was bringt dieses hochorganisierte Wesen Mensch dazu, sich mit der Vernichtung der eigenen Lebensgrundlagen, ja der eigenen Art, zu bedrohen? Ist die Änderung des Artnamens von »Homo sapiens« in »Homo demens«, die Max Born voll Bitterkeit über die Selbstgefährdung der Menschheit vorgeschlagen hat, wirklich berechtigt?

Die Vergleichende Verhaltensforschung zeigt uns tierische wie menschliche Triebe und angeborene Verhaltensmuster als ökologische Anpassungen und Ergebnisse einer langen Evolution – also artspezifischen Anpassungen in Körperbau und Stoffwechsel durchaus vergleichbar.

Die angeborenen Elemente menschlichen Verhaltens waren absolut überlebenswichtig für einen Steinzeitjäger, der in Kleingruppen lebte, die sich gegen andere behaupten mußten, in einer feindseligen Wildnis um ein begrenztes Nahrungsangebot zu kämpfen hatten, die mit einer hohen Sterblichkeit konfrontiert, aber von einer scheinbar grenzenlosen, unerschöpflichen Natur umgeben waren.

Nun sind es genau diese einst nützlichen Triebe und Verhaltensmuster, die sich unter den völlig veränderten Bedingungen der Hochzivilisation gegen den Menschen kehren: Statt in überschaubaren Kleingruppen lebt er in einer anonymen Massengesellschaft, statt Mangel findet sein Freßtrieb einen Nahrungsüberschuß vor, abgeschirmt von zahlreichen natürlichen Auslesefaktoren überspielt er die natürliche Bevölkerungskontrolle, verfügt aber zugleich über ein technisches Zerstörungspotential, von dem er sich ein oder zwei Generationen zuvor nicht einmal hätte träumen lassen.

Heinrich Meier, einer der besten Kenner des Lorenzschen Gesamtwerkes, resümiert über das besonders heiß umkämpfte Aggressionsbuch, dessen Stellenwert für das Gesamtphänomen Lorenz jedoch überschätzt wird: »Das sogenannte Böse. Zur Naturgeschichte der Aggression«. Seine Hauptthese besagt, daß aggressives Verhalten Funktionen im Dienste der Arterhaltung erfülle und durch phylogenetische Anpassung vorprogrammiert sei, wobei ein angeborener Aggressionstrieb Tiere zum Kampf mit Artgenossen motiviere ... Dieser Aggressionstrieb liege vermutlich auch dem aggressiven Verhalten des Menschen zugrunde, das deshalb zwar kanalisiert, durch Ritualisierung entschärft und neu orientiert, nicht aber durch Erziehung, »Frustrationsabbau«, moralische Appelle oder andere konditionierende Maßnahmen beseitigt werden könne. »Das sogenannte Böse« hat seit seinem Erscheinen 1963 mehr als jede andere Veröffentlichung der Ethologie Angriffe auf sich gezogen.

Fraglich erscheint etwa die Annahme eines »Aggressionstriebes«, wobei Lorenz inzwischen selbst darauf hinwies, nicht klar genug zwischen Innergruppen- und Zwischengruppenaggression unterschieden zu haben. »Die kollektive Aggression beim Menschen würde ich, wenn ich mein Aggressionsbuch noch einmal schreiben würde, schärfer von dem gewöhnlichen Verhauverhalten trennen, als ich es getan habe. Sie setzt zwar das Verhauverhalten voraus, hat eine Reihe von den Bewegungsweisen mit ihm gemeinsam, wie das Imponierverhalten usw., aber sie hat eine Reihe auch von Bewegungsweisen, die beim gewöhnlichen Verhauverhalten nicht da sind, und das sind jene Verhaltensweisen, die mit dem subjektiven Phänomen der Begeisterung einhergehen.

Die Begeisterung, die das Absingen eines Nationalliedes hervorruft, die alles Hohe und Hehre in uns hervorruft, läßt den Menschen unwillkürlich, vor allem den Mann, die Körperhaltung straffen, das Kinn vorschieben usw. Dabei läuft ihm ein heiliger Schauer über den Rücken, und zwar – wer das Gefühl kennt, der wird mir beistimmen – läuft der Schauer, wenn Sie genau nachschauen, nicht nur über den Rücken, sondern auch über die Außenseite der Arme. Wenn Sie gesehen haben, daß der Schimpanse, wenn er zur Verteidigung seiner Familie antritt, die Arme auch so abspreizt und die Haare sträubt, dann können Sie feststellen, daß der heilige Schauer, den Sie spüren, das Sträuben des rudimentären Pelzes ist, den der Mensch gar nicht mehr hat. Diese Reaktion ist hypothalamisch, ist also instinktiv, und wenn der Hypothalamus brüllt, schweigt der Cortex, bei jedem Instinkt. Ein ukrainisches Sprichwort sagt so schön: ›Wenn die Fahne fliegt, ist der Verstand in der Trompete.‹« (Lorenz 1978b: 312)

»Bestätigt, erhärtet und neu erwiesen hat die Forschung jedoch zumindest dreierlei:

1. Mord an Artgenossen, Kannibalismus und Waffengebrauch sind so alt wie der Mensch selbst, ja die Paläontologie kann diese Phänomene bereits für seine Vorläufer im Tier-Mensch-Übergangsfeld belegen.
2. Die Behauptung aggressionsfreier primitiver Naturgesellschaften hat sich als unhaltbar erwiesen.

3. Der Mensch verfügt über phylogenetisch erworbene aggressive Verhaltensstrukturen und -dispositionen. Er ist keineswegs ›von Natur aus gut‹, um dann *sekundär*, durch Erziehung, Gesellschaft, Milieu ›böse‹ zu werden. (Die unreflektierte Identifizierung von ›gut‹ und friedlich, gesellig etc. mag hier unerörtert bleiben.)« (Meier 1978) Die Evolution hat wohl emotionale Sicherheitsmechanismen eingebaut, um unser Aggressionspotential unter Kontrolle zu halten – sie hat dem Menschen die Fähigkeit verliehen, Bande der Liebe und Freundschaft zu knüpfen, sie hat auch den entwaffnenden Effekt des »Kindchenschemas« zum Schutz der Schwächsten entwickelt. Aber die meisten unserer aggressionshemmenden Verhaltensmuster funktionieren nur auf der Basis der persönlichen, individuellen Bekanntschaft innerhalb der Gruppe, zumindest aber erfordern sie persönliche Kommunikation, Augenkontakt, Gespräch, Befriedungsgestik.

Diese angeborenen, über das Gefühl wirkenden Aggressionshemmungen erweisen sich außerstande, moderne technische Tötungsvorgänge über große Entfernungen zu verhindern – sie werden auch nicht spürbar, wenn es darum geht, den Knopf zum Abwurf einer Atombombe zu drücken. Das Leben in der anonymen Masse großstädtischer Menschenballungen kann die Aggressivität steigern oder auch zu einer Teilnahmslosigkeit gegenüber dem Nächsten führen, die fast ebenso unmenschlich ist.

Da es, biologisch betrachtet, bis vor kurzem die meisten dieser Probleme wie automatisches Töten, anonyme Massengesellschaft, Verschwendungswirtschaft, großtechnisches Zerstörungspotential nicht gab, konnte die Evolution auch in uns keine Sicherheitsmechanismen gegen großräumige Umweltverschmutzung oder Landschaftszerstörung entwickeln – eine solche »Tötungshemmung gegenüber der Natur« hätte keinen Überlebenswert für ein Wesen gehabt, das ohnehin nur über einfachstes Werkzeug verfügte.

Aus ähnlichen Gründen ist in modernen Gesellschaften mit ihren Nahrungsüberschüssen der »Selbstmord mit Gabel und Löffel« geradezu sprichwörtlich geworden.

Eine besondere Sorge bereitet es Konrad Lorenz, daß der Mensch, abgeschirmt von den natürlichen Auslesefaktoren, die ihn hervorbrachten, nicht nur quantitativ ausufert, sich also über die ökologischen Grenzen hinaus vermehrt, sondern sich längerfristig auch qualitativ verändern muß.

Konrad Lorenz ist sehr oft mißverstanden und fehlinterpretiert worden – besonders von linksideologischen Positionen her, aber auch vom angelsächsischen Behaviorismus, der ihm vorwirft, die ererbten Verhaltenselemente zu überschätzen und die ungeheuren Lernmöglichkeiten höherer Tiere zu ignorieren.

Lorenz hat niemals die Bedeutung des Lernens übersehen. Er hat mit der Entdeckung der Prägung sogar eine das weitere Leben des Individuums bestimmende Art des Lernens, einen unauslöschlichen Lernvorgang demonstriert.

Der von Lorenz eingeführte Begriff der Trieb-Dressur-Verschränkung ist ein weiterer Beleg für die Beachtung von Lernvorgängen – wobei aber der Rahmen, innerhalb dessen gelernt werden kann, von der Organisationshöhe und dem Erbmaterial der jeweiligen Tierart abhängt.

Wie kaum ein anderer Biologe vor ihm hat Lorenz sich bemüht, die Sonderstellung des Menschen klar zu fassen, und betont, welch gewaltiger Überbau sich beim Homo sapiens über dem Sockel tierischer Verhaltensmuster erhebt. Immer wieder hat er das kollektive Geistesleben der Menschheit als eine völlig neue Dimension, eine bisher nie dagewesene Form des Lebens bezeichnet.

Dem ungerechtfertigten Vorwurf, er vertiere den Menschen, begegnet er gerne mit der alten Weisheit chinesischer Ärzte: »Es ist zwar alles Tier im Menschen – aber nicht aller Mensch im Tiere« – und wie der Philosoph Arnold Gehlen, so beschreibt auch Lorenz den Menschen ausdrücklich als »Kulturwesen von Natur« aus.

Natürlich fehlt es bei Lorenz nie an treffenden Pointen, die ihm humorlose Kritiker nicht verzeihen können – wenn sie etwa über dem Eingang zum Affenhaus des Frankfurter Zoos seinen berühmten Ausspruch lesen: »Das lang gesuchte Bindeglied zwischen dem Tier und dem wahrhaft humanen Menschen, das sind wir«, oder wenn Lorenz aus der lebenslangen Erfahrung mit frei lebenden tierischen Hausgenossen in Wohnung und Garten resümiert: »Die Fähigkeit eines Tieres, Schaden zu stiften, wächst mit der Höhe seiner Intelligenz«, um dann trocken hinzuzufügen: »Der Mensch hält auch hier die Spitze.«

Bei einem weltanschaulich so vorbelasteten Gebiet wie dem Tier-Mensch-Problem kann man offenbar nicht deutlich und ernst genug sein. So schreibt er in seinem mit I. Eibl-Eibesfeldt 1974 verfaßten Aufsatz »Die stammesgeschichtlichen Grundlagen menschlichen Verhaltens« über das Verhältnis von Natur und Kultur im Menschen:

»Das Leben in einer Eskimogemeinschaft erfordert andere Regeln des Sozialverhaltens als das in der Millionengesellschaft der Großstädte. Nur ein sehr anpassungsfähiger Organismus kann sich in so verschiedene Lebensräume einnischen und auch auf rasche Umweltänderungen adaptiv antworten. Dabei können stammesgeschichtliche Anpassungen, die ihren Anpassungswert verloren, einer wirksamen kulturellen Kontrolle unterworfen werden. Die gegenwärtigen Störungen zwischenmenschlichen Zusammenlebens weisen ja darauf hin, daß manches, wie etwa unsere aggressive Disposition, heute historischer Ballast ist – vergleichbar unserem Blinddarm – und einer kulturellen Kontrolle bedarf. Sicher ist uns vieles vorgegeben, Bewegungsabläufe ebenso wie etwa gewisse ethische Normen, Antriebe und anderes mehr, und es ist daher sicher falsch, eine nach allen Richtungen beliebig leichte Modifikabilität des Verhaltens anzunehmen, wie das gewisse Milieutheoretiker tun. Ebenso falsch ist es jedoch, in einem blinden Biologismus Kulturelles nur als Tünche zu bezeichnen.

Wir betonen dies, weil Morris (1976) kürzlich den Menschen mit der Bezeichnung ›nackter Affe‹ genügend charakterisiert zu haben glaubt und am Schluß seines Buches noch die Ansicht vertritt, daß unsere ›animalische Natur‹ niemals die Beherrschung unserer elementaren biologischen Triebe durch die Vernunft zulasse. Als würde es bei Tieren keine Kontrollinstanzen geben und sich dort das Triebleben chaotisch in allen Richtungen entfalten können! Das ist bei keinem Tier der Fall, und da bei uns die angeborenen Kontrollen zum Teil ungenügend sind, ist die kulturelle Beherrschung unseres Trieblebens eine biologische Notwendigkeit. Ohne sie könnte ein geordneter Sozialverband nicht bestehen. So wie unser Sprachzentrum, eine angeborene Struktur also, erst zusammen mit der kulturell tradierten Sprache eine funktionelle Einheit bildet, so ergibt auch unser angeborenes Triebleben erst mit den kulturellen Verhaltensrezepten ein funktionelles Ganzes.« (Lorenz und Eibl-Eibesfeldt 1974: 227)

Lorenz hat auch niemals aggressives Verhalten beim Menschen zum unabwendbaren Schicksal erklärt oder versucht, Gewalt und Unrecht aus einer biologistischen Position heraus zu entschuldigen. Er ist nur überzeugt, daß wir die angeborenen Elemente menschlichen Verhaltens zuerst einmal klar erkennen müssen, um sie erfolgreich zu bewältigen.

»Wir haben guten Grund, die intraspezifische Aggression in der gegenwärtigen kulturhistorischen und technologischen Situation der

Menschheit für die schwerste aller Gefahren zu halten. Aber wir werden unsere Aussichten, ihr zu begegnen, gewiß nicht dadurch verbessern, daß wir sie als etwas Metaphysisches und Unabwendbares hinnehmen, vielleicht aber dadurch, daß wir die Kette ihrer natürlichen Verursachung verfolgen. Wo immer der Mensch die Macht erlangt hat, ein Naturgeschehen willkürlich in bestimmte Richtung zu lenken, verdankt er sie seiner Einsicht in die Verkettung der Ursachen, die es bewirken. Die Lehre vom normalen, seine arterhaltende Leistung erfüllenden Lebensvorgang, die sogenannte Physiologie, bildet die unentbehrliche Grundlage für die Lehre von seiner Störung, für die Pathologie.« (Lorenz 1963: 47)

»Immerhin gibt es Anlaß zu Hoffnung, daß der Krieg der Menschen ein Kulturprodukt ist, das, wenn es auch eine instinktive Grundlage hat, doch nicht rein instinktiver Natur ist, wie die kollektive Aggression mancher Rattenarten.«

Nur ein tieferes Wissen vom Menschen in seinen verschiedenen Aspekten – als »Zerstörer«, als »Unersättlicher«, als »territoriales Wesen«, als »Aggressor«, aber auch als »liebesfähiges Kleingruppenwesen« – kann uns helfen, Kinder einfühlend zu erziehen, menschengerechte gesellschaftliche Bedingungen und lebenswerte Wohnumwelten zu schaffen (das heißt eine Wohnplanung unter Berücksichtigung von Territorialität, Orientierungs- und Identitätsbedürfnis sowie unter Respektierung der sozialen Verhaltensmuster eines typischen Kleingruppenwesens – das Ergebnis würde völlig anders aussehen als die monoton gerasterten Massenquartiere moderner Neustadtviertel), um neurotische Reaktionen so gering wie möglich zu halten.

Außerdem kann nur ein besseres Selbst-Verständnis der Menschheit zu jener humanen Selbst-Begrenzung verhelfen, deren wir so dringend bedürfen.

Solange dies nicht gelungen ist, gelten Albert Schweitzers warnende Worte, der Mensch habe gelernt, die Natur zu beherrschen, bevor er gelernt habe, sich selbst zu beherrschen.

Der Arzt und Psychiater in der Umweltkrise

Sattsam bekannt ist der Vorwurf an den Naturforscher Lorenz, er beschränke sich in seinen ökologischen Predigten nicht – wie es sich für einen wertfreien Wissenschaftler gehöre – auf trockene »Wenn . . . dann . . .«-Aussagen, sondern beziehe leidenschaftlich Position für ein Überleben des Menschen in Schönheit und Würde. Sein wissenschaftlich verpacktes Umweltengagement und seine geistvolle Kulturkritik beruhten auf Wertempfindungen, er lasse sich zu normativen Forderungen an die Gesellschaft (wie Nutzungs- und Konsumverzicht) hinreißen, die einem neutralen Experten nicht zustünden, deren dringende Notwendigkeit er oft auch gar nicht quantitativ beweisen könne.

Der Vorwurf geht ins Leere – denn Lorenz will hier gar nicht als wertfreier Experte verstanden werden. Das dauernde Pochen auf Wertfreiheit hat uns mit Wertblindheit geschlagen. Lorenz versteht sich hier vielmehr als Arzt im weitesten Sinne. Er hat den Eid des Hippokrates geschworen, das menschliche Leben zu schützen, »primum nil nocere« – dem Patienten nie mehr zu schaden als zu nützen – ein Gebot, das auch wünschenswerte klinische Experimente unmöglich machen kann. Die Medizin ist nicht wertfrei, sie hat klare humanitäre Vorgaben – ist sie deswegen keine Wissenschaft?

Lorenz ist hier mit dem Gewicht seiner Persönlichkeit und seiner Doppelqualifikation als Arzt und Biologe vielleicht Pionier für das neue Selbstverständnis einer angewandten Ökologie, die mehr will als nur forschen – nämlich retten, bewahren und heilen – eine Ökosystempathologie und Öko-Therapie sozusagen. Und viele ökologisch arbeitende Biologen handeln bereits im Sinne dieses erweiterten Wissenschaftsverständnisses. Längst hat die Ökologie als Grundlage des Umweltschutzes bestimmte Wertvorgaben angenommen – etwa die Erhaltung und Einstellung dynamischer biologischer Gleichgewichtszustände – mit dem Ziel, dem Menschen ein Leben in »Gesundheit, Schönheit und Würde« zu ermöglichen – denn »menschlich« heißt ja den menschlichen Anlagen und Anpassungsmustern entsprechend – und dazu gehört nicht nur ein »giftfreier Stall«, sondern eine funktionsfähige, vielgestaltige und artenreiche Mitwelt, die eben auch eine ganze Reihe »öffentlicher Dienstleistungen« für die Gesellschaft erfüllt. Der Auwald dankt uns die Rettung seiner Schönheit und Vielfalt auch mit durchaus praktischen Leistungen – denn sauberes Trinkwasser gibt es im industrialisierten, auch agrarisch intensiv genutzten Flachland fast nur mehr unter Auwald, er wirkt als Luftbefeuchtungsschwamm fast 60 km in die trockene Agrarsteppe, er wird zum Erholungs- und Erlebnisraum ungezählter Menschen.

»Gewiß bin ich durch meine Familie mit ärztlicher Moral imprägniert, von klein auf«, erklärte Lorenz kürzlich. Ebenso wichtig erscheint es ihm, daß er in mehrjähriger Facharzttätigkeit auf der neurologisch-psychiatrischen Station des Reserve-Lazaretts I in Posen (und weitere Jahre in russischen Spitälern) den Blick für Neurosen und hysterische Zustände bekommen habe. »Und hier war es unausbleiblich, eine gedankliche Verbindung zur neurotischen Beeinflussung der ganzen Menschheit herzustellen, die schon mein Lehrer Heinroth sah, als er vor langen Jahren sagte: ›Nächst den Schwingen des Argusfasans ist das Arbeitstempo der modernen Menschheit das dümmste Produkt intraspezifischer Selektion‹ – ein tiefer Ausspruch. Es wurde mir plötzlich klar, daß dieses Arbeitstempo und das technokratische Denken aufs nächste mit der ökologischen Fehlleistung der modernen Menschheit zusammenhängen. Es wurde mir klar, daß die Menschheit eigentlich an einer Geisteskrankheit leidet, an einer Wahnidee, an einem Irrglauben, der darin besteht, zu meinen, nur das habe reale Existenz, was sich in der Terminologie der exakten Naturwissenschaften ausdrücken und mathematisch quantifizierend beweisen läßt.

Dieser Glaube ist zweifellos dadurch bewirkt, daß die Technik ihre Macht den exakten Naturwissenschaften verdankt, die wiederum auf einer analytischen Mathematik fußen, und dann ist natürlich nur das wahr, was sich mathematisch verifizieren läßt. Menschliche Freiheit, Würde, Freundschaft, alles das, was einen wirklichen Wert repräsentiert, ist nicht in der Terminologie der exakten Naturwissenschaft ausdrückbar, das heißt, alles Emotionale, alle menschlichen Werte werden damit zu Illusionen erklärt.

Die Pflicht, den Menschen so weit geistig wiederherzustellen, daß er sich auf dieser schönen grünen Erde *nicht* so verhält wie ein Schädling, *nicht* so verhält, wie das Kaninchen in Australien, dieser Pflicht bin ich mir erst in den letzten Jahren bewußtgeworden. Das ist eine medizinische Aufgabe.« (Lorenz 1981b)

Eine weitere Folge des ungesund angewachsenen Entwicklungstempos unserer Techno-Zivilisation, des gestörten Gleichgewichts zwischen Innovation und Tradition, zwischen Neuern und Bewahren, ist der stellenweise gefährlich eskalierte Generationenkonflikt. Doch auch hier will Lorenz mit seinen Diagnosen weder Unbehagen noch Resignation verbreiten:

»Wie so viele Krankheiten unserer Kultur trägt auch diese die Kennzeichen der Massenneurose, und dies gibt Anlaß zu gemäßigtem Optimismus: die meisten Neurosen lassen sich dadurch günstig beeinflussen, daß man dem Patienten die Ursachen seines Leidens zum Bewußtsein bringt.« (Lorenz 1974a)

Womit Lorenz zeigt, daß er auch als »Seelenarzt unserer Kultur« die Hoffnung auf rechtzeitige Krankheitseinsicht nicht aufgegeben hat.

Wolfgang M. Schleidt
Wie der Computer »Miau« auf deutsch übersetzt

Vor zehn Jahren wurde der Nobelpreis für Medizin an Konrad Lorenz, Niko Tinbergen und Karl von Frisch verliehen, und zwar spezifisch »für ihre Entdeckungen betreffend die Organisation und die Auslösung von Verhaltensmustern«. Diese Entdeckungen ergaben sich aus Beobachtungen und Beschreibungen des Verhaltens vieler Individuen und Arten, von Enten und Gänsen, Möwen und Stichlingen, Elritzen und Bienen. Ausgezeichnet wurde aber nicht die Beobachtungsgabe dieser Forscher, die Eloquenz ihrer Beschreibungen, ihre Artenkenntnis, ihre Meßgenauigkeit oder die Genialität ihrer Experimente, sondern ihre Entdeckungen von Regelmäßigkeiten, von Mustern im Verhalten, und ihre Entdeckungen von Zusammenhängen, welche die Organisation und die Auslösung von Verhaltensmustern *erklären*. Die Fähigkeit zu beobachten, zu vergleichen, zu messen und zu experimentieren war als selbstverständlich vorausgesetzt. Es ist selbstverständlich, daß der Forscher sich der zweckdienlichen Methoden bedient, daß er sein Handwerk beherrscht, seine Werkzeuge mit meisterhafter Geschicklichkeit gebraucht.

Konrad Lorenz, den wir in diesem Symposium feiern, verdankt seine Entdeckungen seiner außergewöhnlichen Meisterschaft der Beobachtung, des Vergleichens und der Beschreibung. Er hat immer wieder seine Schüler auf die Wichtigkeit dieser handwerklichen Fähigkeiten hingewiesen und betont, daß die qualitative Beschreibung die notwendige Grundlage schafft für die *quantitative Beschreibung* und für das *Experiment*. Quantifizieren und experimentieren gehören nun zum »image« des fortschrittlichen Forschers wie der griffbereite Taschenrechner, während die »bloße« Beschreibung von manchen als vor-wissenschaftlich abgewertet wird. Selbst Lorenz kann sich dieser Mode, diesem Zeitgeist nicht entziehen und bekennt »einen Anflug eines Minderwertigkeitsgefühles«, wenn er bedenkt, in seinem Leben »noch nie eine Arbeit mit einer Kurve darin veröffentlicht zu haben« (Lorenz 1973c). Und er beklagt, daß die vorschnelle Übertragung von den analytischen Methoden der Physik und Chemie auf die Erforschung biologischer Strukturen und Prozesse selbst in der Ethologie zu einer grotesken Situation geführt hat: »Experimentelle und analytische Forschung haben sich während der vergangenen Dezennien wirklich zufriedenstellend entwickelt, während die Zahl der untersuchten Tierarten kaum zugenommen hat« (Lorenz 1973c). Wäre es da nicht freundlicher, den Jubilar mit Berichten über Verhaltensweisen bisher vernachlässigter Tierarten zu überraschen, als ihn mit einem Bericht über experimentelle und analytische Forschung zu langweilen?

Windjacke, Gummistiefel und Mathematik

Nun, seit der oben zitierten Feststellung sind zehn Jahre vergangen, in denen sich besonders die analytische Forschung im Bereich der Ethologie ganz außerordentlich entwickelt hat. Angeregt durch neue methodologische Möglichkeiten der elektronischen Datenverarbeitung ist ein neuer, quantitativer Ansatz zur Verhaltensanalyse entstanden (Schleidt 1974, 1982, Schleidt und Crawley 1980), der unmittelbar auf der Lorenzschen These der »Gestaltwahrnehmung als Quelle wissenschaftlicher Erkenntnis« aufbaut und die Intuition des Forschers durch Methoden der »künstlichen Gestaltwahrnehmung« ergänzt. Der entscheidende Fortschritt liegt darin, daß die Intuition des Forschers durch relativ einfache statistische Operationen überprüft werden und vom Verdacht der Willkürlichkeit und Subjektivität befreit werden kann. Während sich nämlich die Forscher in anderen Bereichen der Naturwissenschaften selbst zur Untersuchung relativ einfacher und übersichtlicher Probleme oft komplizierter und überaus eindrucksvoller Meßgeräte bedienen, waren Ethologen bisher gezwungen, relativ komplexe und schwer zu durchschauende Probleme mit der Schärfe ihrer Gestaltwahrnehmung allein in Angriff zu nehmen. Der Ethologe, so scheint es, braucht eben »nur« ein scharfes Auge und ein gutes Gedächtnis. Diese natürlichen Werkzeuge werden allenfalls durch Bleistift und Papier, Fernglas und Filmkamera, Mikrophon und Tonbandgerät unterstützt. Statt dem weißen Arbeitskittel werden Windjacke und Gummistiefel zum Statussymbol.

Diese unumgänglich notwendige Betonung der Wichtigkeit der Beobachtung hat nun leider bei Laien ebenso wie bei manchen Fachkollegen der »harten Naturwissenschaften« (»hard sciences«) zu der grundfalschen Meinung geführt, daß die Vergleichende Verhaltensforschung eine rein beschreibende Wissenschaft sei, die der quantitativen Analyse und des Experiments nicht bedarf. Dieser Irrglaube verleitet Studenten, die mathematisch unbegabt sind, sich der Biologie zuzuwenden, und ganz besonders der Verhaltensforschung, während die mathematisch beschlagenen keinen Ansatzpunkt für ihre Fähigkeiten sehen. Als ich vor nunmehr siebzehn Jahren meinen ersten Forschungsantrag auf einen elektronischen Rechner stellte, und zwar durchaus in einem bescheidenen finanziellen Rahmen, wurde das Ansuchen abgelehnt, mit der Begründung, daß man das geringe in der Verhaltensforschung anfallende Zahlenmaterial wohl noch mit Bleistift und Papier, allenfalls mit einer mechanischen Rechenmaschine bewältigen könne. Mit anderen Worten, man traut dem Verhaltensforscher nicht zu, quantitativ-analytisch arbeiten zu können.

Ich vertrete die Ansicht, daß die Meinung, die Vergleichende Verhaltensforschung sei eine rein beschreibende Wissenschaft, die auf eine quantitative Analyse und auf Experimente verzichten könne, auf einem Mißverständnis der methodologischen Anforderungen der Verhaltensforschung beruht, Anforderungen, welche von Konrad Lorenz als selbstverständlich anerkannt werden und daher nur selten von ihm hervorgehoben werden. Ich zitiere aus der letzten Ausgabe seines Lehrbuches (Lorenz 1981a):
»Die Quantifikation hat jedoch das letzte Wort in der Verifikation, und all das, was unsere Wahrnehmung uns eingibt, wird ›Wissenschaft‹ nur, wenn es durch rationale Verifikation bestätigt wird. Dies ist besonders schwierig, wenn es um die Betrachtung stammesgeschichtlicher Zusammenhänge geht, und wir haben keine andere Methode, als herauszufinden, welchen Weg unsere Gestaltwahrnehmung genommen hat, als sie zu einem bestimmten Ergebnis kam. In anderen Worten, wir müssen versuchen herauszufinden und versuchen zu beschreiben, welche einzelnen Merkmale in der Verrechnung eingegangen sind, welche die Gestaltwahrnehmung für uns vorgenommen hat. Nichts liegt uns ferner als die Funktion der Wahrnehmung als Wunder aufzufassen, und daher können wir mit Sicherheit annehmen, daß all diese Daten in irgendeiner Weise in den Wahrnehmungsapparat ›hineingefüttert‹ wurden. Wie ich schon früher gesagt habe, wenn irgendwo in der Biologie die vom Men-

schen erfundene elektronische Datenverarbeitungsanlage mehr ist als ein bloßes Modell, dann gilt dies für die Physiologie der Wahrnehmung. «

Nun habe ich schon eingangs die außergewöhnliche Beobachtungsgabe von Konrad Lorenz gewürdigt, seine Fähigkeit, komplexe Verknüpfungen zu durchschauen, aus einer Fülle von Beobachtungen jene auszuwählen, welche die gleichen Randbedingungen haben, vergleichend abzuschätzen, so gut wie andere messen können. Daher konnte er relativ früh die dem Verhalten zugrunde liegenden Prinzipien entdecken, ohne selbst quantitative oder experimentelle Untersuchungen anstellen zu müssen. Lorenz' Hypothesen sind aber keineswegs rein qualitativer Natur, sondern enthalten durchaus quantitative Elemente und fordern die experimentelle Prüfung. Ich erinnere hier besonders an die von Lorenz gemeinsam mit seinem Schüler Alfred Seitz formulierte »Reiz-Summen-Regel«, an die Methode der »doppelten Quantifikation« und an das »Experiment mit Erfahrungsentzug«. Lorenz' Freunde und Mitstreiter für den Erfolg der Vergleichenden Verhaltensforschung, Niko Tinbergen und Erich von Holst, waren hervorragende Experimentatoren, und ihrer Mitarbeit verdanken wir wesentliche Entdeckungen betreffend die Taxien, die Bewegungsformen, und die Auslösemechanismen von Erbkoordinationen und betreffend das Wirkungsgefüge der Triebe. Schließlich darf ich nicht unerwähnt lassen, daß meine eigenen Bemühungen um die rigorose Quantifikation von Verhaltensweisen stets das Interesse von Konrad Lorenz gefunden haben und während meiner Lehrzeit von ihm besonders gefördert wurden.

Rote Kugel, blauer Würfel

Ich finde, daß eine Übertreibung des Gegensatzes zwischen qualitativer und quantitativer Analyse sinnlos ist und nur ablenkt von der Tatsache, daß beide Formen der Analyse im Alltag des Forschers abwechselnd angewandt werden und oft ineinander übergehen. Selbst in der Umgangssprache überlappen sich die Begriffe qualitativ und quantitativ, wenn sie zur Bezeichnung von Eigenschaften benutzt werden: Eine große, rote Kugel ist von einem kleinen, blauen Würfel durch drei qualitative Eigenschaften klar unterscheidbar, und wir sprechen von zwei Objekten unterschiedlicher Qualität. Wir können aber die genannten Eigenschaften quantitativ als Durchmesser (in cm), Farbe (dominante Wellenlänge des reflektierten Spektrums) und Rundheit (Grad der Annäherung der Querschnitte an die Form eines Kreises) beschreiben und zur Abgrenzung der beiden verschiedenen Objekte benutzen. Es steht uns aber auch frei, in einem anderen Bezugsrahmen die Qualitäten abstrakt und konkret zu wählen und die Kugel und den Würfel derselben Kategorie von konkreten Objekten zuzuordnen. Das heißt also, wir können in der qualitativen Beschreibung so tun, als ob wir auf quantitative Schätzungen verzichten könnten, aber in Wirklichkeit benutzen wir quantitative Schätzungen und Messungen unentwegt.

Hebel und Schrauben zur Bezwingung der Natur

Nun hilft es dem Verhaltensforscher, daß unser Wahrnehmungsapparat Ausgezeichnetes leistet, wenn es um Schätzungen geht, etwa die Raum-Zeit-Gestalt einer bestimmten Balzbewegung der Stockente von einer anderen zu unterscheiden, aber versagt, wenn es um genaue Messungen geht, etwa verlangt wird, die Höhe des Schnabels über der Wasseroberfläche zu einem bestimmten Zeitpunkt in Zentimetern anzugeben oder die Dauer der Balzbewegung in Sekunden. Selbst wenn wir uns nun mit den physikalischen und technischen Hilfsmitteln bewaffnen (Maßstab, Stoppuhr, Gummistiefeln oder Badehose), ist die Messung mit Schwierigkeiten verbunden. Der Stockerpel wird durch den Meßversuch von seinen Artgenossen abgelenkt, und der Aufwand an Mitteln und Zeit steht selten in einem annehmbaren Verhältnis zum Ergebnis, das mit Artefakten und oft auch mit einer erstaunlichen Variabilität der Meßwerte »behaftet« ist. Die Artefakte, die Störung des Versuchstieres, lassen sich vermeiden oder zumindest verringern, wenn wir die Messungen an einem geeigneten Protokoll, etwa an einer Filmaufzeichnung, vornehmen, die Höhe des Schnabels in Zentimetern der Projektionsleinwand und die Dauer in der Anzahl der Bilder angeben. Aber selbst wenn man solche Messungen mit größter Gewissenhaftigkeit ausführt, bleibt die Variabilität der Meßwerte erstaunlich groß, und man schloß daraus, daß die Behauptung, die einzelnen Balzbewegungen der Stockente seien scharf voneinander abzugrenzen, auf einer Illusion beruhe, oder aber, daß genaue Messungen in der Verhaltensforschung eben doch zu nichts führen:

»Geheimnißvoll am lichten Tag
Läßt sich Natur des Schleyers nicht berauben,
Und was sie deinem Geist nicht offenbaren mag,
Das zwingst du ihr nicht ab mit Hebeln und mit Schrauben.«

(Goethe)

Dieser Pessimismus war aber verfrüht. Der Mißerfolg lag nicht an der Methode des Messens, etwa zu hohe Anforderungen an die Genauigkeit gesetzt zu haben, sondern an der ungerechtfertigten Erwartung, daß biologische Meßwerte sich unter wissenschaftlich sauberen Versuchsbedingungen als Konstanten erweisen würden, wie wir es von der Mathematik, der Physik und der Chemie gewöhnt sind. Biologische Systeme sind um vieles komplexer als die Lehrbuchbeispiele der Physik und Chemie, das heißt, biologische Systeme sind aus vielen Einzelelementen zusammengesetzt, und diese Einzelelemente sind durch eine Vielzahl von Wechselbeziehungen miteinander verknüpft, wobei noch zu bedenken ist, daß die Größe der Einzelelemente, der Teilsysteme, ebenso variabel ist wie deren Anzahl.

Für den einzelnen Organismus ist diese Variabilität aber keineswegs von Nachteil, sie gibt ihm vielmehr die Chance, günstiger im Leben abzuschneiden als seine Eltern. Es liegt in der Natur der geschlechtlichen Fortpflanzung, daß die genetisch verankerten Merkmale der Eltern in verschiedenen Varianten neu kombiniert werden. Diese interindividuelle Variabilität, eine gewisse Variationsbreite, ist die Voraussetzung für die »natürliche Auslese«, welche die Anpassung der Arten an einen bestimmten Lebensraum möglich macht.

Nun variiert aber Verhalten auch bei ein und demselben Individuum, das heißt, eine bestimmte Verhaltensweise wird von einem Individuum nicht in identischer Form ausgeführt, selbst wenn die äußeren »Randbedingungen« und die innere Ausgangslage so konstant wie möglich gehalten werden. So ist jedes »ab-auf« in der Balz eines bestimmten Stockerpels etwas verschieden, jedes Krähen desselben Hahnes etwas anders, auch wenn es »seine persönliche Note« erkennen läßt. Diese »interindividuelle« Variabilität mag eine für das Überleben des einzelnen unbedeutende Konsequenz der Komplexität der biologischen Struktur und Dynamik sein, aber sie kann auch von Vorteil sein. Verhaltensweisen, welche eine Reaktion sind auf das Verhalten eines anderen Tieres, können in ihrer Intensität von der Intensität des Auslösers abhängen.

Solche Fälle wurden von Lorenz selbst mit seiner Methode der »doppelten Quantifikation« untersucht. Wird eine Verhaltensweise in bezug auf ein bestimmtes Objekt in der Umwelt ausgeführt, so ergibt sich eine gewisse Variabilität aus den von Augenblick zu Augenblick sich ändernden Lagebeziehungen zwischen Tier und Objekt. Die flexiblen, variablen Orientierungselemente einer Verhaltensweise wurden von Lorenz als »Taxiskomponenten« bezeichnet und gemeinsam mit Tinbergen an der Eirollbewegung der Graugans untersucht (Lorenz und Tinbergen 1938).

»SOS« – je ungewöhnlicher, desto besser

Im Falle von Signalbewegungen und Lautäußerungen hatte man zunächst erwartet, einen besonders hohen Grad der Stereotypie zu finden, weil ein bestimmtes Signal nur dann klar und unverwechselbar ist, wenn es von den anderen Signalen im Zeichenvorrat dieser Art eindeutig unterscheidbar ist.

Schon Darwin (1872) hat das Prinzip der »Antithese« formuliert: »Wird ein direkt entgegengesetzter Geisteszustand ausgelöst, so besteht eine starke und unwillkürliche Tendenz, eine Bewegung von direkt entgegengesetzter Natur auszuführen.« Diese Gegensätzlichkeit der Signalbewegungen, welche entgegengesetzte innere Zustände des Tieres verraten, verhindern Mißverständnisse, und daher müßte größere Variabilität zu einer Überlappung im Mittelbereich zwischen den beiden Extremen führen und die Eindeutigkeit der beiden Signale verringern.

Nun hat sich herausgestellt, daß viele Tiere viel schärfere Beobachter sind, als man ihnen zunächst zutrauen würde, und eine Vielzahl von Signalen unterscheiden können, nicht nur solche, die in ihrer Erscheinung gegensätzliche Merkmale aufweisen. Wenn aber das gleiche Signal in kurzen Intervallen wiederholt wird, so tritt auch auf für das Überleben höchst wichtige Signale, etwa Warnlaute, relativ schnell Gewöhnung ein, wenn nicht für eine gewisse Abwechslung gesorgt ist. Die Variabilität von Signalen kann daher als spezielle Anpassung zur Verhinderung der Gewöhnung aufgefaßt werden (Schleidt 1974).

Wenn nun Tiere auf eine bestimmte Bewegungsweise eindeutig reagieren können und der menschliche Beobachter die Bewegungsweise als Einheit erkennt, so muß man erwarten, daß diese Bewegungsweise durch meßbare Merkmale von anderen Bewegungsweisen unterschieden werden kann. Wo liegt der Fehler in unseren Messungen oder in unseren Überlegungen, der uns einen Widerspruch zwischen Beobachtung und Messung gibt? Wir haben übersehen, daß die »Gestaltwahrnehmung« des Tieres ebenso wie die des Verhaltensforschers nicht aus der Anforderung sich entwickelt hat, unter streng begrenzten Randbedingungen präzise Messungen anzustellen, sondern die Aufgabe hat, unter einer Vielzahl verschiedener Randbedingungen ein bestimmtes Objekt oder ein bestimmtes Ereignis zu entdecken und eindeutig zu erkennen.

Nun ist allgemein bekannt, daß die absoluten Meßwerte, welche an einem entfernten Objekt gemessen werden, zum Beispiel die Größe des Bildes auf der Mattscheibe einer Kamera, von der Entfernung des abgebildeten Objektes abhängen, daß aber die Proportionen der Teile weitgehend erhalten bleiben. Dementsprechend basiert die Gestaltwahrnehmung auf relativ präzisen Messungen von Teilen, wobei aber nicht die absoluten Meßwerte, sondern die Relationen zwischen bestimmten Werten als Merkmale dienen. Daher dürfen wir uns nicht mit der präzisen Messung von einzelnen Größen begnügen, sondern müssen anschließend untersuchen, welche Relationen als unterscheidende Merkmale geeignet sind. Solche Untersuchungen zeigen, daß sich Regeln aufstellen lassen, nach welchen Gesichtspunkten solche relativen Merkmale für die weiteren Berechnungen ausgewählt werden müssen (Schleidt 1982), und daß sich bei Anwendung dieser Merkmale einzelne Verhaltensweisen rechnerisch ebensogut voneinander abgrenzen lassen, wie es unsere Gestaltwahrnehmung kann.

So habe ich zum Beispiel mit meinen Studenten die Balzbewegungen des Stockerpels, wie sie in dem nunmehr klassischen Film von Lorenz (1952) dokumentiert sind, quantitativ analysiert. Wir haben entdeckt, daß die Relation zwischen zwei voneinander abhängig variierenden Merkmalen, nämlich Höhe des Kopfes und des Schwanzes über dem Wasserspiegel, sich bei den einzelnen Balzbewegungstypen in charakteristischer Weise verändert und jedem Typus eine ganz bestimmte »Signatur« dieser Raum-Zeit-Kurve entspricht (Finley, Ireton, Schleidt und Thompson 1983). Damit haben wir die bereits zitierte Forderung von Lorenz (1981a) erfüllt, nämlich die Merkmale gefunden, welche mit großer Wahrscheinlichkeit »in die Verrechnung eingegangen sind, welche die Gestaltwahrnehmung für uns vorgenommen hat«.

»Miau« – zwischen Mauzen und Jaulen

Dieser Erfolg der quantitativen Verhaltensforschung gibt uns einerseits neues Vertrauen in unsere Gestaltwahrnehmung »als Quelle wissenschaftlicher Erkenntnis« (Lorenz 1959) und eröffnet andererseits die Möglichkeit, die quantitative und qualitative Analyse über die Grenzen der menschlichen Sinnesleistungen hinweg voranzutreiben.

Unsere Wahrnehmung ist auf die Verarbeitung von Mustern spezialisiert, welche sich in den Umwelten unserer Vorfahren als bedeutsam erwiesen hatten. Die Wahrnehmung anderer Organismen ist sicher an ganz andere Muster in der Umwelt angepaßt, Muster, die zum Teil außerhalb des Bereiches der menschlichen Wahrnehmung liegen, wie etwa die Ultraschall-Laute von Mäusen, oder Muster, die für uns nicht auffallend sind und von nebensächlichen Merkmalen überdeckt werden. Hier ergibt sich ein Anwendungsgebiet für unsere »künstliche Gestaltwahrnehmung«, insbesondere für die Feinanalyse komplexer Verhaltensweisen.

Der erste Erfolg einer solchen Untersuchung war meiner Schülerin Pat McKinley (1982) beschieden, die in einer monumentalen Anstrengung die Lautäußerungen der Hauskatze analysierte und die konventionelle Klassifizierung mit den Ergebnissen verschiedenster Methoden der »Cluster-Analyse« verglich. Wie erhofft ergab sich für die meisten Lautäußerungen eine sehr gute Übereinstimmung, allerdings mit einer Ausnahme, welche uns viel Kopfzerbrechen bereitete: Von uns als »Miau« klassifizierte Laute wurden entweder dem *Mauzen* oder dem *Jaulen* zugeordnet, traten aber in keiner der Analysen als eigene Gruppe hervor. Das heißt also, einen eigenen »cluster« für »Miau« gibt es nicht. Zunächst vermuteten wir Fehler bei unseren Messungen oder statistischen Methoden. Dann entdeckte aber Pat McKinley, daß man das »Miau« als Zusammensetzung von zwei reinen Mustern, nämlich Mauzen *(»Mi-«)* und Jaulen *(»-au«)*, auffassen muß und die verschiedenen Miau-Formen verschiedenen Anteilen dieser beiden Komponenten entsprechen, aber Übergänge zwischen *Mauzen* und *Jaulen* nicht vorkommen. Das »Miau« ist also nicht, wie allgemein angenommen, als Lautäußerung dem Mauzen, Jaulen, Schnurren etc. zuzuordnen, sondern bildet eine eigene »Super-Gruppe«. Hier hat die quantitative Analyse die menschliche Gestaltwahrnehmung nicht nur in der Empfindlichkeit, sondern auch in der Objektivität der Aussage übertroffen!

Grau und Grau als Schwarz und Weiß

Ein wesentlicher Nachteil der menschlichen Gestaltwahrnehmung, wenn sie als wissenschaftliches Werkzeug eingesetzt werden soll, ist ihre Anpassungsfähigkeit an wechselnde Randbedingungen, welche oft zu Illusionen führt, zum Beispiel zu den bekannten »optischen Täuschungen«. Wenn wir nun der »künstlichen Gestaltwahrnehmung« die gleiche Anpassungsfähigkeit geben, so unterliegt auch sie den gleichen Illusionen.

Ein Photokopiergerät, welches den Kontrast zwischen Weiß und Schwarz im Übergangsbereich anhebt, produziert zwar gestochen scharfe Kopien von Schriftstücken, in denen die Linien der einzelnen Buchstaben klar hervortreten, aber Kopien von Holzschnitten bleiben in der Qualität weit hinter dem Original zurück, weil nämlich die schwarzen Flächen »einsinken«, nur an den Rändern dunkel sind, aber in der Mitte heller werden.

Wenn wir mit einem Tonbandgerät Sprache aufnehmen, so erweist sich die Benützung der Schaltung für automatische Lautstärkenkontrolle als überaus günstig, besonders wenn der Geräuschpegel der Umgebung hoch ist, aber für Musikaufnahmen ist diese Schaltung unbrauchbar, weil sie die Dynamik verflacht, verfälscht.

Wenn nun die »künstliche Gestaltwahrnehmung« für wissenschaftliche Untersuchungen eingesetzt wird, können wir den Effekt solcher der Anpassung dienenden »Schaltungen« in Evidenz halten, die absoluten Meßwerte, welche in der menschlichen Gestaltwahrnehmung nicht zum Bewußtsein gelangen, aufbewahren und für alternative Berechnungen verwenden. Und wenn die »künstliche Gestaltwahrnehmung« als Programm für eine elektronische Datenverarbeitungsanlage geschrieben wird, so ist gewährleistet, daß das Ergebnis der Analyse des

Datenkollektives, welches einer Beobachtung entspricht, reproduzierbar ist und daß andere Beobachtungen nach genau gleichen Kriterien analysiert werden. In anderen Worten, wenn die Regeln der Analyse festgelegt sind, so verringert sich die Gefahr, daß von Fall zu Fall verschiedene Regeln angewendet werden und so zu widersprüchlichen Ergebnissen führen.

Soll ich lachen? Soll ich weinen?

Die Objektivität der »künstlichen Gestaltwahrnehmung«, die »Unbestechlichkeit«, wenn man so sagen will, macht dieses Werkzeug, diese Methode, besonders interessant für die Analyse von Problemen, welche die menschliche Gestaltwahrnehmung nicht zu lösen vermochte oder die beim Einsatz der menschlichen Gestaltwahrnehmung zu widersprüchlichen Ergebnissen geführt haben. Ich sehe als ein besonders interessantes Feld für die Anwendung der »künstlichen Gestaltwahrnehmung« die menschliche Körpersprache und menschliches Verhalten im allgemeinen. Wir haben zwar alle dieses Idiom zu beherrschen und zu interpretieren gelernt, haben aber, wohl weil es nicht mit dem Begriffssystem unserer verbalen Sprache streng koordiniert ist, keinen bewußten Zugang zu den natürlichen Einheiten und haben diese Einheiten nicht mit festen Begriffen belegt.

So blieb bis heute unerforscht, worin die Grundelemente menschlichen Verhaltens bestehen, und wir behelfen uns mit vagen und mißverständlichen Annahmen. Selbstverständlich weiß jeder Mensch, was Lachen ist und Weinen, wie ein freundliches Gesicht aussieht und ein trauriges. Wir können den Ausdruck in einer Skizze, in einer Karikatur festhalten. Aber wir haben nicht beachtet, daß der menschliche Gesichtsausdruck aus Veränderungen über der Zeit zusammengesetzt ist und ein Lächeln, ein Anflug der Traurigkeit, der Ausdruck der Wut, des Schmerzes oder der Lust nicht unverändert über eine gewisse Zeitspanne hinweg beibehalten wird, sondern daß jeder Ausdrucksbewegung eine »innere« Veränderung zugrunde liegt, sich das Gesicht fortlaufend verändert. Wir müssen also annehmen, daß die wissenschaftliche Beschreibung von menschlichem Gesichtsausdruck die »Melodie« der Bewegung wiedergeben muß, ganz entsprechend der Beschreibung der Balzbewegungen der Stockente, als Prozeß, als Kurve in der Zeit.

Die Wichtigkeit der Dynamik des menschlichen Gesichtsausdruckes ist dem Psychiater selbstverständlich und wurde schon vor Jahren von Professor Heimann (1966) durch Messungen bestätigt, aber in der Psychologie begnügt man sich bis zum heutigen Tag mit der Klassifizierung von momentanen Zuständen. Ich habe vor einigen Jahren nun selbst damit begonnen, menschliche Gesichtsausdrucksbewegungen unter Verwendung von »künstlicher Gestaltwahrnehmung« zu analysieren, und charakteristische Teilstücke von Bewegungsmelodien entdeckt. Hier scheint sich also ein besonders interessantes und wichtiges Anwendungsgebiet für die »künstliche Gestaltwahrnehmung« zu öffnen.

Künstliches Denken, künstliches Wahrnehmen

Zum Abschluß meiner Überlegungen zur quantitativen Verhaltensforschung möchte ich darauf hinweisen, daß die »künstliche Gestaltwahrnehmung« als Methode von mir hervorgehoben wurde, weil sie besonders eng mit dem Lorenzschen Ansatz einer »Naturgeschichte menschlichen Erkennens« verbunden ist. Darüber hinaus steht eine Fülle von statistischen Methoden zur Verfügung, Methoden, von welchen wir nicht wissen, ob oder in welchem Maße sie in der menschlichen Wahrnehmung eine Rolle spielen. Ich muß hier auch den Bereich der »künstlichen Intelligenz« erwähnen, ein junger Zweig der Informatik, der sich an der »klassischen« Lernpsychologie orientiert und Modelle von Erkennungsprozessen zu erarbeiten sucht. Solche Modelle können ebenso zur quantitativen Analyse des Verhaltens eingesetzt werden wie die der »künstlichen Wahrnehmung«. Es ist interessant zu beobachten, wie im Zusammenhang mit der Möglichkeit, ratiomorphe und rationale Prozesse in Computer-Programmen nachzubilden, fundamentale Probleme der Erkenntnistheorie neu aufgeworfen und neu formuliert werden. Die in der Informatik bereits bewährten Methoden der Musterentdeckung und Musterklassifikation bieten sich geradezu an, in einer rigorosen Beschreibung unserer Umwelt Anwendung zu finden, eine biologische Ontologie als Wissenschaft der existierenden Objekte zu begründen.

Das Experiment und seine Rolle in der Erkenntnisfindung werden in ähnlicher Weise mißverstanden wie die quantitative Analyse, und zwar nicht nur vom Laien, sondern auch von unseren Kollegen in den »harten Naturwissenschaften«. Ich erinnere hier an die von Lorenz (1973c) zitierte »Warnung« eines Gutachters der Deutschen Forschungsgemeinschaft, nämlich, »daß die Untersuchung nicht ins Deskriptive abgleitet«. Astronomie und Astrophysik sind durchaus ernst zu nehmende Naturwissenschaften, denen das Experimentieren prinzipiell (oder zumindest bis auf weiteres) verwehrt ist, und daher sind sie in ihrer Theorienbildung ausschließlich auf Beobachtungen angewiesen und auf reine Beschreibung. Auch wird gelegentlich vergessen, daß auch das Experiment letztlich von der Beobachtung Gebrauch macht. Auch der Registrierstreifen, auf dem der Verlauf eines komplexen Experiments aufgezeichnet ist, ist Beschreibung, ebenso wie die Photographie von Teilchen in der Blasenkammer eines Zyklotrons.

Der wesentliche Vorteil des Experimentes gegenüber der Zufallsbeobachtung ist, daß die Ausgangsbedingungen des Systems und die Randbedingungen der Umwelt in engen Grenzen konstant gehalten werden können und gleiche Experimente uns ein statistisches Maß für die Wahrscheinlichkeit eines bestimmten Ergebnisses zu berechnen gestatten. Aber mit Geduld kann man auch Beobachtungen, welche gleiche Ausgangsbedingungen und Randbedingungen haben, ansammeln und die Ergebnisse zur Induktionsbasis für Theorien machen, wie es in der Astrophysik praktiziert wird. So könnte man also das Experiment als die Beobachtung des ungeduldigen, übergenauen und nicht zuletzt reichen Forschers karikieren.

Im Experiment steckt aber mehr als Zeitgewinn, Genauigkeit und die Notwendigkeit für kostspieliges Gerät. Man kann experimentelle Situationen herbeiführen, welche unter natürlichen Bedingungen so selten sind, daß Warten ebenfalls kostspielig wird, oder aber Situationen schaffen, welche zwar völlig unnatürlich sind, aber auf Grund bestimmter theoretischer Überlegungen ein bestimmtes Ergebnis erwarten lassen. Bleibt das vorausgesagte Ergebnis aus, so hat sich die Hypothese als falsch erwiesen, nach der Popperschen Methode der »Falsifikation«, und ist daher zu verwerfen. Trifft dagegen die Voraussage zu, hat die Hypothese den Versuch der Falsifikation heil überstanden, so ist man sich ihrer etwas sicherer geworden, und wenn eine bestimmte Hypothese vielen Versuchen der Falsifikation widerstanden hat, so wird ihr Inhalt zu einer allgemein anerkannten Annahme oder, wie man in der Umgangssprache es ausdrückt, zur »wissenschaftlichen Tatsache«.

Das Experiment bietet uns daher eine wertvolle Möglichkeit, unsere Theorien weiterzuentwickeln, Widersprüche aufzudecken und Zusammenhänge von verschiedenen Seiten zu beleuchten. Dies ist besonders wichtig, wenn es um komplexe Zusammenhänge geht, um Theorien, welche eine Anzahl von Teilhypothesen umfassen, wie dies in der Biologie und insbesondere in der Vergleichenden Verhaltensforschung der Fall ist. Da aber gerade die in der Natur nicht vorkommende Situation besonders dazu reizt, im Experiment geschaffen zu werden, besteht die Gefahr, daß die unnatürliche Ausgangslage des Tieres, oder die unnatürlichen Randbedingungen der Umwelt, zu einem Ergebnis führen, welches eine Hypothese nur scheinbar falsifiziert.

Angeborenes Nest, erlerntes Nest

Ich erinnere hier, als Beispiel, an das »Experiment mit Erfahrungsentzug« (Lorenz 1961, 1978a, 1981a), das von B. Riess (1954) zur Prüfung der Hypothese ausgeführt wurde, daß das Nestbauverhalten der Ratte gelernt ist und nicht angeboren. Riess fand, daß erfahrungslose Rattenweibchen in einer bestimmten, vereinfachten Laboratoriumssituation zwar mit dem Nestmaterial hantierten, aber nicht imstande waren, ein Nest zu bauen, wie es erfahrene Rattenweibchen taten. Daher war er zu dem Schluß berechtigt, daß der Nestbau des Rattenweibchens gelernt ist. Es war ihm nicht gelungen, seine Hypothese zu falsifizieren. Eibl-Eibesfeldt hatte vordem aus verschiedenen Beobachtungen geschlossen, daß die Bewegungen des Nestbaues der Ratte Erbkoordinationen sind, also angeboren sind, und wiederholte die Riessschen Versuche unter den verschiedensten Randbedingungen (Eibl-Eibesfeldt 1958). Diese Experimente zeigten, daß Lernen insofern eine Rolle spielt, als die Ratte zunächst den Käfig kennen muß, in dem sie das Nest baut, und einen bestimmten Ort für das Nest wählen muß. Wenn man der im Nestbau noch unerfahrenen Ratte diese Entscheidung erleichtert, indem man eine Ecke des Käfigs etwas abschirmt und damit zum klar bevorzugten Nestbauplatz macht, baut auch die unerfahrene Ratte ihr Nest, wie es die erfahrene tut.

Dies heißt also, daß die einzelnen Elemente des Nestbauverhaltens, die Erbkoordinationen und Auslösemechanismen, des Lernens nicht bedürfen, also angeboren sind, daß aber in einer künstlichen Situation, wenn nämlich die Merkmale eines geeigneten Nestplatzes fehlen oder zu schwach ausgeprägt sind, die Ratte lernen kann, einen bestimmten Platz wiederzufinden. Riess hatte also richtig geschlossen: In seinem Experiment war Lernen notwendig.

Dieser Schlagabtausch zwischen den Verfechtern des Angeborenen und des Gelernten zeigt, daß das Experiment hervorragend geeignet ist, komplexe Probleme zu lösen, die Bedingungen, unter denen eine bestimmte Hypothese vertretbar ist, abzuklären und die wesentlichen Randbedingungen aufzufinden.

Wegwerf-Versuchstiere?

Eine wesentliche Einschränkung der Experimentierfreude des Verhaltensforschers ergibt sich jedoch aus der Kostbarkeit der Versuchstiere, nicht nur im Falle von seltenen oder teuren Tierarten, sondern ganz allgemein aus ethischen Beweggründen, wenn nämlich die Überlebenschancen durch das Experiment verringert werden. Wenn Versuchstiere auf dem Altar des wissenschaftlichen Fortschrittes geopfert werden, so muß dieser Verlust durch den Zuwachs an Erkenntnis gerechtfertigt sein. Was tut man mit einem handaufgezogenen, menschengeprägten Vogel, der für den Rest seines Lebens sich mit einem Menschen paaren möchte und seinen Artgenossen verschmäht? Was tut man mit den Hunderten, Tausenden Entenküken, nachdem man getestet hat, welche Merkmale des Prägungsobjektes nach ein paar Tagen noch die Nachfolgereaktion ausgelöst hatten? Wenn, im Falle von domestizierten Tieren, man sich Versuchstiere von einem Züchter ausborgen kann, sie nach dem Experiment dem Zyklus der Fleisch- oder Eierproduktion wiederzuführen kann, so ist dagegen nichts einzuwenden. Sie aber nach geglücktem Versuch umzubringen widerstrebt mir.

Ich möchte hier auf die Ethik des Tierexperimentes nicht näher eingehen, aber doch darauf hinweisen, daß man durch sorgfältige Vorbereitungen, insbesondere durch die Beobachtung des Tieres in seiner natürlichen Umwelt nicht nur zu einer klareren Fragestellung kommen kann, sondern auch Versuchstiere einsparen kann.

Truthuhn und Raubvogel – wie man sich irren kann

Als Beispiel möchte ich hier an die verschiedenen Untersuchungen erinnern, die zur Klärung des Problemes der Erkennung von Raubvögeln angestellt wurden: Es begann damit, daß Lorenz (1939) und Tinbergen, angeregt durch orientierende Versuche von Friedrich Goethe (1937), in Altenberg an dem dort versammelten Geflügel Beobachtungen über die Reaktionen auf fliegende Raubvögel sammelten und schließlich versuchten, mit Silhouetten verschiedener Form die Unterscheidungsfähigkeit verschiedener Tierarten experimentell zu untersuchen. Dabei stellte sich heraus, daß Truthühner nur auf Silhouetten reagierten, welche einen kurzen Hals und langen Schwanz hatten, aber die Reaktion ausblieb, wenn dieselbe Attrappe in verkehrter Richtung über den Himmel gezogen wurde, also der lange Fortsatz als Hals und der kurze als Schwanz erschien. Dieses Ergebnis wurde später von Tinbergen (1948) als Beispiel für den gestalthaften Charakter von auslösenden Reiz-Konfigurationen und als Beispiel für einen komplexen »Angeborenen Auslösemechanismus« schlechthin präsentiert.

Spätere Experimente verschiedener Forscher an Küken von Hühnern, Fasanen und Stockenten konnten jedoch Tinbergens Annahme nicht bestätigen, und ich entschloß mich daher, die Lorenz-Tinbergenschen Raubvogel-Attrappen-Versuche an Truthühnern zu wiederholen. Wir begannen damit, Beobachtungen von Reaktionen unserer Truthühner auf die unter natürlichen Bedingungen erscheinenden fliegenden Objekte zu sammeln und zu analysieren. Wir notierten nicht nur die »Qualität« der auslösenden Objekte, die Art und Gattung des Raubvogels oder Type eines Flugzeuges oder Ballones, und die Qualität der ausgelösten Reaktionen, also Sichern, Warnlaut, Flucht etc., sondern versuchten auch, so gut es ohne großen Aufwand möglich war, die »Quantitäten« mit annähernder Genauigkeit zu schätzen und zu messen. Besonders interessant erschien mir Flughöhe und Geschwindigkeit der Objekte, aus denen ich die relative Größe und die relative Geschwindigkeit (in Durchmesser des Objektes pro Sekunde) errechnen konnte. Auch die Zeitintervalle zwischen dem Erscheinen solcher Objekte und zwischen verschieden starken Reaktionen wurden erfaßt, unter der (wie sich später herausstellte, richtigen) Annahme, daß die Methode der »doppelten Quantifikation« in den späteren Versuchen berücksichtigt werden müßte. Der Vergleich der quantitativen Randbedingungen der natürlichen Situation mit jenen der veröffentlichten Experimente zeigte, daß nur in den Lorenz-Tinbergenschen Versuchen die auslösenden Objekte so gewählt worden waren, daß sie den natürlichen Bedingungen entsprachen, die anderen Forscher (Experimentalpsychologen ebenso wie Naturforscher) jedoch in ihren Versuchen die Attrappen zu nahe gezeigt, zu kurz präsentiert und die Versuche in zu kurzen Abständen wiederholt hatten.

Lorenz und Tinbergen hatten »instinktiv« die richtigen Parameter für ihre Experimente gewählt, und die anderen Forscher hatten sich so tüchtig verschätzt, daß ihre Ergebnisse wertlos sind, zumindest als Nachprüfung der Lorenz-Tinbergenschen Ergebnisse. Unsere eigenen Experimente, die sich eng an die natürliche Situation anlehnten, aber, im Gegensatz zu den Versuchen von Lorenz und Tinbergen, mit fliegenden Objekten noch unerfahrene Truthühner untersuchten, ergaben schon mit relativ wenigen Versuchstieren schlüssige Ergebnisse (Schleidt 1961a, 1961b), nämlich, daß zunächst nur die absolute Größe und die relative Geschwindigkeit des Objektes bedeutsam sind und Gestaltmerkmale erst durch einen selektiven Gewöhnungsprozeß wirksam werden.

Um vier Dezimalstellen schneller zur Wahrheit

Dieses Beispiel illustriert aber nicht nur die Wichtigkeit der qualitativen und quantitativen Beschreibung als Voraussetzung für das Experiment, es zeigt auch, wie über einen Zeitraum von mehr als zwanzig Jahren naturalistische Beobachtung und Experiment in bunter Folge wechseln und durchaus opportunistisch eingesetzt wurden, je nachdem, welche Methode zielführend erschien. Meine Hypothese, daß nämlich die Fähigkeit der Formunterscheidung auf einer selektiven Gewöhnung beruht und nicht, wie ursprünglich angenommen, auf einem »angeborenen Auslösemechanismus«, hatte sich aus der kritischen Sichtung von Zufallsbeobachtungen ergeben, und es gelang uns nicht, sie durch zusätzliche, systematische Beobachtungen zu falsifizieren. Das »kritische Experiment« war für mich ein letzter Versuch der Falsifikation, bevor ich das Interesse an diesem Problem verloren habe.

Ich kann in der quantitativen Beschreibung oder im Experiment keine Form der »Wahrheitsfindung« entdecken, die der qualitativen Beschreibung aus prinzipiellen Gründen überlegen ist, wohl aber das Potential für eine günstigere Nutzung von Versuchstieren und/oder wissenschaftlicher Arbeitszeit. Insbesondere die Aufzeichnung von systematischen Beobachtungen oder von Experimenten kann zu einer besseren Ausnutzung des Materials und Einsparung von Zeit bei der Analyse beitragen. Durch den Einsatz elektronischer Datenverarbeitungsanlagen wird es möglich, die Datenanalyse nahezu gleichzeitig mit der Beobachtung auszuführen, während bisher die Umständlichkeit solcher Analysen die allgemeine Anwendung behinderte. So benötigte ich zum Beispiel bei meinen ersten Vorstudien zur quantitativen Analyse menschlicher Gesichtsausdrucksbewegungen mehrere Minuten, um ein einzelnes Bild in einer Bildfolge auszumessen, während bei Einsatz von Digitalisierungstablett und Rechner die gleiche Informationsmenge in etwa sechzig Sekunden abgespeichert war. In einer neuen Anlage zur Analyse von Gesichtsbewegungen, von H. Heimann, Tübingen, für die speziellen Anforderungen der psychiatrischen Diagnostik entworfen, kann die gleiche Informationsmenge in zwanzig Millisekunden erfaßt und abgespeichert werden. Diese dramatische Beschleunigung der quantitativen Beschreibung um das Zehntausendfache bringt nicht nur die Möglichkeit, Teilaspekte des Verhaltens zu analysieren, welche bisher verschlossen waren, weil es viel zu aufwendig war, die Rohdaten zu erfassen, sondern wir können nun auch von der neuen Möglichkeit Gebrauch machen, komplexes Verhalten in Echtzeit zu messen und zu analysieren.

Wie schon früher erwähnt sind wir nun in der Lage, relativ allgemein formulierte Programme zur Entdeckung und Klassifizierung von Verhaltensmustern zu schreiben, und können somit die Funktion menschlicher Gestaltwahrnehmung in relativ übersichtlicher Form am Rechner nachbilden. Der Zeitaufwand solcher Analysen liegt in der gleichen Größenordnung wie der für die Speicherung der Rohdaten benötigte, und daher besteht die durchaus realistische Möglichkeit, für die Analyse von optischen Verhaltensmustern spezialisierte Datenverarbeitungsanlage aufzubauen, welche aus dem Raum-Zeit-Muster eines Fernsehbildes die für das Muster wesentlichen Elemente auswählt, mit der eingespeicherten Information vergleicht und einer bereits bestehenden Klasse zuweist oder als neue »Entdeckung« zum Zentralwert einer neuen Klasse macht. Eine solche »Mustererkennungsanlage« würde für den Ethologen völlig neue Möglichkeiten der Analyse von Zeitstrukturen des Verhaltens eröffnen, ein neues Werkzeug schaffen, das diesen Wissenschaftsbereich in ähnlicher Weise revolutionieren könnte, wie vor Jahrhunderten die Erfindung des Fernrohres und des Mikroskopes die Erforschung ferner oder kleiner Strukturen erstmals möglich machte.

Diese neuen Möglichkeiten der quantitativen und experimentellen Ethologie stehen aber keineswegs im Gegensatz zur qualitativen Beobachtung und Beschreibung, sondern sind deren logische Ergänzung, entwickelt nach den von Konrad Lorenz aufgezeigten Prinzipien der »Gestaltwahrnehmung als Quelle wissenschaftlicher Erkenntnis«.

Diskussion*

K: Heute ging es um Einsichten, die uns die Verhaltensforschung über die Ganzheit des Lebens, also bezüglich der Frage, was Mensch und Tier verbindet, und über die Ganzheit der Menschheit, also bezüglich der Frage, was Mensch und Mensch verbindet, geliefert hat. Beginnen wir mit dem Tier-Mensch-Verhältnis. Herr Professor Festetics, Sie haben das Wort.

F: Konrad Lorenz und wir in seiner Folge wehren uns gegen Aussagen wie »die Tiere« und »die Menschen«. Wir sagen »die Tiere« und »der Mensch«. Der Unterschied zwischen einem Regenwurm und einem Schimpansen ist größer als der zwischen einem Schimpansen und einem Menschen. Diese Tatsache wird bemerkenswerterweise im morphologischen und physiologischen Vergleich allgemein toleriert. Ratten, Meerschweinchen sind ja unsere Stellvertreter im Pharmaversuch – das neue Medikament wird zunächst an Ratten ausprobiert und erst dann an Menschen. Im Bereich der Seele, für das Verhalten, für die Psychologie ist das jedoch keineswegs selbstverständlich. Konrad Lorenz hat nun, zu einer Zeit, als man in den sogenannten »gebildeten Kreisen« noch über Tiere kaum vernünftig gesprochen hat, diese »salonfähig« gemacht. Der Vorwurf, er mache aus dem Menschen eine Graugans, ist leicht zu entkräften. Jene, die diesen Vorwurf erheben, kennen den Unterschied zwischen Homologie und Analogie nicht.

* E = Eibl-Eibesfeldt
  F = Festetics
  K = Kreuzer
  L = Lötsch
  Sch = Schleidt

Homolog – analog; Daumen – Zehe; Vogelflügel – Fliegenflügel

K: Das müssen Sie kurz erklären: Homologie – Analogie . . .

F: Homolog sind Organe, die gleichwertig, gleicher historischer Herkunft sind . . .

K: Also unser Daumen kommt von einer »Zehe« . . .

F: Unsere Hand ist *homolog* mit dem Flügel der Schwalbe, aber der Flügel der Schwalbe ist *nicht homolog* mit dem Flügel der Heuschrecke . . .

K: Die sind *analog* . . .

F: Ja, *analog* . . .

K: Dienen demselben Zweck, sind offensichtlich von der Natur mit denselben Voraussetzungen herausgefordert worden, haben aber völlig unabhängige Ursprünge.

F: Ganz richtig. Völlig verschiedene Herkünfte . . .

K: Tarnfarben bei Fischen und Insekten sind *analog* in diesem Sinn, nicht *homolog*. Keiner hat von anderen »abgeschaut«.

F: In einem Autosalon sieht man verschiedene Autotypen. Der VW-Käfer und der VW-Bus sind äußerlich sehr verschieden, aber im Motor sind sie sozusagen *homolog*. Der VW-Bus und der Ford-Bus sind äußerlich sehr ähnlich, innerlich aber ziemlich verschieden. Die könnte man als *analog* bezeichnen.

K: Sie kommen aus einer anderen Fabrik.

F: Ja, aber in der Funktion sind sie natürlich ähnlich.

K: Die Funktion ist die Triebkraft der Gestaltung.

F: Durch den Umweltdruck ausgeformt.

K: Aber das bedeutet: Den Menschen verbindet mit dem Tier beides: Erstens Homologien. Sein Schädel hat sich aus dem Affenschädel entwickelt . . .

F: Richtig. Und da kommt der Vorwurf: Warum beschäftigt sich die Ethologie, wenn sie Vergleiche anstellt, nicht mit Nächstverwandten? Warum nicht mit dem Schimpansen, dem Gorilla, dem Orang? Warum interessiert uns die Graugans, die mit uns sehr weit verwandt ist? – Das hat zwei Gründe: erstens, weil Konrad Lorenz und in der Folge auch seine Mitarbeiter zu Recht gesagt haben: Wir brauchen zunächst relativ einfache Systeme. Da müssen wir anfangen, Begriffe zu klären. Und zum anderen ist es besser, wenn man einen weitverwandten einfacheren Organismus untersucht, denn bei diesem treten funktionsbe-

dingte Gesetzmäßigkeiten viel klarer zutage. Deshalb eignet sich die
Graugans beispielsweise zum Vergleich des Sozial- und Familienlebens
sogar besser als ein Affe – wenn man nicht aus dem Auge verliert, daß
es sich dabei um *Analogie* handelt.

Hier hat sich allerdings in die ethologische Küchensprache ein Fehler
eingeschlichen: Wir verwenden keine Gänsefüßchen, und das verleitet
den Außenstehenden zur Verwechslung von Analogien mit Homologien.

Ist der Froschkönig ein mißglückter Prinz?

K: Was herausgekommen ist, ist natürlich, daß etwas Wesentliches Tier
und Mensch verbindet. Das Tier ist aber kein mißglückter Mensch; und
der Mensch ist nicht ein perfektioniertes Tier.

F: Genau! Gerade wenn wir Tiere besser kennen, können wir auch
die Einzigartigkeit des Menschen und diesen großen Evolutionssprung
besser verstehen.

K: Also das Tier ist kein verpatzter Mensch, wie im Märchen vom
Froschkönig: Man muß den Frosch an die Wand werfen, dann wird
endlich ein Prinz daraus. Er hätte eigentlich einer sein sollen, er ist nur
verpatzt worden und unglückseligerweise ein Frosch geworden . . .

F: Man kann sagen: In der Evolution war und ist nichts gerichtet.
Manfred Eigen hat den treffenden Satz geprägt: Nicht der Mensch hat
das Spiel, sondern das Spiel hat den Menschen erfunden.

Woher kommen die Lochstreifen?

K: Herr Professor Eibl-Eibesfeldt: Sie haben nicht über Tier und
Mensch, sondern über Mensch und Mensch referiert. Was keinen prinzipiellen Unterschied macht . . .

E: Wir wissen ja, daß wir uns so wie andere Organismen in voraus-
sagbarer Weise verhalten. Wir sind mit abrufbaren Verhaltensprogrammen ausgerüstet. Sonst wäre ja jede Verständigung ausgeschlossen. Und mich interessiert vor allem die Frage: Woher kommen diese
Programme? Wie wurde der Mensch programmiert? Stecken da in diesem Computer, um die moderne Sprache zu verwenden, schon einige

Lochstreifen, oder wird das alles durch Erziehung eingespeist? Und: Wie alt sind die verschiedenen Programme?

Wir können beim Verhalten einerseits – da hat ja Lorenz die Begriffe geklärt – von stammesgeschichtlichen Anpassungen sprechen. Manche Anpassungen sind sehr alt, und diese teilen wir mit den uns näheren Verwandten. Wir können also *Homologien*, echte Verwandtschaftsähnlichkeiten, etwa bei Schimpansen in den Ausdrucksbewegungen feststellen – das Mund-offen-Gesicht und andere Ausdrucksbewegungen, aus denen dann das Lachen und Lächeln hervorgegangen sind, finden wir schon bei den Schimpansen. Dann gibt es aber auch stammesgeschichtliche Anpassungen, die typisch menschlich sind. Alle Anpassungen, die wir im Dienste des Spracherwerbs und überhaupt des Sprechens im Laufe der Stammesgeschichte erworben haben, die uns also angeboren sind, so wie der Kehlkopf und die nötigen Neuralstrukturen zu seiner Betätigung, sind stammesgeschichtliche Anpassungen, die ganz spezifisch menschlich sind.

K: Man kann den Menschen vom Tier *herleiten*, aber ihn nicht auf das Tier *zurückführen*.

E: Ja, das hat Lorenz immer wieder gesagt, das hat er immer wieder betont. Und das kam ja auch in den verschiedenen Diskussionen zur Sprache. Es ist zwar alles Tier im Menschen, aber nicht aller Mensch im Tier. Das sagt ja auch ein altes chinesisches Sprichwort... Es gibt stammesgeschichtliche Anpassungen, Angeborenes, um es verständlich auszudrücken, das auf altem Erbe beruht, und Angeborenes, das ebenfalls genetisch transcodiert ist, das aber auf spezifisch menschliches Erbe deutet.

K: Angeboren und angeboren ist also nicht dasselbe.

Ein Augengruß – und alle Menschen werden Brüder

E: Wir haben in unserer kulturvergleichenden Arbeit gefunden, daß wir Menschen offenbar vom Verhalten her noch *eine* Art geblieben sind, das heißt bis in die Details unserer Ausdrucksbewegungen. Wenn wir uns noch einmal an den Augengruß erinnern: Dieses freundliche, schnelle Heben der Augenbrauen, das Zuwendung ausdrückt – das finden Sie in allen Kulturen, und zwar bis ins Detail. Papuas grüßen Sie so, und ihr Verhalten ist eingebettet in einen ganzen Ablauf, der unserem gleicht: Sie heben den Kopf vorher kurz hoch, dann breitet sich ein Lächeln aus, anschließend nicken sie. Solche interessanten Einzelheiten bis ins Detail des Ausdrucks finden Sie in allen Kulturen . . .

K: Also in bezug auf den Augengruß sind die Menschen verwandter als etwa in bezug auf die Hautfarbe.

E: Durchaus, ja.

K: Verhaltensmäßig sind sie mehr *eine* Menschheit, als sie es »äußerlich« sind . . .

E: Offenbar sind Verhaltensweisen konservativer, beziehungsweise die Auseinanderentwicklung geht kulturell schneller vor sich. Eriksen hat ja darum auch von einer kulturellen Pseudo-Speziation gesprochen. Wir schließen uns kulturell in Kleingruppen ab, die sich dann von den Nachbargruppen in Dialekteigentümlichkeiten, Eigentümlichkeiten der Kleidung und der Sitten absetzen und die auch das jeweils andere ablehnen. Das hat die Evolution des Menschen sicher rasch vorangetrieben. So muß man es auch verstehen.

Keine Kulturumkehr, aber eine eigene »Kinderkultur«

K: Das Gemeinsame aber, also Ihr eigentliches Gebiet, ist dennoch vorherrschend. Denken wir an die Mutterliebe . . .

E: Man hat verschiedentlich darauf hingewiesen, daß die Mutter eigentlich nicht so notwendig wäre, es gäbe Kulturen, in denen das Kind vom Kollektiv sozialisiert wird. Margaret Mead hat zum Beispiel über die samoanischen Kinder geschrieben, daß sie keine ausgezeichnete Mutter-Kind-Bindung hätten, sondern jedermann etwa gleich gern hätten. Ich war zufällig auf Samoa bei Derek Freeman, dessen Buch jetzt auf Deutsch herauskommt. Und der hat mir diesen Satz vorgelesen und hat noch gesagt: Und jetzt paß auf, was passiert. Und siehe da, eine Mutter schreitet zum Strand, will in ihr Boot steigen, um wegzufahren, und zwei ältere Kinder halten ein schreiendes Kleinkind zurück, das der Mutter folgen will – so wie bei uns. Also intensiver *Trennungsschmerz*. Die weitere Untersuchung hat dann ergeben, auch in dieser Kultur kann nicht davon die Rede sein, daß das Kind auf das Kollektiv sozialisiert ist. Das Kind hat eine ausgezeichnete Mutter-Kind-Beziehung, auch Vater-Kind-Beziehung. Darüber hinaus ist es allerdings in ein differenzierteres und reicheres soziales Beziehungsnetz eingebettet als in unserer Kultur. In unserer Kultur lebt ja das Kind bestenfalls mit Geschwistern oder dann in Kindergartengruppen mit etwa Gleichaltrigen zusammen, während es bei vielen Naturvölkern oder auch noch in der bäuerlichen Kultur vom Kleinkind-Alter an in eine Kinder-Spielgruppe eingebettet ist, die Kinder verschiedenen Alters und Geschlechts umfaßt, wobei die Älteren die Jüngeren unterweisen, trösten, Streit schlichten, Spiele initiieren und interessanterweise das, was man die Kinderkultur nennt, tradieren. Denn die ganzen diversen Reime, Spiele und so weiter, die werden in der Kindergruppe weitergegeben. Uns Erwachsenen sind ja diese Auszählverse viel zu blöd, die haben wir schon längst vergessen. Die Kinder tradieren das weiter, und mit dem Verlust der gemischtaltrigen und gemischt-geschlechtlichen Kinder-Spielgruppe verliert das Kind viel, nämlich seine eigene Kinderkultur.

Sehen, was man sehen will

K: Zurück zu Margaret Mead. Ist eigentlich so ziemlich alles ungenau oder falsch, was sie festgestellt hat? Neuerdings hört man ja, die Aggressionslosigkeit gewisser Primitivkulturen, die sie gefunden zu haben glaubte, stimme auch nicht . . .

E: Vor allem stimmt nicht der Zusammenhang, den sie vermutet hat. Sie sagt zum Beispiel, daß die Arapesh so friedlich und freundlich seien, weil die Mütter ihre Kinder dauernd am Körper halten und ihnen Körperwärme bieten, während die Mundugumur – die sind auch auf Neuguinea – kriegerisch werden, weil die Mütter die Kinder abstellen, nur zu bestimmten Zeiten stillen und grob mit ihnen umgehen. Das ist zunächst einmal gar nicht belegt, sie hat gar keine quantitativen Daten, sie schildert nur ihren Eindruck.

Der Zusammenhang ist nicht so einfach. Wenn ich einen geliebten Vater habe, dann nehme ich ihn als Modell, ganz gleich, ob er Pazifist oder Krieger ist. So geht das. Wenn ich also meine Eltern liebe, weil sie sich mir zuwenden, übernehme ich das, was die Kultur vorschreibt.

K: Margaret Mead hat sicher nicht fälschen wollen; ihr hat aber offenbar das Instrumentarium der Verhaltensforschung gefehlt.

E: Ich würde folgendes sagen: Sie ist mit einem starken *Vorurteil* dorthin gegangen. Sie hat ja an diesen kulturellen Relativismus geglaubt. Ihr Dogma, etwa die Geschlechtsrollen betreffend, war: Diese werden aufgeprägt von der Kultur, so wie die Kleider, die man trägt. Und sie wollte eigentlich diese Modellkulturen finden. Das Pech war, daß das in die Ideologie der Zeit paßte. Als sie zurückkam und solches berichtete, hat man ihr applaudiert. Und damit konnte sie gar nicht mehr aus. Sie hat zum Beispiel später ein sehr interessantes Buch über die Geschlechtsrollen geschrieben. In diesem Buch stellt sie praktisch fest, daß offenbar doch deutliche Unterschiede da sind und daß vor allem der Mann in der amerikanischen modernen Gesellschaft gar nicht mehr seiner Natur adäquat leben kann, weil er am Schreibtisch hockt und nicht jagt und kämpft und so fort. Das wurde aber nie zitiert. Es wird immer das zitiert, was in die Ideologie des kulturellen Relativismus paßt . . .

Der Nobelpreis und der Zeitgeist

K: Herr Dozent Lötsch, da sind Sie direkt angesprochen. Kann es sein, daß ein Forscher vom Zeitgeist verblendet ist? Auch wenn er es gut meint?

L: Gerade die menschlichsten Forscher können das natürlich mitunter sein. Sie können dem Zeitgeist auch fürchterlich auf die Nerven fallen. Konrad Lorenz hat den zweiten Weg gewählt. Er hat den Nobelpreis für die Verhaltensforschung bekommen, aber so richtig populär ist er natürlich als eine überaus liebenswerte Vatergestalt des europäischen Umweltgedankens geworden, und während ihm die Herzen von Millionen zugeflogen sind – da natürlich das Medium Fernsehen sein Zeushaupt auch entsprechend über den Äther geschickt hat –, ist er gerade den Einflußreichen in diesem Land sehr oft auf die Nerven gegangen. Und ich habe mich daher in meinem Referat bemüht, darzustellen, wo die Kompetenz und der geistige Zusammenhang des großen Verhaltensforschers, der mit fünf Jahren die Entenprägung entdeckte und dabei selbst unwiderruflich auf Entenvögel geprägt wurde, mit dem großen Mahner ist, der unserer Wirtschaft die Leviten liest. Als Studenten haben wir ihn manchmal den »heiligen Zorn« genannt, wenn er wieder einmal gewettert hat. Jedenfalls ist es so, daß tatsächlich Konrad Lorenz' Umweltengagement wesentlich tiefer geht und wesentlich besser fundiert ist, als man es nach den plakativen Auftritten vermuten könnte.

K: Verhaltensforschung zeigt die Ganzheit des Lebens, Mensch und Tier, oder die Ganzheit der Menschheit auf diesem Planeten.

L: Dieser Globus ist überhaupt kleiner geworden, und die Kommunikation ist total. Die Menschheit versteht sich allenthalben als Schicksalsgemeinschaft auf einem Raumschiff mit einem erschöpfbaren lebenserhaltenden System. Aber gerade damit diese Weltgemeinschaft funktioniert, muß sie wie ein ökologisches System sehr vielfältig strukturiert sein. Monokultur, Vereinheitlichung und Uniformität tragen den Keim des Untergangs in sich. Das ist eine Faustregel; Lorenz hat darauf hingewiesen, daß eine uniformierte, nivellierte Welt-Zivilisation, die nur mehr an technisch-kommerziellen Maßstäben ausgerichtet ist, die Weisheit und die Vielfalt der alten Kulturen zum Verschwinden bringt. Ich bin zum Beispiel sehr von ihm angeregt worden, die regionale Eigenart von Entwicklungsländern zu studieren, um Überlebensmodelle in der Entwicklungshilfe zu finden, weil der Technologie-Transfer, etwa amerikanische Landwirtschaft nach Nordafrika, sich verheerend in Versalzung der Böden äußert. Ich glaube, daß Konrad Lorenz ein *progressiver Konservativer* ist, der sagt: Wir müssen die bunte Vielfalt dieser Welt erhalten, da sie funktionelle Aspekte hat, wir müssen eine große Achtung vor der Andersartigkeit von anderen Kulturen entwickeln. Die Analogien, die er zwischen biologischer Evolution und kultureller Evolution zieht, sind für viele Menschen ein Aha-Erlebnis, daß die Entfaltung der menschlichen Kultur in Sitten, in Dialekte und in Sprachen, in Stile, in Lebensformen an die Auffächerung des Lebens in seine Arten und Unterarten erinnert.

Sch: Ich möchte da nicht lästig fallen. Aber mich wundert, wie der Nobelpreis, der ja eigentlich für die Fähigkeit, Muster im Verhalten erkannt zu haben, verliehen wurde, in die Komplexität der Frage der Grünen und der Umwelt hineinspielt . . .

Ökologie, Ökologismus, »angewandte« Ökologie

F: Lorenz hat ja selbst betont, daß sein Nobelpreis, so wie dieser begründet worden ist, weder für die Evolutionäre Erkenntnislehre noch für das Engagement im Umweltschutz verliehen wurde. Ich habe absichtlich nicht »Ökologie« gesagt. Es ärgert mich, wenn man von »Ökologie« spricht und nicht weiß, was das ist. Abgesehen davon, daß die Ökologie keine politische Bewegung ist, wie etwa das Programm der »Grünen«, denn sie ist eine wertfreie Wissenschaft. Aber Ökologie wird auch immer mit den Zielen des Naturschutzes verwechselt! Die Ökologie untersucht den Ist-Zustand und nicht den Soll-Zustand. Die Ökologie hat kein Ziel, sie »will« gar nichts. Wenn übermorgen die ganze Welt durch Schwefelsäure vergiftet wird und wir alle sterben, ein Bakterium aber, konkurrenzlos geworden, seine heile Welt findet, dann wird es Sache der Ökologie sein, emotionslos auch diesen ökologischen Zustand zu beschreiben.

K: Wir reden also von *Ökologismus*.

F: Genau.

L: Nein, von *angewandter Ökologie*. Man kann ja auch nicht von Medizinalismus sprechen, weil die Ärzte ihre Patienten heilen wollen, und so braucht man nicht von Ökologismus zu sprechen, wenn es eine angewandte Ökologie gibt, die sehr wohl bestimmte fundamentale Wertvorgaben einbaut, zum Beispiel ein Überleben der Menschheit in Schönheit und Würde, so eine Entsprechung zum hippokratischen Eid. Ich glaube, daß die Wertfreiheit beim Erheben von Daten und Fakten unbedingt anzuwenden ist. Wir dürfen uns nicht in die Tasche lügen. Ein Arzt, der ein Präparat testet oder einen physiologischen Vorgang untersucht, muß das so wahrheitsgetreu und ohne irgendeine Emotionalität tun – aber dann muß er natürlich im Interesse des Patienten seine Erkenntnisse einsetzen. Und das ist ein Selbstverständnis von Ökologie, das uns Lorenz deshalb gelehrt hat, weil er von Anfang an von *ärztlicher Ethik* durchdrungen war.

Ich möchte aber doch den Zusammenhang noch deutlicher machen. Es gibt auch eine wichtige Verbindung zwischen der Friedensbewegung und der Umweltbewegung. Die Lorenzschen Grundlagen der Verhaltensforschung sind sehr stark erweitert und bereichert worden von Eibl-Eibesfeldt und seinen Schülern. Eibl hat ja gezeigt, daß es zwar aggressives Verhalten als eine Grundverhaltensweise des Menschen gibt, aber daß viele kulturelle Riten Befriedungsgesten sind und daß die Bewältigung der Aggression auch in der Stammesgeschichte von uns schon vorgesehen ist durch Liebe, durch Freundschaft, durch »Kindchenschema«, durch den erwähnten Augenkontakt. Und die fehlen eben alle, wenn wir nur mehr einen Knopf drücken müssen, um eine

Bombe auszulösen, wenn wir über große Entfernungen automatisch töten, wenn das Töten technisiert und entmenscht ist. Dann hat der unterlegene Gegner gar keine Chance mehr, Mitleid zu finden.

F: Ich sehe da kein Problem. Wir können ja beides betreiben. Der Wissenschaftler stellt eine Diagnose und macht Therapie. Ich muß es aber sprachlich klar trennen.

L: Einverstanden.

F: Für mich gibt es keine »angewandte« Wissenschaft, das ist sprach-logisch unzulässig . . .

L: Weil es auch keine abgewandte gibt . . .

F: Nein, es gibt nur eine Anwendung der Wissenschaft. Die Ökologie, ich muß darauf bestehen, ist und bleibt eine *wertfreie Wissenschaft*. Es gibt keine angewandte Wissenschaft. Ein solches Wissenschaftsbild ist aber oft im Weltbild des Geldgebers begründet.

Sogenanntes Böses, sogenanntes Gutes

K: Ich komme zurück auf den Aspekt der Verhaltensforschung in bezug auf die Friedensbewegung. Das enthält die Problematik der Aggression: Ist der Mensch gut oder ist er böse, und wie verhält sich das mit den Problemen dieser Welt?

E: Wenn Sie mich fragen, ob der Mensch gut oder böse ist – er ist sicher beides. Wir haben ja davon gesprochen, daß er sowohl freundliche Beziehungen zu seinen Mitmenschen aufzubauen in der Lage ist und sogar das Bedürfnis danach hat – ein Säugling strahlt seine Mitmenschen freundlich an; daß er aber zugleich eine gewisse Scheu und Angst vor den Mitmenschen hat und ihn ablehnt, auch das können wir beim Säugling beobachten. Jeder Säugling im Alter von sechs bis acht Monaten zeigt ja bekanntlich die Fremdenfurcht und zwar, ohne je Böses von Mitmenschen erfahren zu haben. Aber nicht nur die Furcht, er zeigt auch freundliche Zuwendung, er schaut den Fremden an, lächelt, dann birgt er sich bei der Mutter, dann schaut er wieder aus den Augenwinkeln. Es ist ein Pendeln zwischen Zuwendung und Abkehr. Aus diesem Verhalten können wir lernen, daß das Kind offenbar in einem bestimmten Alter auf Grund von Reifungsprozessen und nicht auf Grund von schlechten Erfahrungen Signale des Mitmenschen wahrnimmt, die auch Angst auslösen.

K: Von Konrad Lorenz haben wir gelernt, daß das Böse ein »sogenanntes Böses« ist, nämlich in der Evolution einen Sinn gehabt hat und
daß sich möglicherweise sogar darin Wurzeln von Liebe und Zuneigung
finden.

E: Lorenz hat ja sein Buch »Das sogenannte Böse« genannt, weil er
damit auf die arterhaltende Funktion der Aggression hinweisen wollte.

K: Das Böse ist nicht vom Teufel in die Seele gesät worden, wie
Unkraut . . .

E: Es ist ein Produkt der Evolution, aber man kann natürlich sagen,
daß dabei doch noch das philosophische Problem des *Übels* bleibt. Im
innerartlichen Verkehr haben sich offenbar stammesgeschichtlich gewachsene Konventionen entwickelt, die das Beschädigen des Artgenossen verhindern – Turnierkämpfe und dergleichen mehr – es scheint
aber nicht für alle Arten zu gelten. Es gibt offenbar Arten – wenn ich
an den Silbermöwenfilm erinnere oder an den Heringsmöwenfilm von
Tinbergen –, da sieht man, daß die unbewachten Nester sofort von den
Nachbarn überfallen werden, die Jungen aufgefressen, die Eier in einem Kampf aller gegen alle aufgepickt . . .

F: Solche kannibalischen Massaker gibt es immer nur bei Hochspe-
zialisierten: bei Wölfen, Ratten, Möwen . . .

Anonymer Kampf – Verlust der Beißhemmung

E: Ja, ja. Es ist aber immerhin ein interessantes Problem. Es gibt auch
das. Im allgemeinen sind aber Auseinandersetzungen zwischen Mitgliedern einer Art geregelt. Oft sind die Kämpfe zu Turnieren umge-
staltet. Es gibt auch Kämpfe, die als Beschädigungskämpfe beginnen,
die aber dann durch besondere Demutsstellungen abgebrochen werden.
Ich habe das bei Meerechsen auf den Galápagos-Inseln studiert. Die
kämpfen durch Schädelstoßen. Dann merkt einer, daß er dem anderen
nicht gewachsen ist, legt sich flach in Demutsstellung vor den Sieger
hin, der respektiert das und wartet darauf, daß der Besiegte das Feld
räumt. Vielfach wurden in solchen Auseinandersetzungen kindliche
Appelle verwendet, so zum Beispiel von Hunden, die sich dann wie
kleine Welpen verhalten – der Unterlegene verhält sich wie ein Jungtier
und wird daraufhin geschont, ja sogar freundlich behandelt; Hunde
können auf diese Weise sogar eine Aggression in eine freundliche band-

stiftende Verhaltensweise umlenken. Und das gilt auch für die individualisierte, also von Person zu Person wirksame Aggression des Menschen. Wir wissen, daß es überall Signale gibt, und zwar die gleichen Signale und die gleichen Strategien der Aggressionsabblockung.

K: Aber immer nur in der menschlichen Nähe . . .

E: Immer nur in der menschlichen Nähe. Darauf wollte ich ja jetzt eingehen. Mit der Entwicklung der Waffentechnik, das hat auch Lorenz ausgeführt, . . .

K: . . . und dem Verlust der menschlichen Nähe . . .

E: Schon sehr früh in der Geschichte der Menschheit passiert es, daß Menschen sich in kleinen, einander gut bekannten Gruppen abschließen von den anderen, aber die anderen bekämpfen – mit Waffen und mit dem Ziel, möglichst viel Schaden zuzufügen, möglichst wirksam zu töten. Man hat früher geglaubt, das wäre erst mit dem Ackerbau in die Welt gekommen und der altsteinzeitliche Jäger und Sammler hätte friedlich gelebt – eine freundliche Rousseausche Vorstellung – das war aber nicht so. Wir wissen, daß es steinzeitliche Felsmalereien gibt, bei denen man sieht, wie Leute mit Pfeil und Bogen aufeinander schießen, also in Gruppen Krieg führen.

K: Sonst wäre es ja gegen die Natur. Auch nach Lorenz. Der »Fremdwolf« wird ja weggebissen . . .

E: Nur hat der Mensch eben einen sehr wirksamen Mechanismus des »Wegbeißens« gefunden, nämlich den Krieg. Der ist ein Produkt der kulturellen Evolution. Der Krieg steckt nicht als solcher in unseren Genen, sondern er wurde als kultureller Mechanismus entwickelt, und als solcher hat er sich »bewährt«. Zu der Erfindung des Krieges gehört die Erfindung der Indoktrination, Mitgliedern einer Gruppe kann man erzählen, die anderen seien keine Menschen. Damit wird die Auseinandersetzung gewissermaßen auf ein zwischenartliches Niveau verschoben – der Feind ist kein Mitmensch, ihn kann ich töten. Was wir dabei tun, ist, daß wir eine biologische Norm, die innerhalb der Art zu töten verbietet, mit einer kulturellen Norm überlagern, die auch innerhalb der Art zu töten gebietet. Das führt zu einem enormen Konflikt, weil wir die biologische Norm nicht ausschalten können. Und dies wird als schlechtes Gewissen erlebt und ist wahrscheinlich einer der Hauptantriebe für die Friedensbewegung, die ja nicht erst mit der Atombombe in die Welt gekommen ist.

K: Praktisch kann man also sagen, daß Ergebnisse der Verhaltensforschung, also etwa Lorenz' »Sogenanntes Böses« und was danach geschrieben wurde, das alles hilft zur Erhellung des Problems beizutragen, und damit wurden Handhaben gegeben für eine bessere Humanität bis zur Friedenspolitik, zur Friedenswissenschaft unserer Zeit oder was immer das sein mag.

E: Sicher, durchaus. Vor allem muß man sich zunächst einmal darüber klar sein, daß der Krieg keine pathologische Entartung ist, sondern eine Anpassung, die bestimmte Funktionen erfüllt. Dann kann man sagen: Und wie kann ich diese Funktionen ohne Krieg erfüllen? Das ist ja wahrscheinlich, daß der Krieg nicht die beste aller möglichen Lösungen darstellt. Wenn man also um die Funktionen des Krieges weiß, kann man darüber nachdenken, wie man sie auf nicht-kriegerische Art erfüllt. Weil wir bei Möglichkeiten zum Frieden sind, persönliche Bindungen herzustellen; das bremst Aggressionen sehr stark. Wir wissen ja, daß selbst in Stellungskriegen die Leute, wenn sie einander ein paar Monate gegenüberliegen, miteinander bekannt werden, sie fraternisieren, sie tauschen Zigaretten aus – der Mensch ist also nicht nur böse. Wir beobachten, daß die kriegerische Auseinandersetzung in einer ähnlichen Weise zur Ritualisierung tendiert wie die aggressive Auseinandersetzung im Tierreich vom Beschädigungskampf zum Turnierkampf. Es werden Konventionen entwickelt, und mehr und mehr spielt sich heute die Auseinandersetzung auf der verbalen Ebene ab. Es wird gedroht, und man versucht, im Hirn des Gegners durch Propaganda Rezepte aufzubauen, die zu einer Selbstaufgabe führen und die dann es ermöglichen, den Gegner zu überwinden, ohne einen Schuß abzufeuern.

Der Mensch, Plünderer der Natur

L: Ich glaube, eine Erweiterung des ursprünglichen Aggressionsbuches von Lorenz besteht darin, daß er heute stärker zwischen Einzelaggression zwischen den einzelnen Individuen und Gruppenaggression unterscheidet, bei der dann ein Rauschzustand entstehen kann. Ein altes Sprichwort sagt: Wenn die Fahne fliegt, ist der Verstand in der Trompete. Da muß man sehr aufpassen, wenn man selbst Bestandteil einer solchen Volksmasse ist, und ich glaube überhaupt, daß das Bewußtmachen unserer frühmenschlichen und tierischen Verhaltenswurzeln uns am ehesten die Chance gibt, sie zu bewältigen. Auch Sigmund Freud hat man den Vorwurf gemacht, er wolle durch die Aufdeckung des spontan quellenden Sexualtriebs einer Auslebung der Sexualität in unserer Gesellschaft das Wort reden. Das war sicher falsch, und ebenso ist es falsch, wenn man Lorenz vorwirft, Aggression als unabwendbares Schicksal zu bezeichnen. Lorenz weiß, daß das Wissen um solche Triebe und angeborene Wurzeln unseres Verhaltens die einzige Chance ergibt, sie zu meistern, denn sonst kommen wir in die Situation, die Albert Schweitzer charakterisiert hat: Der Mensch hat gelernt, die Natur zu beherrschen, bevor er gelernt hat, sich selbst zu beherrschen.

Und da sind wir, glaube ich, bei einem ganz wichtigen Punkt: Die Verhaltensforschung zeigt uns menschliche Triebe und Verhaltensmuster, die für den Steinzeitjäger lebenssichernd und sinnvoll waren, aber heute im Zivilisationsmilieu selbstzerstörend werden. Dazu gehört ganz sicher die Naturbeherrschung. Für den Steinzeitjäger war jede Form der Unterwerfung, der Rodung, der Naturbeherrschung ein Triumph und Selektionsvorteil; angesichts der gewaltig angewachsenen technischen Möglichkeiten, die allein ein Bautrupp der Donaukraftwerke hat, wird es nun für uns gefährlich, daß wir keine Tötungshemmung gegenüber der Natur haben.

E: Ich kann das nur bestätigen, und ich möchte auf diesen Punkt noch besonders hinweisen. Es wird oft gesagt: Naturvölker leben in Harmonie. Mit der implizierten Aussage: Die sind so besonders freundlich. Sie sind gar nicht freundlich zur Natur. Die Australier haben über Jahrtausende abgebrannt – abgebrannt als Jäger und Sammler und damit entscheidend zur Wüstenbildung beigetragen. Ebenso die freundlichen, lieben Buschleute der Kalahari. Der Mensch ist von seiner Natur her ein Plünderer der Natur. Es hat nur, solange er in so geringer Zahl aufgetreten ist, nichts ausgemacht.

Es gibt eine interessante Entwicklung in der Bauernkultur, die auf eine lange kulturelle Tradition zurückblicken kann; es ist ja dem Menschen kulturell gelungen, zum Pfleger der Landschaft zu werden. Wir dürfen nicht vergessen, in Österreich oder in Bayern sind dieselben Äcker tausend Jahre unter dem Pflug, ohne daß sie erschöpft werden. Und ohne daß es Erosionen gibt und so weiter. Hier wurde die Landschaft pfleglich behandelt.

L: Heute haben wir aber ausgeräumte Landschaften, etwa in Österreich, wo man praktisch den »Fabriksaal unter freiem Himmel« hat, also quadratkilometerweise Riesenäcker, wo ein einsamer Bauer herumdieselt und nur noch ein paar Düngersäcke die Landschaft beleben. Da wünscht man sich die Tabus und religiösen Vorstellungen etwa der Chinesen, wo es zum Beispiel verboten ist, das Grab der Eltern unter den Pflug zu nehmen – wo dann artenreiche »Ökozellen« entstehen.

F: Das ist sehr wichtig. Das »Machet euch die Erde untertan« ist kein Zitat für die heutige Situation. Die menschliche Population war einfach kopfzahlmäßig so gering, daß das damals wirklich ein Gebot war. Heute ist es umgekehrt.

L: Aber wir finden doch Naturvölker und auch alte Kulturen, die gewisse Ritualisierungen und Tabus haben, die, wenn man sie als Ökologe hinterfragt, überaus sinnvoll und lebenssichernd wirken, auch wenn sie von den Mitgliedern dieser Kultur gar nicht so verstanden werden. Ich glaube, daß wir zur Bewältigung der Umweltfrage in einer gewissen Hinsicht Ritualisierungen und Tabus schon sehr früh in die jungen Herzen pflanzen müssen. Ich bin noch in einer Generation aufgewachsen, wo man vor dem Anschneiden des Brotlaibes ein Kreuz darauf gemacht hat, und ich habe heute noch eine tiefe Hemmung beim Wegwerfen eines Stückes Brot oder wenn ich in der Schule sehe, daß die Kinder Brot in die Körbe werfen. Ein solches Brotbewußtsein müssen wir wieder finden, auch wenn wir im Zeitalter der Weizenschwemmen leben, zu Dumpingpreisen exportieren, Getreide zu Biosprit vergären wollen . . .

F: Aber wie willst du das den Kindern erzählen, die aus einem Wegwerfbuch lernen, daß man nichts wegwerfen soll?

L: Ich glaube dennoch, daß Ritualisierungen und Tabus eine sehr sichere Erziehungsweise sind.

Methodentreue als Fundament der Wissenschaft

K: Eine notwendige Zäsur: Herr Professor Schleidt, Sie sehen ja, wir haben jetzt über Bereiche gesprochen, wo Verhaltensforschung schon so ein bißchen in Kulturwissenschaft ausfranst, zum Teil auch in Ideologien. Sie arbeiten ja am ganz anderen Ende des Spektrums. Sie bemühen sich um das exakte Experiment, um Mathematisierung der Ethologie.

Sch: Nicht Mathematisierung um ihrer selbst willen, aber eigentlich, um daran zu erinnern, daß Lorenz den Nobelpreis ursprünglich nicht dafür bekommen hat, daß er sich als Umweltforscher hervorgetan hat, sondern daß er die Vergleichende Verhaltensforschung als Wissenschaft etabliert hat.

K: Das heißt, es gilt auch, den harten Boden dieser Wissenschaft zu sichern.

Sch: Der »harte Boden« der Biologie ist unerhört gefestigt worden durch die Erfindung des Mikroskops, genauso wie sich zum Beispiel Galileo Galilei wahnsinnig gefreut hat über die Erfindung des Fernrohres . . .

K: Herr Professor Eibl-Eibesfeldt, Sie haben von der statistischen Auswertung der Augengruß-Experimente berichtet.

E: Ja, wir haben 144 Augengrüße ausgewertet . . .

K: Rund um die Welt . . .

E: Nein, wir haben von vielen Kulturen Augengrüße aufgenommen, aber nur von zweien statistisch ausgewertet: den Waika-Indianern des Orinoco und den Eipo in Westirian. Wenn Sie Merksmalsverteilungen erfassen wollen, dann sind Sie immer auf die Statistik angewiesen.

K: Herr Professor Festetics, bei Ihnen hat doch auch der Computer genau festgestellt: Sommer und Winter des Rehwildes: *Leben* und *überleben*.

F: Nun ja, Äpfel und Birnen – Obst sind beide. Ein Computer ist ein höchst nützliches methodisches Hilfsmittel für die deskriptive Ethologie. Das Mikroskop würde ich eher mit dem Fernglas vergleichen und nicht mit dem Computer. Aber was in der Geschichte der Ethologie ganz wesentlich ist: So schnell sich auch die Ethologie, binnen rund dreißig Jahren, aus den Anfängen ein Gerüst gebaut und gleich auch das Dach drübergezogen hat, so sehr müssen wir darauf achten, daß ihre Basis gefestigt und verbreitert wird. Die Basis aber bilden Ethogramme. Ein Ethogramm ist das komplette Verhaltensinventar eines gesunden Tieres. Wir haben allerdings nur sehr wenige solcher Aktionskataloge zur Verfügung!

Sch: Es gibt überhaupt kein komplettes Ethogramm. Absurderweise nicht einmal von den gebräuchlichsten Tieren, von der Hausmaus etwa.

K: Was ist das eigentlich, das Ethogramm?

Sch: Das Ethogramm ist die platonische Idee einer vollständigen Verhaltensbeschreibung, und zwar . . .

K: Ungeheuer komplex natürlich . . .

Sch: Schon komplex, aber doch als Muster, in einzelne Mustertypen eingeteilt.

K: Mathematisch zerlegbar, erfaßbar, analysierbar . . .

Sch: Das, was mich immer etwas wurmt, ist, daß die Leute gleich an Mathematik denken, wenn ich Analyse sage.

K: Wenn man »Kybernetik« sagt, klingt es nicht so schrecklich . . .

Sch: Jeder will seinen Heimcomputer haben. Das wird so eine Art Prestigesache. Man versteht nicht, daß der gute alte Aristoteles sich große Gedanken darüber gemacht hat und den Kopf darüber zerbrochen hat, wie man Sachen vernünftig klassifiziert.

Wie spricht man eine Katze an?

K: Aber es hat mich sehr beeindruckt, als Sie eben referiert haben, daß Ihr Computer das Katzen-»Miau« sozusagen auf deutsch übersetzt hat.

Sch: Der Vorteil eines Computers ist, daß wir Sachen in einer Weise darstellen müssen, wo uns das Schwindeln sehr schwierig gemacht wird.

K: Würden Sie noch ein paar Details zur »Miau«-Geschichte erzählen? In Wien ist gerade das Musical »Cats« über die Bühne gegangen. Der Schluß-Song heißt: »Wie spricht man eine Katze an?«

Sch: Eine Studentin von mir, Pat McKinley, hat versucht, die Methoden der modernen quantitativen Ethologie auszutesten und die verschiedenen Arten der Beschreibungen der Lautäußerungen der Hauskatze einschließlich des »Miaus« zu erfassen. Sie hat sehr komplexe Sonogramme und Messungen verglichen in der Annahme, daß eigentlich letztlich die verschiedenen Methoden der Statistik, aber insbesondere der Klassenanalyse ähnliche Ergebnisse zeigen müßten wie unsere Gestaltwahrnehmung.

K: Das heißt also, die Katzen-»Worte« bedeuten etwas.

Sch: Wir haben das Jaulen, das Mauzen und das Schnurren der Katze als selbständige Typen der Lautäußerungen eingespeichert und dann beobachtet: Wie teilt der Computer das ein? Und das ging eigentlich sehr schön – mit einer sehr schmerzhaften Ausnahme: Das Miauen wurde völlig regellos zwei bestimmten Typen zugeordnet, nämlich dem Jaulen oder dem Mauzen. Es gab keinerlei Übergänge zwischen diesen beiden Lautäußerungen.

K: »Jaulen« und »Mauzen« – was ist das genau?

Sch: Jaulen ist das, was die Katzen meistens in der Nacht machen und was die Leute stört. Mauzen ist das, was sie machen, wenn sie freundlich sein wollen; manche Katzen mauzen eigentlich, statt daß sie »Miau« sagen. In dieser Analyse kam also heraus: »Miau« war sozusagen regellos dem Mauzen oder dem Jaulen zugeordnet, und ich sagte: Um Himmels willen: Das Miauen der Katze gibt es gar nicht! Und in einem gewissen Sinne ist es wahr. Es gibt das Miauen nicht als einfachen Grundlaut. Das »Miau« ist sozusagen ein zusammengesetztes Hauptwort der Katzensprache, also ein Doppelbegriff, in dem das Mauz- und Jaulelement gleichzeitig vorgebracht wird. Und auf diese Idee, daß das »Miau« eben etwas ganz Besonderes ist, hat uns eben nur diese Klassenanalyse gebracht. Das Nachdenken des geübten, klinisch am Katzenohr und an dem Katzen-Miau orientierten Forschers hat völlig versagt.

K: Die Geschichte ist wichtig, nicht nur, weil sie wirklich interessant und originell klingt, sondern weil sie doch besagt, daß mathematische oder kybernetische Computerprogramme etwas zur Verhaltensforschung beitragen können. Daß die Ethologie nicht *nur* ein Forschungsgebiet der Ideen, der Theorien, der Intuitionen ist, beispielsweise daß solche Intuitionen überprüft werden können.

Sch: Richtig. Und daß meinem Gefühl nach die Ethologie ganz zu Unrecht in dem Geruche steht, sie sei etwas für mathematisch Minderbegabte oder für mathematische Volltrottel, also für Studenten oder Studentinnen, die in der Oberschule Schwierigkeiten mit der Mathematik hatten.

K: Bedeutet das, daß die Verhaltensforschung nach wie vor oder in höherem Maße einen harten wissenschaftlichen Boden hat? Steckt hier Zukunft drinnen?

F: Eine enorme Zukunft. Allerdings muß ich hier eines anmerken – und das ist vielleicht das Österreich-Spezifische –: Diese wenigen Ethogramme, die uns vorliegen, nämlich Inventare des kompletten Verhaltens, sind in der Mehrzahl mit der Lorenzschen Methode erstellt worden.

Sch: Nicht nur. In den USA gehört das zum Hauptprogramm der weiteren Verhaltensforschung.

F: Ethologie, durch einen Wiener nach Amerika verfrachtet, um so mehr eine Wiener Spezialität.

Menschenmaß – Maß für den Menschen

L: Ich könnte mir vorstellen, daß die Verhaltensforschung am Menschen und die Vergleichende Verhaltensforschung uns Hinweise gibt, warum bestimmte moderne städtebauliche Strukturen nicht funktionieren. Wenn es stimmt, daß der Mensch ein Kleingruppenwesen ist und daß er zur Aggressionshemmung persönliche Bekanntschaft und Augenkontakt braucht, dann darf es nicht wundern, daß in einer Massengesellschaft die Menschen aggressiver oder gleichgültiger reagieren gegenüber den Anonymen – die Dichte ist ja vor allem in der anonymen Masse unerträglich; Herr Eibl hat das schöne Beispiel vom Aufzug genannt. Ich glaube, daß die Architektur sehr viel lernen könnte von der Verhaltensforschung, wenn sie zu verstehen bereit wäre (und es gibt viele Architekten, die sich um dieses Verständnis bemühen). Der Mensch hat einerseits den Wunsch nach privater, sichtgeschützter Intimität, diese ist durch einen Atriumhof wunderbar zu vermitteln, aber er hat auf der anderen Seite auch die Sehnsucht nach Kommunikation, nach Stimulation, nach Kontakt. Und für beides müssen wir dem Menschen Chancen geben, und er kann sich auch nur mit überschaubaren Einheiten identifizieren. Warum gibt es immer mehr New Yorker, die ihre Stadt hassen, oder Tokyoter? Was aber macht eine Stadt zum Liebesobjekt ihrer Bürger? Es stellt sich heraus: ihre Unverwechselbarkeit. Also das Gegenteil bestimmter deutscher Nachkriegsstädte, wo man nur mehr von der Fahrkarte weiß, wo man ausgestiegen ist. Wir brauchen das unverwechselbar Gewachsene, also eine Untergliederung der amorphen Riesenstädte in überschaubare Grätzeln, die Heimatbindung erzeugen und dem Bürger ermöglichen, ohne Zwangsmobilität einen Großteil seiner Bedürfnisse abzudecken. Auf der anderen Seite, glaube ich, wird uns die Verhaltensforschung immer deutlicher machen, daß wir als Mensch eine dreieinhalb Milliarden Jahre lange Lebensevolution mit uns herumschleppen. Wenn wir die letzten dreißig Jahre, in denen der Mensch in Massen Auto fährt und sich eine totale

technoide Verfremdung seiner Umwelt geschaffen hat, wenn wir diese
letzte Zeit unserer Techno-Zivilisation messen an der Evolution des
Menschen, wenn wir diese ganze Lebensevolution, die wir mit uns
herumtragen, auf ein Jahr bringen, dann ist unsere Techno-Zivilisation
ein Spuk der letzten Drittelsekunde.

F: Die Gefahr ist, daß wir mit den Instinkten des Steinzeitmenschen
ausgestattet die Atombombe in der Hand haben. Die biologische Evolution war und ist langsam. Die technische Entwicklung aber schnellt
dem weit voraus . . .

L: Der Mensch ist uralt in seinen Grundveranlagungen . . .

F: Mich wundert überhaupt, daß z. B. nicht mehr Unfälle auf der
Autobahn passieren, wo doch unsere optische Wahrnehmung und unsere Reaktionen eigentlich an die Geschwindigkeit eines Joggers angepaßt sind, aber nicht an die Geschwindigkeit eines BMW von 120
Kilometern pro Stunde.

E: Auch auf die Geschwindigkeit eines Pfeils, denn mit Pfeilen und
Steinen werfen wir schon sehr lange.

Ich würde sagen, daß die Verhaltensforschung als Gebiet der Biologie
ja sehr verschiedene Methoden einsetzt, um die Frage zu beantworten,
warum wir oder warum die Tiere sich so und nicht anders verhalten.
Physiologische Methoden, vergleichend morphologische Methoden,
statistische Methoden, um bestimmte Zusammenhänge herauszukrie-
gen – es ist eigentlich sinnlos, darüber zu streiten oder zu argumentie-
ren, was nun besser ist. Ich glaube, Lorenz hat es einmal sehr schön
ausgedrückt: Die Analyse in breiter Front, das ist das, was die Verhaltensforschung auszeichnet, sie ist nicht engstirnig auf eine Methode
ausgerichtet. Wir haben in manchen Interviews, die wir in Neuguinea
und in anderen Gegenden durchführten, Wertvolles über Wertvorstel-
lungen erfahren, die für uns sehr wichtig sind.

K: Analyse in breiter Front . . . Wir wollen mit diesem Lorenz-Wort
schließen. Morgen ist Konrad Lorenz selbst am Wort.

Wolfgang Wickler
Das Spiel der Engel und Teufel*

»Instinct is a Great Matter«, behauptet Falstaff in Shakespeares »King Henry IV.« und versucht damit eine unüberlegte Handlung zu erklären. Instinkte als Entschuldigung anzuführen ist eine weit verbreitete Taktik. Sie nimmt jedoch – was dabei meist übersehen wird – ebenso vielem richtigen Verhalten den Nimbus des Verdienstvollen. Denn warum sollten Instinkte uns nur zu Falschem anleiten, wenn sie doch stammesgeschichtlich gewachsene Verhaltensanpassungen an die Erfordernisse des Lebens sind? Das jedenfalls ist die Grundthese von Konrad Lorenz. War aber ein lobenswertes Verhalten instinktgetrieben – kann man sich dann noch etwas darauf einbilden? Instinkte bleiben diesseits von Gut und Böse. »Beware instinct!« sagt Falstaff.

»The study of instinct« heißt ein Buch von N. Tinbergen, das mir 1953 in die Hände kam, als ich in Münster gerade die aufregenden Vorlesungen von Lorenz hörte, der mit seiner Instinkt-Theorie auch das Verhalten seiner Tiere vorführte. Selbst reif für eine Doktorarbeit, hatte ich schon mit Prof. S. Strugger ein Thema über die Plastiden in Pflanzenzellen verabredet. Heute haben diese in die Zelle hereingeholten und dann zu festen Zellbestandteilen gewordenen Strukturen eine Revolution in unserem Verständnis der Evolution aller höheren Lebewesen angebahnt (Margulis 1981). Dennoch bin ich überzeugt, einen guten Tausch gemacht zu haben, als ich schon nach meinem ersten neugierigen Besuch in Lorenz' Institut von der Zell- zur Verhaltensforschung wechselte. Von da an hat Konrad Lorenz mehr als jeder andere meine Denkweise beeinflußt.

---

* Wolfgang Wickler hat am Symposium auf Schloß Laxenburg nicht teilgenommen. Er war langjähriger Mitarbeiter von Konrad Lorenz am Max-Planck-Institut für Verhaltensphysiologie in Seewiesen und wurde dort sein Nachfolger als Direktor. In Abstimmung mit Konrad Lorenz und dem Herausgeber wurde sein Beitrag deshalb in den Band aufgenommen.

Sein Institut bestand damals aus einem Dienstbotenflügel, einem Gewächshaus und der Mühle in Schloß Buldern. Man fuhr im Bummelzug über Albachten, Bösensell, Appelhülsen, Hiddingsel (diese Namen!) nach Buldern, das seine Bahnstation dem legendären »tollen Bomberg« verdankt, der ehedem hier die Notbremse zu ziehen pflegte, dem Zugführer die abgezählte Strafgebühr überreichte und heimging zu Schloß und Mühle.

In dieser Mühle empfing mich Lorenz mit einem ganzen Bündel sonderbarer Fragen: Was sind wire-worms? Welche Huftiere scheißen kleine Küttel und welche machen Kuhpladder? Welche Tiere stoßen bei Bedrohung Teile ihres Körpers ab? Was sind Anthomedusen, was Phyllomedusen? Wer sind Pyrrhula und Pyrrhulina? Sehr bedauerlich war's, wenn man darauf keine Antwort wußte oder nicht merkte, daß Ziersonne, Rezension, Eisenzorn und Rozniesen aus immer denselben Buchstaben entstehen.

Spielerische Exerzitien dieser Art sind bei Konrad Lorenz bis heute sehr beliebt. Sie haben ihr Gutes, weil sie zu aufmerksamem Hinschauen und zu immer neuem Vergleichen ermuntern. Und das ist ein Nährboden für etwas, das ich »Nanu?«-Erlebnis nennen möchte. Sein Gegenstück, das »Aha!«-Erlebnis, ist bekannter. Viele haben es selbst gehabt, wenn sich die Lösung für ein Problem einstellte. Aber das ist dann ja bereits das Ende einer Geschichte, deren Anfang bei einer frisch aufgeworfenen Frage lag. Und eine Frage stellt sich ein, wenn man sich über etwas wundert. Je mehr einer weiß, desto wahrscheinlicher wundert er sich just an den Stellen, die Ansätze für weitere Forschung bieten. Vom Nanu?-Erlebnis ist allerdings dispensiert, wer Probleme bearbeitet, auf die er nicht selbst gestoßen ist.

Wenn der Pfauenschwanz eine Verrücktheit wäre, gäbe es ihn nicht

Entscheidend fand ich damals aber nicht die Lorenzschen Begriffs-Puzzles und die Übungen im Querdenken, sondern seine leidenschaftlich gestellte Frage nach den phylogenetischen Wurzeln und den Selektionsvorteilen der Eigentümlichkeiten von Körperbau und Verhalten. Auch Verrücktheiten wie Pfauenschwänze und Hirschgeweihe müssen sich in der Selektion auszahlen, sonst halten sie sich nicht; andererseits: Wenn sie sich halten, dann sind es eben keine Verrücktheiten. Besonders beeindruckt hatten mich »Die angeborenen Formen möglicher Erfahrung« mit Lorenz' These, unsere Erfahrungs- und Denkweisen seien biologische Anpassungen, tauglich zum Überleben in der Welt, aber nicht primär dazu da, uns die Wahrheit von der Welt zu vermitteln. Kants *a priori* schlicht als angeborene Anpassungsformen, also als *a posteriori* des Stammes zu deuten, war ein Geniestreich. Und er stammte aus der Zeit, als Lorenz in Königsberg am Kantschen Lehrstuhl lehrte.

Ist Lorenz ein Pessimist?

In Buldern arbeiteten wir noch unter dem Namen eines Institutes für Meeresbiologie. Tatsächlich ist Lorenz' Liebe zu Korallenfischen noch immer höchst lebendig, wie man in Altenberg an seinem Riesen-Aquarium sehen kann. Aus der Meeresbiologie kam aber auch Erich von Holst mit seinen genialen Analysen der Eigenleistungen des Zentralnervensystems. In der Kombination Lorenz-v. Holst entstand das neue Max-Planck-Institut für Verhaltensphysiologie in Seewiesen. Nicht erst dieser Name schob den Schwerpunkt der Aufmerksamkeit auf die Physiologie. Nomen est Omen. »Ethology is more than Physiology of Behaviour«, mahnte Tinbergen (1963). Zwar verkörpert die Physiologie die Maschinerie des Verhaltens, deren Funktionsweise selbstverständlich erforscht werden muß. Aber für den Lorenzschen Ansatz liefert die Physiologie »nur« die vielzitierten *constraints*, historisch bedingte Grenz- und Randbedingungen, nach denen die Maschinerie funktioniert; sie begrenzen das Feld der Möglichkeiten, wirken wie Bahnungen und Hemmungen für die Evolution, enthalten aber nicht die Gesetzmäßigkeiten, nach denen Evolution abläuft, schon gar nicht die des sozialen Verhaltens.

Den sozialen Konkurrenzen und Kooperationen der Lebewesen galt und gilt bis heute Lorenz' ganze Forscherleidenschaft. Er betreibt eingestandenermaßen seine Arbeit stets mit dem Ziel, den Menschen besser verstehen zu lernen und ihm zu helfen. Was sonst ließe sich auch als Kriterium für die Relevanz der Forschung anführen? Lorenz ist im Herzen immer ein um die Menschheit und die Welt höchst besorgter

Zufall und Notwendigkeit:
Seit 500 Jahren rüttelt unverkennbar Konrad Lorenz an der St. Lorenz(!)-Kirche in
Nürnberg die Jugend auf, Biologie zu lernen – hier wohl den kleinen Thomas Morus, der
dann in seiner Utopia tatsächlich das Phänomen der Prägung beschrieb.

Mediziner geblieben. Er sieht, wieviel Unheil die Menschen anrichten, selbst wenn sie guten Willens handeln. Angesichts dessen reichte ihm langfristige Ursachenforschung allein nicht aus; er fühlt sich verpflichtet, Diagnosen zu verkünden und zu predigen.

Daß ihn schon die Titel »Das sogenannte Böse«, »Die acht Todsünden der zivilisierten Menschheit«, »Der Abbau des Menschlichen« in den Ruf brachten, Pessimist zu sein, das hat er mit anderen großen Warnern und Propheten gemein. Aber schließlich predigt nur, wer an einen Erfolg und nicht an ein unbeeinflußbares Parlament der Instinkte glaubt. »Dennoch aber glaube ich, daß der Mensch an einer Wende der Zeit steht, daß eben jetzt potentiell die Möglichkeit zu ungeahnter Höherentwicklung der Menschheit besteht.« (Lorenz 1973b: 321)

Die Natur schreibt auf krummen Zeilen gerade

Gibt es das, wovor man die Menschen warnen muß, auch bei Tieren? Woher kommt das sogenannte böse Verhalten? Im Wort liegt bereits eine Wertung, die es schwer macht, solches Verhalten als erfolgreiche Anpassung zu sehen, vor allem dann, wenn es zum Repertoire des innerartlich-sozialen Verhaltens gehört. Im Dienst an einer Menschheit, die hohen Idealen zustreben soll, schildert Lorenz die Natur als gut und vorbildlich. Was den Idealen widerspricht, mag historischer Ballast sein, mitgeschleppt aus einer Zeit, in der andere Bedingungen gerade das erforderlich machten, was heute zum Bösen zählen muß. Historische Reste gibt es an den Lebewesen viele, sowohl in den Konstruktionen des Körpers wie in den Instruktionen des Verhaltens, und niemand kann sagen, ob das nicht auch für das sogenannte Böse gilt. Wenigstens war es dann früher einmal gut.

Aber ist denn nur das Gute adaptiv? Können nur die Guten friedlich kooperieren? Das hat sich schon Kant gefragt. In seiner Schrift »Zum ewigen Frieden« behauptet er 1795 überraschenderweise, eine Verfassung, welche dem Rechte der Menschen vollkommen angemessen ist, sei nicht nur für einen Staat von Engeln zustandezubringen (weil Menschen mit ihren selbstsüchtigen Neigungen einer Verfassung von so sublimer Form nicht fähig wären), sondern, »so hart wie es auch klingt, selbst für ein Volk von Teufeln, wenn sie nur Verstand haben«. Es kommt darauf an, »ihre Kräfte so gegeneinander zu richten, daß eine die anderen in ihrer zerstörenden Wirkung aufhält oder diese aufhebt«; genauer gesagt: »eine Menge von vernünftigen Wesen, die insgesamt allgemeine Gesetze für ihre Erhaltung verlangen, deren jedes aber insgeheim sich davon auszunehmen geneigt ist, so zu ordnen und ihre Verfassung einzurichten, daß, obgleich sie in ihren Privatgesinnungen einander entgegenstreben, diese einander doch so aufhalten, daß in ihrem öffentlichen Verhalten der Erfolg eben derselbe ist, als ob sie keine solchen bösen Gesinnungen hätten«. Demnach kann schon die Natur der Sache, nicht erst eine die Welt zum Besten lenkende Vorsehung auf krummen Zeilen gerade schreiben.

Wie du mir, so ich dir

Das Entstehen von Kooperation in einer Welt von Egoisten haben jüngst Spieltheoretiker und Evolutionsbiologen gemeinsam untersucht und bestätigt (Axelrod und Hamilton 1981). Daraus ergeben sich beträchtliche Konsequenzen für die Evolution des Sozialverhaltens. Es zeigte sich zum Beispiel, daß, egal welche zufälligen oder ausgeklügelten Taktiken gegeneinander antreten, auf lange Sicht immer der gewinnt, der beim ersten Mal kooperiert und danach immer das tut, was sein Gegenüber ihm soeben angetan hat. So entstehen auch Ritualkämpfe bei Tieren, die zum Beschädigungskampf fähig sind, wenn jeder selbst für sich Schaden vermeiden will. Liebe deinen Nächsten wie dich selbst, also aus Egoismus.

Wie du mir, so ich dir – das setzt symmetrische Ziele und Fähigkeiten aller Kontrahenten voraus. Auch unter Kants Teufeln stellt sich ewiger Friede nur ein, wenn alle gleich viel Verstand haben. Was passieren wird, wenn unter Engeln, Teufeln, Menschen oder anderen Lebewesen unsymmetrische Ausgangsverhältnisse herrschen, wenn Individuen mit unterschiedlichen Begabungen und Interessen zusammenkommen, ist noch ein weites Untersuchungsfeld.

Ich bin überzeugt, daß wir auch da mit der Lorenzschen Kernfrage weiterkommen: Unter welchem Selektionsdruck hat sich eine beobachtete Verhaltensform entwickelt, welchem Vorteil für das Lebewesen verdankt sie ihr Dasein? Freilich, wir Nicht-Propheten halten es mit Konrads altem Freund und Nobel-Co-Laureaten Niko Tinbergen, der seine und unsere Aufgabe darin sah, »daß wir die genialen Interpretierungen Professor Lorenz' genau und mit äußerster methodischer Strenge nachprüfen, . . . indem wir peinlichst genau formulieren und messen, was er von Anfang an gesehen hat. – Dazu gehört dann auch, einfach jeder Interpretierung, sogar der von Lorenz gegebenen, immer wieder kritisch gegenüberzustehen« (Brief vom 11. 5. 1959).

Das Pokergesicht wird prämiiert

Immer wieder bewährt hat sich sowohl das von Lorenz anvisierte Forschungsziel, die Evolution des Verhaltens und der Verhaltensmechanismen zu verstehen, als auch die von ihm in allen Bereichen benutzte vergleichende Forschungsmethode, vor allem das Forschen unter natürlichen Bedingungen. Der Selektionsvorteil oder Anpassungswert zeigt sich definitionsgemäß im Fortpflanzungserfolg, der die Meßgröße für Anpassungen hergibt. Deshalb muß man den Fortpflanzungserfolg messen, und zwar unter den natürlichen Bedingungen, unter denen die vermutete Anpassung aufkam. Ein Verhaltensvorteil läßt sich nur ermitteln im Erfolgsvergleich zwischen Individuen, die dieses Verhalten zeigen, und solchen, die es unterlassen. Man muß diese Individuen also getrennt behandeln und darf sie ebensowenig wie Männchen und Weibchen zum Arttypischen mitteln.

Nicht-Propheten tun sich auch leichter, wenn sie das Wertepaar Gut–Böse ersetzen durch Nutzen und Kosten, die dem Individuum mit dem betreffenden Verhalten entstehen. Der Vorteil eines egoistischen Teufelchens wächst mit der Höhe seines Nutzen-Kosten-Quotienten, und das natürlich in einer Umwelt voller ebensolcher Teufelchen. Es kann einem Männchen durchaus Vorteile bringen, wenn es, statt selbst zu balzen, sich neben einen balzenden Kollegen postiert und dem ein angelocktes Weibchen wegschnappt. Solch »sozialparasitische« Satellitenmännchen sind überall im Tierreich zu finden, und offenbar in einer Häufigkeit, bei der ihr Erfolg gerade ebenso groß ist wie der restliche Erfolg der Balzer; wenn aber keiner mehr besser dran ist als der andere, entsteht durch Selektions-Patt ein stabiles Gleichgewicht. Die »Bösewichter« werden durch die Selektion in Schach gehalten, aber nicht ausgemerzt (Wickler und Seibt 1981).

Ebenso wird sich in einer Population, die aus friedlichen und lieb verhandelnden Engeln besteht, eine aggressive Mutation zum gefallenen Engel sofort ausbreiten, aber nur im ersten Anlauf. Je mehr das erfolgreiche (»schlechte«) Beispiel Schule macht, desto häufiger treffen gefallene Engel auf ihresgleichen und müssen dann, um die eigene Haut zu retten, erheblich zurückstecken und doch wieder vorsichtig zu verhandeln anfangen. Das zumal dann, wenn sie nicht gleich erkennen können, wes Geistes Kind ihr Gegenüber ist. Zwar wurden nach weltweit verbreiteter künstlerischer Ansicht die lieben federflügeligen Engel nach dem Fall auf Fledermausflügel umgerüstet, was ein gutes Unterscheidungsmerkmal abgäbe. Dem arbeitet aber auf Erden die Selektion entgegen, die am Evolutionsspieltisch das Pokergesicht prämiiert, jeden aufplustert und vor einem voreiligen Eingeständnis eigener Schwäche bewahrt. Sollte die Selektion in Himmel und Hölle ebenso funktionieren, dann wäre eher zu erwarten, daß beide, Teufel wie Engel, als aufgeplusterte Cherubim mit schließlich sechs Flügeln daherkommen – aber mit denselben.

Der Moralist Lorenz und die bitteren Kerne im Fruchtfleisch der Ethologie

Das genetisch programmierte Verhalten der Tiere entspricht tatsächlich etwa dem, was Kant von seinen Teufeln erwartete. Lorenz hat sein Buch »Die Rückseite des Spiegels« mit einer genauen Beschreibung begonnen, wie das Genom seinen Wissensgewinn statt mit Verstand durch Mutation und Neukombination erzielt, durch ungerichtetes Probieren und Vervielfältigen des am besten Passenden. Teufel mögen unschlagbar schlau sein, die Genome aber probieren noch immer. Sie sind inzwischen zu unterschiedlichen Taktiken gekommen und darum im Vorteil, wenn sie bevorzugt mit den Vertretern der eigenen Taktik kooperieren und Frieden halten. So wird zum Beispiel Brutpflege vornehmlich auf die eigenen Jungen beschränkt und nicht auf andere Artgenossen ausgedehnt.

Fügt man noch die Nutzen-Kosten-Abwägung hinzu, dann wird verständlich, wann manche Tiermütter ihre Jungen aufziehen und wann nicht. Mütter, die mehrere Junge pro Wurf erwarten, können nämlich ihren Gesamt-Fortpflanzungserfolg steigern, wenn sie einzeln geborene Junge verlassen oder verzehren und sogleich mit einer neuen normalen Brut beginnen, statt lange Brutpflegezeit auf ein einzelnes Junges zu verwenden. Daß der Spezialfall von gestern in die Regel von heute paßt, ist nach Lorenz der übliche Fortschritt der Erkenntnis.

Lorenz hat einen Baum evolutionsorientierter Erkenntnis gepflanzt. Von diesem Baum stammt auch eine Frucht mit dem amerikanischen Handelsnamen Sociobiology, von der Lorenz nichts hält. Ob das daran liegt, daß in dem ganz und gar ethologischen Fruchtfleisch die Nutzen-Kosten-Vergleiche, die Kooperation aus Egoismus und die Verwandten-bevorzugung als Kerne stecken? Sind es am Ende die Kantschen Teufel-chen, die dem Moralisten Lorenz das Ganze madig machen? Ethik läßt sich nicht durch Ethologie, moralisches Sollen nicht durch vorgegebe-nes Sein ersetzen, und die normative Kraft des Faktischen wird selbst durch die aufgewiesene biologische Kehrseite der Zehn Gebote (Wickler 1981) nicht veredelt.

In Konrad Lorenz sind ein Arzt, ein Biologe und ein Philosoph verei-nigt; er kann ein Teamwork alleine machen. So hat er die Ethologie als Wissenschaftszweig gegründet; eine neue Erklärungsweise für die Be-ziehungen zwischen Reiz und Reaktion aufgestellt, welche die Sponta-neität des Verhaltens an den Anfang stellt; die Rolle des Lernens als adaptive Modifikation des Verhaltens herausgearbeitet; eine biologi-sche Theorie der menschlichen Erkenntnis geliefert; und uns allen vor-gemacht – was ein Donau-Dampfschiffahrtsgesellschafts-Kapitän ja im Blut hat –, daß gegen den Strom schwimmen muß, wer zu den Quellen kommen will.

III
Konrad Lorenz
Der Mensch in der Falle

Ich pflege zu sagen: Der Mensch ist nicht böse von Jugend auf, er ist gerade gut genug für die Elf-Mann-Sozietät des Fußballteams. Es haben nämlich amerikanische Soziologen errechnet, daß elf die beste Zahl einer befreundeten Gruppe sei, und es liegt nahe, zu sagen: Fußball- und Hockeyteam sind auch elf. Nun, die Kultur, die Tradition, die schnelle Entwicklung bringt den Menschen in mehrfacher Weise in eine sehr prekäre Lage. Es sind sehr viele an sich durchaus sehr günstige, verdienstvolle Verhaltensprogramme, die an sich nützlich und gut sind, die aber wegen der Massenhaftigkeit des Menschen zu verderblichen Auswirkungen führen.

Drei Freuden, die ins Verderben führen

Da ist zum Beispiel der Drang nach Ordnung, den jede Hausfrau hat, dessen Mangel ihren Mann zur Verzweiflung bringen kann. Die Ordnungsliebe, die Regulierung kleinster Verhaltensweisen durch Gesetze, wird um so notwendiger, je mehr Leute im Spiel sind. In diesem Sinne ist eine Großzahl der Bevölkerung der Demokratie abträglich. Je mehr Leute es sind, desto strenger müssen die Regeln eingehalten werden. Je dichter der Verkehr ist, desto gefährlicher ist es, wenn man bei Gelb über die Kreuzung fährt.

Eine zweite gefährliche »Tugend« ist die Freude am Wachstum. Jeder Bauer hat Freude, wenn seine Tiere sich vermehren, der Nomade, der in Schafen rechnet – »pecunia«, Geld, ist wahrscheinlich die ursprüngliche Bezeichnung für Schafherde –, freut sich wie ein Schneekönig, wenn seine Herde größer wird. Wir haben uns als Kinder über jedes Haus gefreut, das an unserem Dorf angebaut wurde. Die Freude am Wachstum ist eine ganz primitive menschliche Freude. Und das führt nun plötzlich dazu, daß das Wachstum eines Industrieunternehmens, das Wachstum des Straßenbaues und so weiter tödlich wird, weil es Bauland wegnimmt und den Menschen einengt.

Eine dritte selbstverständliche Eigenschaft des Menschen ist die Funktionslust. Wenn man etwas gut kann, hat man Freude daran. Ein Tischler beschreibt Ihnen, wie herrlich das Holz ist: »Das hat sich gehobelt wie Butter« – und hat sichtlich Genuß bei der Ausübung seiner Arbeit. Aber es führt unter modernen Umständen zu Auswüchsen. Zum Beispiel hat mein hochverehrter Lehrer der pathologischen Anatomie gesagt: »Eine prachtvolle Metastase!« Das ist tragikomisch, aber es ist Ausdruck der Funktionslust. Die Funktionslust ist eine Gnade, denn sie macht die Arbeit zur Freude, aber sie überträgt sich nun gräßlicherweise auf die Maschine. Ich gestehe, daß ich mich ausgesprochen daran freue, wenn mein uralter Mercedes schön glatt und geräuschlos läuft. Das überträgt sich auf das Laufen des Produktionsapparates. Ein Industrieller, der einen Produktionsapparat konstruiert hat und laufen sieht, der freut sich am Laufen des Produktionsapparates. Und da wird nun eben die Freude am Wachstum und an der Funktion der Maschine zum Verderben.

Wettbewerb zum Guten, Wettbewerb zum Bösen

Selbstverständlich: Die Freude am Wettbewerb gibt es schon bei Tieren. Es gibt echte Wettläufe, faire Wettkämpfe bei Tieren. Bei uns Menschen wird Freude am Wettbewerb um so größer, je größer das Kollektiv ist, das mit einem anderen in Wettbewerb tritt. Da kommt Begeisterung dazu, und auf einmal geraten diese Faktoren, die Freude an der Ordnung, die Freude am Wachstum, die Freude an der Funktion, in einen Wettbewerb, in einen Teufelskreis von gegenseitiger positiver Rückwirkung, und dies führt dann dazu, daß industrielle Unternehmen ins Gigantische wachsen und allzu viel Macht erlangen. Wachstum ist immer exponentiell, lawinenbildend. Auch eine Fichte wächst ja räumlich und nicht in einer Linie. Es ist sehr schwer, Beispiele für ausschließlich lineares Wachstum in der Natur zu finden.

Und auf das kann sich der Wirtschaftswachstumsgläubige stützen und sagen: Die Fichte macht ja genau das, was mein Unternehmen macht. Aber während dafür gesorgt ist, daß Bäume nicht in den Himmel wachsen, gilt das nicht für die Industrie. Und es ist heute schon der Punkt erreicht, wo die Industrie die Welt beherrscht. Die Politiker müssen sich samt und sonders der »Lobby« beugen. Das sind harte

Worte. Ich bitte die Politiker, nicht beleidigt zu sein, sie können nichts dafür. Das ist der Gang der Welt, und die Lobby ist etwas sehr Unheimliches. Die Lobby besteht nämlich sowohl in der »Nomenklatura« in Rußland wie unter den »Multis« in Amerika aus einer kleinen Zahl von Menschen, die *das Sagen* haben – wie die Zeitungen in einer falschen Übersetzung: »they have the saying«, zu sagen pflegen. Und das tief Unheimliche daran ist, daß man nicht weiß, wer das ist: die Lobby, die Nomenklatura, die Multis. Kein Mensch weiß, wer »das Sagen« hat. Das sind Folgen des Wachstums, also einer an sich tugendhaften und in beschränktem Maße wünschenswerten Leistung der Menschheit.

Die Tyrannei des Meßbaren

Jetzt zur Wissenschaft. Auch die Wissenschaft wird bedroht durch die Vielzahl der Beteiligten. Erstens kann kein Menschenhirn mehr das fassen, was der kollektive Menschengeist an Wissen hervorbringt. Das heißt, die Wissenschaft muß sich differenzieren. Vor fünf Jahren habe ich noch den Vergaser meines Wagens auseinandergenommen, wenn er zu viel Benzin gebraucht hat. Heute kann das nicht einmal die Fachwerkstatt, vielmehr muß der Computer, der die Einspritzung regelt, nach Stuttgart gebracht werden zu einer Computerfirma. Und so geht es allenthalben. Wir gewöhnen uns an, Apparate, Dinge zu brauchen, deren kausale Funktion wir nicht mehr im geringsten durchschauen. Wir geraten so unter die Tyrannis der Experten. Jeder Mensch muß sich dem Urteil des betreffenden Experten, des Arztes, des Uhrmachers, des Telefonreparierers, des Fernsehmechanikers, sklavisch unterwerfen. Er weiß, nur der kann es besser.

Diese an sich normalen Leistungen des Menschen sind zu Gefahren geworden.

Es gibt aber auch Fehlleistungen des Menschen, die tatsächlich krankhaft sind und die sich ausbreiten wie eine Krankheit, die anstekkend sind und die zunehmen, weil sie zur Mode werden können. Und dazu gehört die wahrscheinlich der modernen Physik abgelauschte Meinung vieler Biologen und vieler sonst normaler Menschen, daß nur das Anspruch auf Realität erheben kann, was in der Terminologie der exakten Naturwissenschaften definierbar und mathematisch quantifizierend regulierbar ist. Das glauben sehr viele Leute, und das glauben sogar sehr viele, die eigentlich wissen, daß das ein Unsinn ist. Nun, das allererste, was uns die Ethologie, die Vergleichende Verhaltensforschung und insbesondere die darauf sich gründende Evolutionäre Erkenntnistheorie lehrt, ist, daß schlechterdings allem, was wir empfinden und erleben, Reales zugrunde liegt, vor allem auch unseren Empfindungen für *Werte*. Wir alle, die wir hier sitzen, sind von der Wirklichkeit von Menschheitswerten überzeugt, die wir alle gleichermaßen empfinden. In eine Beethoven-Symphonie gehen auch sehr viele Leute, die dabei das gleiche empfinden. Es ist also eine falsche Aussage, daß nur das real sei, was quantifizierbar sei, denn das leugnet die Realität unseres ganzen Seelenlebens, das leugnet den ganzen Menschen.

Der leere Mensch, der manipulierbare Mensch

Man muß sich dabei fragen, warum der Glaube, daß dem Menschen nichts angeboren sei, daß wir alle Tabula-rasa-geboren sind und das ganze menschliche Innenleben dann durch Erfahrung hinzukommt, warum das gerade in Amerika und gerade in der Sowjetunion zur Staatsreligion erhoben wurde. Ich kann Ihnen eine sehr einfache und überzeugende Antwort geben: Weil das die Hoffnung erweckt, Menschen unbegrenzt manipulieren zu können. Wenn der Mensch bei der Geburt leer ist, dann kann ich den Menschen erziehen, zu was ich will.

Selbstverständlich fallen mit dieser Definition alle Werte, und es ist verständlich, wenn heute so viele Leute nur im Geld einen Wert sehen. Wir leiden unter einer entsetzlichen Verschiebung des Wirklichkeitsbewußtseins. *Wirklich* ist für jeden Menschen das, *worauf er wirkt*, was *auf ihn wirkt*, womit er in *Wechselwirkung* steht, worum er sich Sorgen macht. Und das ist für den durchschnittlichen städtischen Menschen das Geld oder Geldeswert. Und wenn der Ökologe ihm sagt, daß man goldene Nockerln nicht fressen kann, sondern daß der Mensch nur das essen kann, was die grüne Pflanze mit Hilfe des Sonnenlichtes synthetisiert – wissen Sie, was er da sagt? Da sagt er: Das ist unrealistisch. Denn real ist doch nur das Geschäft.

Und auf diese Weise wird das, wovon wir leben, rapid weniger, die Menschen werden rapid mehr, die Gefahren der Wertblindheit wachsen rapid ins Ungemessene.

Was kann man dagegen tun? Das technokratische System herrscht durch technomorphes Denken. Menschen haben den ganzen Tag fast nur mit von Menschen gemachten Dingen zu tun und haben verlernt, mit lebendigen Systemen umzugehen. Wenn sie mit lebendigen Systemen in Berührung kommen, bringen sie sie erfahrungsgemäß in der dümmsten Weise um. Der Walfang könnte jetzt ein Vielfaches von dem abwerfen, was er vor vielen Jahren noch abgeworfen hat – er wirft ja heute fast nichts ab –, wenn sich die Verantwortlichen zu der einfachen Erkenntnis durchringen könnten, daß die Wale Zeit haben müssen, Junge zu kriegen, die man später schlachten kann. Die Über-Ausbeutung dessen, wovon man lebt, ist eine der tödlichen Folgen der Wertblindheit, und das ist vielleicht der Weg, wie man ganz vernagelten Geldmenschen zum Bewußtsein bringen kann, daß das, was moralisch verdammenswert ist, auch wirtschaftlich dumm ist. Das ist ein Argument, auf das ich große Werte lege.

Aussteigen und einsteigen

Die gegenwärtige Lage der Menschheit ist also ziemlich traurig, und am traurigsten dran ist die Lage der Jugend. Ein intelligenter Bub von siebzehn, achtzehn, der sieht doch, daß sein erfolgreicher Vater als Geschäftsmann nicht glücklich ist, daß der sich unaufhaltsam an den Herzinfarkt heranarbeitet, während er sich über seine finanziellen Erfolge freut. Der Junge sieht, wie nervös der Vater ist, er sieht das alles. Und jetzt besteht die Gefahr, daß er immerhin der Tradition genug glaubt, um anzunehmen, daß das die ganze Möglichkeit des Menschen sei. So wird er zum »Aussteiger«. Von dem haben wir aber nichts.

Ich glaube, daß auf zwei Wegen Hoffnung besteht, Jugendliche zu dem Bewußtsein zurückzuführen, daß es sich lohnt, zu leben. Das eine ist die nahe Berührung mit der Natur. Ich kenne keinen Zoologiestudenten, keinen Botaniker, keinen wirklich mit der Natur Befaßten, keinen mit der Schönheit der organischen Schöpfung wirklich in Berührung Gekommenen, der am Sinn der Welt zweifelt.

Die zweite Voraussetzung, daß man für den Sinn der Welt zu Felde zieht, ist die Freiheit von Doktrinen. Man darf nicht unterschätzen, wie ungemein gekonnt die Propaganda des sogenannten Establishment heute verfährt, und man darf nicht vergessen, daß das Establishment den Fahrplan beherrscht. Ökologie ist ein unbeliebtes Fach. In der Mittelschule müßte Biologie ganz groß geschrieben werden und wird doch noch immer möglichst an den Rand gedrängt. Ein guter Biologielehrer kann heute mehr Seelen retten als ein sehr guter Pfarrer. Gefährlich ist nur – daran muß man immer denken –, daß man den Teufel mit Beelzebub austreibt und einer Doktrin eine andere Doktrin entgegenstellt. Wenn Sie sich die Programme der grünen Alternative anschauen, werden Sie sich dieser Gefahr voll bewußt.

Die Gotteslästerung, von Gott zu reden

Ich möchte zum Schluß ein paar Sätze vorlesen, die ich im Nachwort zu meinem Buch geschrieben habe: Die Evolutionäre Erkenntnistheorie ist nicht dem Seelenzustand des Anbetens, des Verehrens entgegengesetzt. Es wird uns oft krasser Materialismus vorgehalten, weil wir das Wort »Gott« nicht aussprechen. Nach meiner Meinung soll man das Wort »Gott« nicht nur nicht eitel nennen, sondern soll es überhaupt nicht nennen. Mir schaudert immer vor einer Gotteslästerung, wenn man auch nur das persönliche Fürwort *ER* in der Bibel liest, selbst wenn es mit zwei großen Buchstaben geschrieben wird. Begegnung mit Gott ist mir eine schauerliche Blasphemie.

Ich glaube, daß der Mensch dort, wo er schöpferisch wird, und nur dort, wo er schöpferisch wird, ein Ebenbild des Schöpfers genannt werden kann und daß wir nicht umhin können, das zu werten und das als Wert zu empfinden, was der im Universum immanente Schöpfer als Wert gesetzt hat.

Franz M. Wuketits
Das geistige Leben – eine neue Art von Leben

»Er redete mit dem Vieh, den Vögeln und den Fischen« – diesen bezeichnenden Titel trägt eines jener bekannten Bücher, die Konrad Lorenz als einen Naturforscher ausweisen, der, was heutzutage bereits eine Seltenheit geworden ist, seine eigene Begeisterung für die Kreaturen unseres Planeten stets auf den Leser zu übertragen vermocht hat, getreu seinem Motto: »Um Tiergeschichten schreiben zu können, muß man von einem warmen und echten Gefühl für die lebende Kreatur ergriffen sein.« Und für so manchen ist Lorenz denn auch zum Inbegriff eines Forschers geworden, der auf du und du steht mit allem, was da kreucht und fleucht. Sollte es sich dabei um eine Übertreibung handeln, dann bleibt für eine um die Jahrtausendwende zu schreibende Geschichte der Biologie Lorenz jedenfalls einer der wenigen bedeutenden Biologen des 20. Jahrhunderts, die das Betreiben ihrer Wissenschaft nicht auf die in einer sterilen Laboratoriumsatmosphäre entfaltete Betriebsamkeit reduziert, sondern ihre Erkenntnisse in direkter Konfrontation mit dem lebenden Organismus gewonnen haben.

Es dürfte nicht schwerfallen, zu verstehen, daß die damit angesprochene (erkenntnistheoretische, methodische) Grundhaltung in der Erforschung des Lebens im allgemeinen letzten Endes auch für das Studium jener besonderen Spezies von großer Bedeutung ist, die wir als den Menschen kennen. Während der ontologische Reduktionismus vielerorts seine Blüten treibt, die Überzeugung eines nicht unbeträchtlichen Teils zeitgenössischer Naturforscher zum Ausdruck bringt, daß die geistigen Phänomene auf das Organische zurückführbar sind und dieses schließlich sich restlos auflösen läßt in den Gesetzen der Physik, finden wir bei Lorenz unmißverständlich ausgesprochen, »daß das geistige Leben des Menschen eine neue Art von Leben sei«; womit auch jenen seiner Kritiker der Boden entzogen ist, die behaupten, Lorenz hätte auf illegitime Art und Weise »den Menschen« mit »dem Tier« identifiziert. Und damit komme ich zum Thema: »Er redete mit dem Menschen« – dies läßt sich fürs erste im Hinblick auf das Gesamtwerk von Konrad Lorenz ebenso sagen wie behauptet werden kann, daß er im »Dialog« mit dem Vieh, den Vögeln und den Fischen stand. Diese Metapher soll andeuten, daß die Verhaltensforschung, die Lorenz – der Verdienste seiner Vorläufer eingedenk – so entscheidend beeinflußt und methodisch überhaupt erst begründet hat, in einer Erneuerung unseres Bildes vom Menschen ihren Niederschlag findet. Dabei ist von Anfang an festzuhalten, daß Lorenz, verschiedenen »Modeströmungen« in den Humanwissenschaften zum Trotz, den Menschen in seiner Ganzheit, d. h. in seiner materiell-geistigen, leiblich-seelischen Einheit zu erfassen bemüht war.

Meinem Thema verpflichtet, möchte ich in der Folge also versuchen, die Konsequenzen der Arbeiten Lorenz' für ein Menschenbild zu skizzieren.

Menschenseele – Tierseele

Seinen eigenen Aussagen zufolge war für Konrad Lorenz zu der Zeit, als er in Wien Medizin studierte, die Begegnung mit dem Anatomen und Embryologen Ferdinand Hochstetter sehr bedeutsam. Hochstetter war nicht zuletzt mit der Rekonstruktion der Stammesgeschichte der Tiere beschäftigt; er nahm diese Rekonstruktion auf der Basis von Ähnlichkeiten und Unähnlichkeiten verschiedener Tierformen vor. Damals wurde für Lorenz klar, daß diese Methode der Rekonstruktion nicht nur auf den Körperbau, die Anatomie der Tiere, sondern unmittelbar auch auf deren Verhalten anwendbar ist. Damit war die Brücke geschlagen von der Evolutionstheorie, der zentralen Theorie der Biowissenschaften, zum Studium des Verhaltens der Lebewesen. Es steht außer Frage, daß das Verhalten der Tiere den Menschen praktisch schon immer beschäftigt hat, aber einen soliden methodischen »Unterbau« erhielt diese Beschäftigung erst im Rahmen einer umfassenden evolutionären Betrachtungsweise.

Diese Betrachtungsweise schließt freilich auch den Menschen ein, der eben wie alle Lebewesen ein Resultat der Evolution ist. Aber an diesem Punkt trennten sich die Geister: War es nicht ausgemacht, daß der Mensch – wenn er schon hinsichtlich seines Körperbaues in die Evolution der Organismen eingefügt sein soll – im Hinblick auf seine »Psyche« zumindest eine nicht auf die Evolution zurückführbare Besonderheit darstellt? Und so kam es, daß die Psychologie des Menschen weitgehend ohne Berücksichtigung evolutionärer Aspekte betrieben worden ist. Selbst in der Psychoanalyse nach Sigmund Freud, die sich als eine biologisch orientierte Theorie des menschlichen Verhaltens verstanden hat, fehlen entscheidende evolutionsbiologische Einsichten. Noch Mitte der fünfziger Jahre stellte daher Lorenz kritisch fest: »Führende Psychologenschulen sind sich bis in die jüngste Zeit zwar nicht darüber einig, ob der Gegenstand der Psychologie überhaupt eine Naturerscheinung im allgemeinen und eine Lebenserscheinung im besonderen sei, wohl aber darüber, daß er mit Erblehre und Stammesgeschichte nichts zu tun habe.«

Dieser Mangel an Evolutionsverständnis, ja die strikte Zurückweisung der Evolutionstheorie in weiten Bereichen psychologischer Forschung erklärt jenen Umstand, daß eine große Kluft sich aufgetan hatte zwischen einer als Verhaltensforschung verstandenen Tierpsychologie und der Humanpsychologie, die im Selbstverständnis der allermeisten ihrer Vertreter als Psychologie im eigentlichen Sinne deklariert wurde. Daß es aber streng nur eine Psychologie geben kann, und zwar als Lehre von jenen allgemeinen, das tierische und das menschliche Verhalten bestimmenden Faktoren, die aus der Evolution abgeleitet werden müssen, dies aufgezeigt zu haben ist ein wesentliches Verdienst von Konrad Lorenz. Die im vergangenen Jahrhundert vor allem von Herbert Spencer und – mehr noch – von Charles Darwin vorgezeichnete, in den Wissenschaften vom Menschen aber leider vielfach ignorierte evolutionäre Psychologie hat damit einen kräftigen Auftrieb erfahren. Von da aus wurde es auch erst möglich, die – ebenfalls bereits im 19. Jahrhundert angesetzte – Untersuchung der stammesgeschichtlichen Grundlagen des menschlichen Erkennens und Denkens sinnvoll voranzutreiben. Entscheidend ist also in diesem Zusammenhang, daß die »Psychologie des Tieres« und die »Psychologie des Menschen« methodisch auf eine gemeinsame Basis gestellt werden.

Darauf stützt sich der verschiedentlich erhobene Vorwurf, den Menschen auf das Tier zu reduzieren. Ich habe schon eingangs gesagt, daß dieser Vorwurf in keiner Weise gerechtfertigt ist. Im übrigen ist es eine falsche Fragestellung, von der viele Kritiker der Vergleichenden Verhaltensforschung ausgehen, wenn sie nach Unterschieden zwischen dem Menschen und dem Tier suchen. Es ist unsinnig, zu fragen: »Was ist der Unterschied zwischen Tier und Mensch?« Denn es gibt ja nicht *das*

Tier, sondern über eine Million verschiedener Tierarten, von denen jede mehr oder minder deutlich von anderen Arten zu unterscheiden ist. Vielmehr können wir fragen: »Welche Eigenschaften hat unsere Spezies entwickelt, die im Tierreich sonst nirgends auftreten und grundsätzlich neue Dimensionen in der Evolution erschlossen haben?« Daß diese Eigenheiten Lorenz nicht nur betont hat, sondern wesentlich auch herauszuarbeiten suchte, habe ich einleitend bemerkt, und ich werde noch darauf zurückkommen.

Kein Menschenverständnis ohne Tierverständnis

Überblicken wir das Lebenswerk von Konrad Lorenz, dann können wir also Wege zu einer bedeutenden Synthese finden: der Synthese von Evolutionstheorie, Verhaltensforschung und Psychologie (im Sinne der Humanpsychologie). »Evolution ist ja alles«, so erinnert sich Lorenz schon sehr früh gesagt zu haben, »das ist die Geschichte der Welt, das ist das einzige, was wirklich wichtig ist.« Diese Erkenntnis erklärt nicht nur seinen damaligen Wunsch, Paläontologe zu werden – einen Wunsch, der, ohne daß wir das heute bedauern müßten, nicht realisiert wurde –, sondern bildete wohl den Keim der später so entscheidenden Einsicht in die phylogenetischen Mechanismen des Verhaltens der Lebewesen.

Was Darwin und einige seiner weitblickenden Zeitgenossen in Konturen vorgezeichnet hatten – daß nämlich im Verhalten des Menschen und anderer Lebewesen bemerkenswerte Ähnlichkeiten gegeben sind, die nur aus einer gemeinsamen stammesgeschichtlichen Wurzel erklärbar sein müssen –, das hat Lorenz nicht nur zu einem wegen seiner Geschlossenheit imponierenden Lehrgebäude ausgebaut, sondern in seiner Konsequenz zu einer Erneuerung des Menschenbildes geführt.

Der Mensch bleibt dabei in Ansehung seines Geistes auf einer kategorial höheren Ebene als die übrigen Lebewesen, aber »um die neue Kategorie des realen Seins, die mit der Fulguration des menschlichen Geistes in die Welt gekommen ist, voll verstehen zu können, muß man zuvor diesen essentiellen Vorgang des organischen Werdens verstanden haben«.

Nun mögen solche Postulate für einen mit Darwin aufgewachsenen Biologen Selbstverständlichkeiten sein; nicht aber für jene große Zahl von Anthropologen, die – in alten philosophischen Traditionen verwurzelt – an der Apotheose des Menschen festhalten und gegen die Verbindung unserer Spezies mit allen übrigen Lebewesen künstlich Hindernisse errichten, um letztlich die Psychologie des Menschen wieder von ihren allem organischen Werden gemeinsamen Grundlagen zu entbinden. Man denke nur einmal daran, wie empfindlich viele Psychologen auf das von Lorenz in seinem Buch »Das sogenannte Böse« (1963) vorgestellte Konzept der Aggression reagiert haben. Es ist hier nicht meine Aufgabe, diese ganze Diskussion und ihre Ergebnisse zu präsentieren, was in Kurzform auch kaum möglich wäre, aber zumindest hinweisen möchte ich auf Erich Fromm, der die Gemeinsamkeiten der Antriebe tierischen und menschlichen Verhaltens vielfach zurückgewiesen und die Analogie als Wissensquelle übersehen hat. Dem ist mit Lorenz entgegenzuhalten: »Das Unverständnis für das organische Werden und für die ihm entspringenden, stets wesensverschiedenen, aber immer aufeinander aufruhenden Schichten des lebendigen Seins [führt] zu jenem Denken in disjunktiven Begriffsfassungen und zu jenem Aufstellen typologischer Gegensätze, die zu einem so hartnäckigen Hindernis für das Verständnis jedweder historischer Zusammenhänge geworden sind.« Somit mag deutlich geworden sein, daß Lorenz sich sowohl von jedem den Menschen verherrlichenden Denken distanziert hat als auch von den Platitüden der Reduktionisten, die im Menschen nicht mehr zu erblicken vermögen als einen Klumpen beweglicher Materie.

Was letzteres betrifft, scheint es wichtig, sich einmal zwei der heute sehr bedeutenden »Schulen« zu vergegenwärtigen, die in ihren Konsequenzen dazu führen, daß der Mensch letztlich zu einem Spielball der Kräfte degradiert wird. Gemeint ist die Soziobiologie auf der einen Seite, der Behaviorismus auf der anderen. Beide münden, wie sogleich näher ausgeführt werden soll, in einen strikten Determinismus, wovon sich das Bild des Menschen, das aus der im Sinne von Lorenz verstandenen Verhaltensforschung resultiert, deutlich abhebt.

Der Mensch – eine »Überlebensmaschine«?

Schon immer war es eine brennende Frage, inwieweit der Mensch von seinen Erbanlagen und seiner Umwelt (im engeren Sinne: Erziehung) abhängt. Dabei bezieht sich diese Frage keineswegs allein auf das Individuum, sondern ebenso auf die Sozietät. Als ein Teilgebiet der Verhaltensforschung, das sich mittlerweile jedoch zu verselbständigen beginnt, gilt die Soziobiologie, d. h. diejenige Disziplin, die sich mit den biologischen Grundlagen des Sozialverhaltens beschäftigt.

Richard Dawkins, Edward O. Wilson und nicht zuletzt auch der einstige Lorenz-Schüler Wolfgang Wickler, um nur einige zu nennen, haben in letzter Zeit maßgeblich dazu beigetragen, daß die Soziobiologie sich einer gewissen Popularität erfreuen darf, wenngleich ihr ursprüngliches Anliegen und Forschungsziel keineswegs neu ist. Allein der Ausdruck »Soziobiologie« ist mehr als dreißig Jahre alt: Anläßlich eines im Jahre 1948 in New York abgehaltenen Symposiums, das den Problemen des Sozialverhaltens verschiedener Lebewesen gewidmet war, wurde die Soziobiologie als interdisziplinäre Betrachtungsweise aus der Taufe gehoben, »mit dem Ziel, durch vergleichend zoologisch-soziologische Arbeiten auf allgemein gültige Gesetzmäßigkeiten zu stoßen, die für den Menschen ebenso wie für die anderen Lebewesen gültig sind«. Ein Teilgebiet der Verhaltensforschung ist die Soziobiologie insofern, als sie eben einen speziellen Aspekt des Verhaltens der Lebewesen untersucht und im übrigen den allgemeinen methodischen Prämissen der Ethologie folgt, indem sie auf die Evolutionstheorie zurückgreift.

Daß das Anliegen der Soziobiologie, die biologischen (phylogenetischen) Grundstrukturen auch des menschlichen Sozialverhaltens transparent zu machen, ein sehr wichtiges Anliegen ist und daß die Soziobiologie insgesamt im Dienste unserer Selbsterkenntnis ein bedeutungsvolles Unterfangen ist, bedarf keiner besonderen Erwähnung. Problematisch aber sind einige in der Soziobiologie enthaltene Tendenzen, die einen genetischen Determinismus heraufbeschwören, den Menschen als eine Überlebensmaschine (Dawkins) erscheinen lassen und, im letzten, dem Materialismus eines Lamettrie zur Auferstehung verhelfen, wo der Mensch bekanntlich als Maschine deklariert worden war.

Freilich sind der »Egoismus der Gene« und das »Prinzip Eigennutz« nur Metaphern, die einen an sich ja nicht falschen Eindruck vermitteln von dem Einfluß, den seine genetischen, in der Stammesgeschichte erworbenen Determinanten auf den Menschen und sein soziales Verhalten ausüben. Die Gefahren des ontologischen Reduktionismus sind dabei jedoch nicht zu verkennen. Zumindest einige der Vertreter der Soziobiologie haben den Eindruck hervorgerufen, daß alle sozialen und kulturellen Leistungen des Menschen in letzter Instanz auf den Wettbewerb der Gene zurückführbar sind, womit also alles, was wir gemeinhin mit dem Begriff des Geistes zu umschreiben pflegen, mechanistisch erklärbar sein soll.

Der kleine Unterschied zwischen Bienenstaat und Menschenstaat

Soweit ich sehe, hat Lorenz sich in seinen schriftlichen Publikationen nicht explizit zur Soziobiologie geäußert, wohl aber den Reduktionismus kritisiert, der in verschiedenen »Erklärungen« des menschlichen Sozialverhaltens sichtbar wird. In »Die Rückseite des Spiegels« (1973) zitiert Lorenz den Anthropologen Earl W. Count: »Der Unterschied zwischen einem Insektenstaat und einer menschlichen Gesellschaft ist nicht der zwischen einem einfachen und einem komplexen sozialen Automatismus und einer kulturisierten Sozietät . . ., sondern der zwischen einer Kultur mit hoher instinktiver und geringer Lernkomponente auf der einen Seite und einer Kultur mit hohem Lernanteil auf der anderen.« Lorenz stellt dazu fest: »Hier wird der Wesensunterschied zwischen den Tieren und den Menschen nicht klar dargestellt.« In Anbetracht solch kritischer Feststellungen im Hinblick auf reduktionistische Strömungen zeugt es von einer profunden Unkenntnis, wenn so mancher seiner wissenschaftlichen Gegner Lorenz vorwirft, er hätte den Menschen auf »das Tier« durch vage Analogien reduziert. Das Gegenteil ist der Fall!

Der Mensch – ein Wunder der Dressur?

Ist also das in den Arbeiten von Lorenz deutlich gewordene Menschenbild abzugrenzen von einem Reduktionismus und einem Determinismus, der überall dort zum Tragen kommt, wo der Mensch dem Diktat seiner Gene voll unterstellt wird, muß auf der anderen Seite aber auch eine Abgrenzung von der behavioristischen Doktrin erfolgen. Der Behaviorismus bedeutet im wesentlichen das Gegenstück zur Soziobiologie, weil seine Anhänger das Lebewesen als eine Art »Tabula rasa«

betrachten, einen leeren Kasten, in den allerlei hineingestopft werden könne. Auch im Behaviorismus feiert der alte »Maschinenstandpunkt« fröhliche Urständ: Ist für einige Soziobiologen der Mensch eine Überlebensmaschine (und nichts als dies!), so stellt er für einen Behavioristen wie B. F. Skinner nichts anderes als eine Reiz-Reaktions-Maschine dar, für die wir nun im Sinne ihres Überlebens Verhaltenstechnologien finden sollen. (Aldous Huxleys »Schöne neue Welt« ist davon ja nicht weit entfernt . . .)

Mit dieser Doktrin vom »leeren Organismus« (empty organism doctrin) hat sich Lorenz ausführlich und kritisch auseinandergesetzt, vor allem auch unter methodischem Gesichtspunkt. Methodisch läßt sich der Behaviorismus dadurch charakterisieren, daß er (mittels statistischer Methoden) die wahrscheinlichen Folgen von Dressurakten bzw. im weiteren Sinne von andressierenden Reizeinwirkungen zu erfassen sucht – und sonst nichts. (Dieses »Sonst-nichts« möge bereits ein Hinweis sein auf den sowohl methodischen wie ontologischen Reduktionismus, der in der behavioristischen Doktrin enthalten ist.)

Es kann zunächst nicht in Abrede gestellt werden, daß die Behavioristen wichtige Fragestellungen formuliert und ebenso wichtige Ergebnisse erzielt haben. »Da nun das Lernen am Erfolg«, schreibt Lorenz, »bei höheren Tieren und beim Menschen eine große Rolle spielt, hat die behavioristische Forschung Großes geleistet . . . Was wir [aber], sowohl methodologisch als sachlich, den Behavioristen vorzuwerfen haben, betrifft nicht das, was sie tun – sie tun es in beispielgebender Weise – sondern das, was sie nicht tun.« Die Behavioristen »schließen aus dem Kreis ihres Interesses radikal alles aus, was nicht ganz unmittelbar mit dem einen, speziellen Mechanismus des Lernens durch Erfolg zu tun hat . . . und das ist nicht mehr und nicht weniger, als der ganze restliche Organismus«.

Wenn ich nun der Soziobiologie einen genetischen Determinismus, der behavioristischen Schule einen Umweltdeterminismus unterstelle, dann geschieht das, glaube ich, nicht zu Unrecht. Selbstverständlich betonen beide Richtungen sehr wesentliche Faktoren im Verhalten der Lebewesen (den Menschen eingeschlossen), aber in ihren Totalitätsansprüchen führen sie beide zu einer perspektivischen Verkürzung des Menschenbildes (einmal abgesehen von den möglichen ideologischen Konsequenzen, die sich da wie dort auffinden lassen und in ihren Gefahren nicht unterschätzt werden dürfen). Der Verhaltensforscher hingegen weiß, daß Gene und Umwelt in wechselseitiger Beziehung zueinander stehen und zusammen ein komplexes Netzwerk von Bedingungen für die Existenz eines Lebewesens ergeben. Damit befindet sich die Verhaltensforschung sozusagen auf dem goldenen Mittelweg, der hinausführt aus der offenbar sehr mächtigen Tradition reduktionistischer, mechanistischer, deterministischer Konzepte, die am »Wesen« des Menschen genauso vorbeigehen wie all die Versuche, dem Menschen in dieser Welt die Position eines Halbgottes einzuräumen, ihn herauszunehmen aus dem Strom organischen Werdens.

Die Vernunft, eine neue Form von Leben

Die Bedeutung der Verhaltensforschung für eine Erneuerung des Menschenbildes liegt also – um hier eine kurze Zwischenbilanz zu ziehen – vor allem in der Erkenntnis, daß der Mensch, da eingeflochten in die Evolution des Lebendigen, in den Grundstrukturen seines Verhaltens dieselben Mechanismen zur Entfaltung bringt wie andere Lebewesen auch, daß er aber in der »Überformung« elementarer Verhaltensweisen durch seine Vernunft seiner Entwicklung neue Dimensionen öffnet. Sowohl die soziobiologische Schule als auch der Behaviorismus unterschätzen die menschliche Vernunft, wenn sie sie nicht gar ignorieren: Da wie dort wird das Verhalten des Menschen dargestellt als ein automatenhaft ablaufender Prozeß, gesteuert einmal durch die Gene, ein andermal durch den Komplex der auf den Menschen einwirkenden Umwelteinflüsse. Der biologische »Unterbau« menschlichen Verhaltens, das sind die stammesgeschichtlichen Anpassungen, das sind die in Jahrmillionen durch natürliche Selektion entstandenen Antriebe und »Neigungen«, die im »Alltagsverhalten« des Menschen ihre vielfältigen Ausdrucksformen finden – dieser biologische, stammesgeschichtliche Unterbau ist also sehr mächtig, auch in bezug darauf, was wir als kulturelles Verhalten bezeichnen können. Aber die im engeren Sinne als Kultur zu bezeichnenden Errungenschaften des Menschen sind Leistungen seiner Vernunft. In diesem Sinne ist es zu verstehen, wenn Lorenz – wie schon gesagt – das »geistige Leben« des Menschen als eine neue Form von Leben bezeichnet. Dies wiederum setzt ein Evolutionskonzept voraus, das verschiedene der überkommenen Evolutionsvorstellungen übersteigt. Im Telegrammstil gesagt: In der Evolution wirken konstant die gleichen Mechanismen, doch schaffen diese Mechanismen unter sich wandelnden Bedingungen fortgesetzt Neues. In der Tat: »Nichts ist schon dagewesen.« Damit komme ich zu Problemen, die heute in der philosophischen Diskussion des Lebens, des Menschen, nach wie vor eine hervorragende Rolle spielen. Ich will hier den Stellenwert der Arbeiten von Lorenz in dieser Diskussion kurz darzulegen versuchen.

Erschütternde Entdeckung: Ich entdecke mich

Man sage nicht, daß die in den Wissenschaften und in der Philosophie entwickelten Vorstellungen vom »Wesen« des Menschen – welcher Art diese Vorstellungen auch immer sein mögen – ohne Einfluß bleiben auf den Menschen selbst, auf sein Handeln, auf seine »Einstellung« ihm selbst und der ihn umgebenden Welt gegenüber. So etwa führt der Behaviorismus oder, allgemeiner gesagt, die Milieutheorie zu der utopischen Vorstellung, »unerwünschte« Neigungen wären durch entsprechende erzieherische Maßnahmen in ihrer Entfaltung zu hemmen, ja buchstäblich auszumerzen, sofern eine gezielte Erziehung nicht schon von vornherein alle ungewollten Erscheinungen zu verhindern vermag. Wir müssen also, ob der potentiellen Konsequenzen verschiedener Hypothesen über den Menschen, diese Hypothesen ernst nehmen; und sei es nur, um sie gründlich zu widerlegen, eben zu dem Zwecke, um ihre eventuellen Gefahren rechtzeitig zu beseitigen.

Sicher ist auf jeden Fall, daß der Mensch mit der Entwicklung des reflexiven Bewußtseins sich selbst zum Problem geworden ist. So reichen denn auch die Wurzeln aller Versuche, sich selbst zu begreifen, weit zurück; »sie liegen im vorwissenschaftlichen Bereich, begannen sich abzuzeichnen, als der Mensch seine Fähigkeit zur Reflexion erlangte, als er begann, sich seiner selbst bewußt zu werden«. Und diese »Entdeckung seines eigenen Ichs«, schreibt Konrad Lorenz, »der Beginn der Reflexion, muß ein einschneidendes Ereignis . . . gewesen sein«. Vielleicht war es auch, wie Rupert Riedl meint, die »erschütterndste Entdeckung, die der Mensch in seiner Geistesgeschichte gemacht hat«. Wie dem auch sei: Fortgesetzt hat der Mensch sich die Frage gestellt, wer er ist, woher er kommt, wohin er geht. Man möchte meinen, daß diese Frage im letzten unbeantwortet bleibt; ja, man ist geneigt, eben die »Unergründlichkeit« des menschlichen Wesens als ein spezifisch menschliches Charakteristikum anzuerkennen und es dabei zu belassen, den Menschen als »Homo absconditus«, wie Helmut Plessner sich genötigt sah zu sagen, als »objektiv unergründbar« hinzustellen. Ich glaube nicht, daß damit allzuviel gewonnen ist, es sei denn, wir sind bestrebt, uns selbst zu verschleiern. Ein Bild des Menschen hingegen wird auf der Möglichkeit objektiver Erkenntnis beruhen müssen. Die von den Naturwissenschaften – und hier insbesondere von der Biologie – geleistete Reflexion ist die unabweisbare Grundlage jedes befriedigenden Verständnisses des Menschen. Freilich ist der Mensch selbst der Maßstab dafür, was hierbei befriedigend sein soll. Uns aber mit dunklen Ahnungen zu begnügen wäre verhängnisvoll. In Anbetracht seiner ganzen heutigen Situation kann der Mensch sich einen Wissensverzicht nicht mehr leisten.

Kulturwesen von Natur aus

Die Vergleichende Verhaltensforschung hat auf evolutionsbiologischer Grundlage den Weg geöffnet zu einem Verständnis des Menschen, das wir heute so dringend nötig haben; sie hat Fragen aufgeworfen, die vormals nicht gestellt worden sind, sie hat uns aber wiederholt unser Spiegelbild gezeigt. Wie gesagt: Nichts ist schon dagewesen. Eine Kultur, wie sie Homo sapiens kreiert hat, war auf unserem Planeten vorher nie da. Was jedoch untrennbar mit dieser Kultur verbunden ist und was zugleich eine Hoffnung sein mag, das ist die Möglichkeit, eben diese Kultur zu reflektieren. »Eine reflektierende Selbsterforschung der menschlichen Kultur hat es nämlich bisher auf unserem Planeten nie gegeben.« Ist der Mensch, wie Arnold Gehlen treffend gesagt hat, von Natur aus ein Kulturwesen, dann ist es ebenso richtig zu sagen, daß es zu den hervorragenden Leistungen dieses Kulturwesens gehört, seine Natur zu ergründen.

Nur zögernd haben die Resultate der Verhaltensforschung Eingang gefunden in die philosophische Diskussion des Menschen. Die philosophische Anthropologie war zu sehr damit beschäftigt, das »Innenleben« des Menschen zu betonen, jenen »Innenaspekt« unseres Daseins, der scheinbar nicht objektiviert werden kann. Ich sage »scheinbar«; denn in Wirklichkeit liegt eine »Anthropologie von außen« längst vor, sie setzt sich zusammen aus den vielen Resultaten der Evolutionsbiologie und Verhaltensforschung, die den Menschen seiner Subjektivität keineswegs – wie viele befürchten – berauben, sondern überhaupt erst jene Wege in der Evolution aufzeigen, die dazu geführt haben, daß einst ein Wesen auftreten konnte, das sich seiner selbst bewußt ist und eine Subjektivität entfalten kann.

Von der Aufklärung zur Abklärung

Worin also kann, konkret gefragt, eine Erneuerung des Menschenbildes unter den Vorzeichen jener Resultate bestehen? Dazu möchte ich vor allem zwei Dinge sagen:

Erstens ist es erforderlich, die alten Trennmauern abzubauen, die sich in den Jahrhunderten menschlicher Geistesgeschichte aufgetürmt haben zwischen Objekt und Subjekt, Materie und Geist, Natur und Kultur, Realismus und Idealismus. Man kann es kaum treffender formulieren, als Lorenz selbst es getan hat: »Auch heute noch blickt der Realist nur nach außen und ist sich nicht bewußt, ein Spiegel zu sein. Auch heute noch blickt der Idealist nur in den Spiegel und kehrt der realen Außenwelt den Rücken zu.« Die fundamentale Erkenntnis aber, die vorbereitet wurde von weitblickenden Denkern im 18. und 19. Jahrhundert und die der »Geist des 20. Jahrhunderts« klarer zu formulieren vermag, ist die, um abermals mit Lorenz zu sprechen, »daß dem erkennenden Subjekt und den erkannt-werdenden Objekten die gleiche Art von Wirklichkeit zukommt«. Das ist keineswegs allein eine erkenntnistheoretisch relevante Aussage; in ihr steckt nämlich die Einsicht, daß die Loslösung des Subjekts von der Objektwelt, des Geistes von der Materie, der Kultur von der Natur eine künstliche war, während es in Wahrheit nur eine Wirklichkeit geben kann. Diese Wirklichkeit ist ein komplexes Netzwerk, ein »Wirkungsgefüge«; sie ist ein dynamisches System, ein sich stets entwickelndes System, das fortgesetzt Neues hervorbringt.

Zweitens – und das ergibt sich unmittelbar aus dem soeben Gesagten – müssen wir den Menschen *in* der Natur zu begreifen suchen, als ein Wesen, das der natürlichen Evolution entsprungen ist, jenem Prozeß des ständigen Werdens, einem Prozeß im Wechselspiel von Plan und Planlosigkeit, Gesetz und Zufall. Selbst heute, ein Jahrhundert nach Darwins Tod, tun viele so, als ob der Mensch herausgenommen werden könnte aus dem Strom der Evolution, als ob die Regulative der Evolution für den Menschen keine Gültigkeit hätten. Tatsächlich aber übersehen die so Denkenden, wie tief der Mensch verwurzelt ist in seiner eigenen Vergangenheit. Selbstverständlich repräsentiert der Mensch – in seinem Vermögen, mannigfache kulturelle Leistungen zu vollbringen, in seinem Vermögen, seine eigene Existenz hinterfragen zu können – in der Evolution etwas kategorial Neues, aber die Entstehung des Neuen folgt offenbar ein und demselben Prinzip.

Verschiedentlich sprach Lorenz von der Fulguration, dem gleichsam »blitzartigen« Auftreten vorher nie dagewesener Systemeigenschaften, die sich aus der Integration, aus der spezifischen Zusammenschaltung ursprünglich voneinander unabhängiger Elemente zu einem Ganzen ergeben; auch das menschliche Bewußtsein muß auf diese Weise entstanden sein: durch spezifische »Verschaltung« der Elemente des Gehirns bzw. Zentralnervensystems.

Nehmen wir diese Erneuerung des Menschenbildes ernst – ich konnte ja hier nur einige Schlagworte dazu liefern –, dann wäre es nicht vermessen, zu glauben, daß wir uns an der Schwelle zu einer »zweiten Aufklärung« befinden, an der Schwelle zu einem Zeitalter der »Abklärung«, wie Rupert Riedl jüngst betont hat; und derselbe hat, was ich hier nur zu wiederholen brauche, in einer Würdigung der Verdienste von Konrad Lorenz diesen zutreffenderweise »als den ersten Enzyklopädisten dieser zweiten . . . Aufklärung« bezeichnet, »der aus seiner Wissenschaft den Eingang fand zu einer Naturwissenschaft der menschlichen Vernunft«. Sicher zerstört diese »zweite Aufklärung« verschiedene Illusionen und Trugbilder; aber das haben Aufklärungen nun einmal an sich. Um letzteres wußte schon der große »Aufklärer« Voltaire, wenn er da sagt: »Schade, daß man einen Teil seines Lebens damit hinbringen muß, alte Zauberschlösser zu zerstören. Es wäre ja besser, Wahrheiten festzustellen, als Lügen zu untersuchen.« Vielleicht aber hat Voltaire übersehen, daß die sorgfältige Untersuchung von »Lügen« auch schon »die Wahrheit« ans Tageslicht befördern kann.

Ein Plädoyer für die Menschlichkeit

Konrad Lorenz – er redete mit dem Menschen, so sagte ich vorhin; aber er redete auch, was vielleicht noch wichtiger ist, *für* den Menschen.

Freilich stieß er damit nicht immer auf offene Ohren, denn eine große Zahl unserer Zeitgenossen hat offenbar mehr Verständnis für die Produkte des Menschen als für den Menschen selbst; es ist scheinbar auch einfacher, dem Menschen die kurzfristigen Vorteile einer Technisierung seiner Lebenswelt begreiflich zu machen als deren langfristige Nachteile; und vermutlich ist es auch sehr viel einfacher, die Kinder in den Schulen in Mathematik zu unterweisen und ihnen die Funktion eines Rechenstabs beizubringen oder – was sich heute bereits größter Beliebtheit erfreut – sie mit Rechenautomaten bzw. Computern vertraut zu machen, als sie auf die fundamentalen Lebenswerte hinzuweisen. Den (heranwachsenden) Menschen mit dem Leben in seiner natürlichen Vielfalt und Schönheit bekannt zu machen und ihm letzten Endes den Wert seines eigenen Lebens vor Augen zu führen ist deshalb so schwierig, weil der Mensch selbst sich zunehmend vom Leben und – was das Erschreckende ist – von seinem eigenen Leben entfernt und an die Stelle einer Wertschätzung des Lebens eine Bewunderung des »technisch Machbaren« setzt.

Die »Todsünden«, die der Mensch schon wider die Natur (und wider seine eigene Natur) begangen hat, die Regulative im »Abbau des Menschlichen« hat Konrad Lorenz mit seltener Klarheit uns vor Augen geführt. Ich brauche das hier nicht zu wiederholen; und was im einzelnen die Zerstörung der natürlichen Umwelt des Menschen und ihre Konsequenzen betrifft, ist ja an dieser Stelle bereits eine sachkundige Darstellung gegeben worden. Dabei gäbe es ein verhältnismäßig einfaches Rezept, unsere Probleme wenn schon nicht auf Anhieb zu lösen, so doch schrittweise einer Lösung zuzuführen: den Menschen verstehen zu lernen als das, was er ist, und nicht, sich darauf zu berufen, was er nicht ist, was uns aber verschiedene »Menschenbilder« glauben machen wollen, nämlich ein »Ebenbild Gottes« hier, eine »Maschine« dort.

Man wünscht, daß das »Glaubensbekenntnis« von Konrad Lorenz seinem Inhalt nach sich als richtig erweisen kann: »Ich glaube an die Macht der menschlichen Vernunft, ich glaube an die Macht der Selektion und ich glaube, daß die Vernunft vernünftige Selektion treibt.« Dieser Satz ist aus dem Kontext, in dem er niedergeschrieben wurde, vielleicht herausgerissen und bedarf einer Zusatzerklärung, um nicht Mißverständnisse hervorzurufen: Die »vernünftige Selektion« wäre, im Sinne von Lorenz, eine Selektion in Richtung Humanität. Der Weg zu einem neuen Humanismus bahnt sich hier an. Während viele Kritiker der Verhaltensforschung insbesondere die oben erwähnte Aggressionstheorie mißverstanden haben, so, als solle damit das aggressive Verhalten des Menschen – oder besser gesagt: die angeborene Neigung dazu – gerechtfertigt werden, ist das genaue Gegenteil der Fall. Bernhard Hassenstein hat das einmal sehr klar ausgedrückt: »Hiergegen [gegen die Aggressivität] hilft nur die Entlarvung dieser Reaktionsnorm als eines naturhaften Triebgeschehens sowie die bewußte Übernahme des Zieles, die spezifisch menschliche innere Situation des Nachdenkens und der Entscheidungsfreiheit aufrechtzuerhalten. Diese Vorstellung muß möglichst viele Menschen leiten. Nur wenn sie Allgemeingut wird, können wir hoffen, daß in Zukunft genügend Menschen die Aggressivität vermeiden können und die Institutionen so einrichten, daß sie die Kooperationsbereitschaft der Menschen stärken.« Worum es dabei, mit anderen Worten, geht, ist nichts anderes als eine humane Vernunft, die auf Einsicht beruht, nicht auf Illusionen, nicht auf Utopien.

Überleben müssen, überleben wollen, überleben können

Es steht zwar in der Evolution nirgends geschrieben, daß wir als Menschen überleben müssen; wenn wir aber überleben wollen, ist es für uns unabweisbar, aus der Evolution jene Bedingungen zu erkennen, unter denen wir überleben können. Dazu ist eben der Rückgriff auf die objektiven Erkenntnisse der Naturwissenschaften nötig; der Rückgriff auf die Vernunft. Essentieller Bestandteil einer Erneuerung des Menschenbildes ist mithin die Einsicht in unsere eigenen Lebens- und Überlebensbedingungen.

Dem bleibt eigentlich nur noch hinzuzufügen, was Lorenz am Schluß seines Buches »Die Rückseite des Spiegels« niedergeschrieben hat: »Gewiß, die Lage der Menschheit ist heute gefährlicher, als sie jemals war. Potentiell aber ist unsere Kultur durch die von ihrer Naturwissenschaft geleistete Reflexion in die Lage versetzt, dem Untergange zu entgehen, dem bisher alle Hochkulturen zum Opfer gefallen sind. *Zum erstenmal* in der Weltgeschichte ist das so.«

Rupert Riedl
Die Mühseligkeit der menschlichen Existenz zu erleichtern

Als ich das erste Mal in Wien über Evolutionäre Erkenntnislehre lesen wollte, fragte ich meinen Dekan, wie ich das wohl ankündigen sollte. Und der mir sehr liebe Dekan sagte: »Ja, dürfens denn das? Wofür sinds denn eingeschrieben, Herr Kollege?« Das bedeutet, für welches Fach das Ordinariat gilt. Und wahrheitsgemäß hatte ich zu sagen: »Für Meeresbiologie.« Da sagte er: »Oje, was machen wir denn da?« Sagte ich: »Na, werden wir es halt nicht lesen.« »Naa«, sagte er, »das ist nicht gut.« Und dann kam eine österreichische Lösung. Er sagte: »Wissen Sie was, am besten ist, Sie lesen es, aber Sie kündigen es nicht an.«

Als wir bei der Teilung der Fakultäten darum kämpften, die Oersersche Lehrkanzel zu den Naturwissenschaften zu bekommen – das ist die der Erkenntnistheorie der Naturwissenschaften –, verloren wir Schlacht auf Schlacht nur knapp und haben uns dann in einer Petition, einem sogenannten Minoritätsvotum, beim Ministerium noch einmal darum bemüht, das zu erreichen. Und erhielten darauf ein ministerielles Dekret, einen Erlaß des Inhalts, daß wir zur Kenntnis zu nehmen hätten, daß die Erkenntnislehre der Naturwissenschaften immer ein Gebiet der Philosophie war – worüber man streiten kann, weil diese Lehrkanzel von Mach und Boltzmann gegründet gewesen ist, die ja etwas von Physik verstanden, wie Sie sich erinnern werden – und darüber hinaus nicht nur immer war, sondern zu bleiben hat! Diese Veranstaltung, meine Damen und Herren, zeigt Ihnen aber, daß wir darüber entscheiden, was etwas zu bleiben hat.

Bauern, die über das Schachbrett nachdenken

Wie also konnte es möglich werden, daß nach der Stammesgeschichte der menschlichen Vernunft gefragt werden kann? Ich halte diesen Schritt, meine Damen und Herren, für einen der bedeutendsten Erkenntnisschritte, den die Menschheit überhaupt vollzogen hat. Es ist sicher von Interesse, festzustellen, daß wir uns nicht im Zentrum des Universums befinden. Aber was sind die Konsequenzen für uns Menschen gewesen? Es ist sicher auch bedeutend, festzustellen, daß wir dem Tierreich entstammen. Aber was waren dieser Einsicht bisherige Folgen? Aber festzustellen, daß wir unsere eigene Vernunft zu hinterfragen in der Lage sind, das, meine Damen und Herren, wird Konsequenzen haben.

Es ist ja längst klargeworden in der Erkenntnistheorie zweier Jahrtausende, daß die menschliche Vernunft nicht in der Lage ist, sich selber zu begründen. Wo also befinden wir uns auf diesem Schachbrett kultureller Schachzüge, großer und kleiner Figuren, Bauernabtausche und Damenzüge in diesem Zusammenhang?

Erinnern Sie sich daran, daß unsere Kultur, so alt sie ist, gespalten gewesen ist, in idealistisch-materialistische Widersprüche, in rationalistisch-empiristische Querelen und Auseinandersetzungen und es immer noch ist. Denken Sie daran – man nennt das die Galileische Revolution –, daß man sich nun in ein naturwissenschaftliches Metier zu verfügen vermochte, das etwas ganz anderes sein sollte als alle übrige Weltbetrachtung.

Seele ohne Körper, Körper ohne Seele

Erinnern Sie sich daran, daß daraus mit der Aufklärung, um die Zeit der Französischen Revolution, der Positivismus entstand, der in unserer geographischen Nähe dann zum Wiener Kreis des Neopositivismus geführt hat, letzten Endes auch zu einer gespaltenen Biologie, die – ganz gerafft gezeigt – ein entweder mechanizistisches oder vitalistisches Weltbild zu bieten versuchte. Und zu einer Psychologie, zu der Konrad Lorenz selber sagt: »Um die Jahrhundertwende waren Psychologen der McDougalschen Schule, die Tiere ganz gut kannten, Vitalisten. Für die war der Instinkt eine außernatürliche Kraft, ein Faktor, der einer natürlichen Erklärung weder bedürftig noch zugänglich ist; was natürlich ganz unwissenschaftlich ist . . . Nun entstand die Gegenrichtung der Behavioristen, die sagten, Wissenschaft ist nur, was sich experimentell beweisen läßt. Dabei wählten sie dann das, womit man am besten experimentieren kann, nämlich den bedingten Reflex. Den gab es damals schon mit Pawlow. Es spielt ja alles zeitlich zusammen«, resümiert hier Lorenz: »Wundts Assoziationslehre, Pawlows Reflex-lehre, die Behavioristen. Das kam alles in wenigen Jahren zusammen und schuf Wertvolles. Vitalisten und Behavioristen manövrierten sich dabei gegenseitig in Positionen« – dieses Bild gefällt mir jetzt ganz besonders –, »aus denen sie umfallen, wenn man den Strick abschnei-det, an dessen entgegengesetzten Enden sie ziehen.«

Der Kofferfisch kann kein Witz des Schöpfers sein

Diese Zwei-Fronten-Position ist uns geblieben. Und ich möchte Ihnen diese Entwicklung in zwei Teilen vor Augen führen. Im ersten eine Darlegung dessen, daß alles, was wesentlich ist in der Evolutionären Lehre, bei Konrad Lorenz schon zu finden ist. Und damit Sie es leicht nachlesen können, aus nur zwei Arbeiten zitiert: der ältesten aus dem Jahr 1941 und der fast jüngsten, die ein Gespräch mit Franz Kreuzer ergeben hat, 1981, vierzig Jahre danach.

Also zum ersten Teil: Wie war dieser kleine Junge ausgestattet?

»Ich würde sagen«, erinnert sich Konrad Lorenz, »daß ich sehr früh Tiere ernstgenommen habe, und mir bewußt war, daß sie unabhängig vom Menschen existenzfähig sind. Daß also der blödeste Kofferfisch nicht einem Humoranfall des Schöpfers sein Dasein verdankt, sondern daß er ein, ich möchte es merkantil ausdrücken, gutgehendes Ge-schäftsunternehmen ist, das einen Gewinn macht, sich verbreitet, Filia-len aufmacht und, wenn es auch nicht die Welt überschwemmt, doch existenzfähig ist.« Dazu gehört aber ein unverbogenes, ein philo-sophisch unverbogenes Auge, das der Junge sicher gehabt haben muß.

»Ich habe«, erinnert er sich, »sehr früh meinem Vater die Frage vorge-legt, ob der Regenwurm ein Insekt sei. Nachdem er erklärt hatte, Insekt heiße Kerbtier, sagte ich, der Regenwurm sei ja geringelt und noch viel schöner gekerbt als das Insekt. Ich hatte richtig erkannt, daß diese Metamerie, die Gliederung des Regenwurms, die gleiche Gliederung ist, die sich in Insekten, Krebsen usw., in allen Gliederfüßlern findet. Daraufhin blieb er mir die Antwort schuldig. Das wußte er nicht. Und dann habe ich plötzlich die Antwort auf meine Frage«, sagt Konrad Lorenz, »in einer Schrift von Wilhelm Bölsche, in einem Kosmosbänd-chen mit dem Titel ›Schöpfungstage‹ gefunden. Ich pflege zu erzählen«, erinnert sich Konrad Lorenz weiter, »daß ich die Selektionstheorie als lehrbuchfähige Tatsache von einem Benediktinerpater beigebracht bekommen habe, dem ich heute noch heißen Dank weiß.«

Von den Studien sind die Assistentenjahre bei Hochstetter hervorzuheben. Hier spielt die Methode eine entscheidende Rolle. Sehen Sie nur in das Lehrbuch von Konrad Lorenz hinein und beachten Sie, welch großer Abschnitt der morphologischen Methode gewidmet ist. Die Methode ist keine physiologische, auch wenn das Max-Planck-Institut für Verhaltensforschung in »Institut für Verhaltensphysiologie« umbenannt worden ist; die Methode ist eine morphologische.

Und in Altenberg hatten die Studien über die angeborenen Auslösemechanismen und das Erkennen von Umweltobjekten begonnen.

Kant kann man nicht lesen – aber testen

»Und da«, erinnert sich Konrad Lorenz, »fand meine Frau es notwendig, mir einen Kant zu schenken.« Warum schenkt man in einer solchen Lage einen Kant? »Und ich habe so als reinen Schuß ins Blaue einmal die ›Prolegomena zur Kritik der reinen Vernunft‹ gelesen.« Wieso also Kant? Wir wissen das nicht, vielleicht läßt es sich gar nicht mehr rekonstruieren. Wohl aber kann einiges Anekdotische aus Lorenz' Erinnerungen einiges dazu aufklären und zum Nachdenken Anlaß geben.

»Das war genau das Richtige komischerweise«, erinnert er sich. »Und dann passierte folgendes. Es kam mein späterer Freund Eduard Baumgarten aus Madison, Wisconsin, nach Deutschland zurück, auf einen Ruf nach Königsberg. Baumgarten ist pragmatischer Philosoph, direkter Schüler von John Dewey. Baumgarten fürchtete sich vor dem Schlagschatten Immanuel Kants. Er traf Erich von Holst, und zwar in einem Kammerorchester, wo er die Violine und Erich von Holst aushilfsweise Bratsche spielte.« Was also wäre gewesen, wenn er nicht aushilfsweise die Bratsche hätte spielen sollen? »Und da fragte der Baumgarten den Holst: ›Sagen Sie, kennen Sie nicht einen Psychologen biologischer Prägung, der sich für Apriori interessiert?‹« Also hat man das in diesem Augenblick gebraucht. Was für eine merkwürdige Position der Schachfiguren auf dem Spielfeld unserer Kultur, meine Damen und Herren. »Und von Holst antwortete: ›Sie werden lachen, so einen singulären Vogel kenne ich, nämlich den Lorenz in Altenberg.‹

Die beiden rückten Otto Koehler – damals Zoologe in Königsberg, später in Freiburg – auf den Pelz, und sie brachten es fertig, mich nach Königsberg zu bringen. In Königsberg war ich nun unmittelbar dem Trommelfeuer Kantischer Ideen ausgesetzt.«

Wie aber entwickelt sich jetzt die Formulierung? Ich hoffe, Sie noch mit einigen Erinnerungen Lorenz' überraschen zu können (für den Fall Sie es nicht schon selbst gelesen haben).

»Kant«, erinnert sich Lorenz, »kann man nicht lesen. Das ist ausgeschlossen, ›im Nebenberuf‹ Kant zu lesen, und ich habe dabei ein sehr unmoralisches, aber erfolgreiches Verfahren betrieben, indem ich frech gesagt habe, was ich meine und dann geschaut habe, was die Kantianer dazu sagen. Das war zum Teil noch brieflich hier in Altenberg... Meine These war, daß unser Weltbild ein wirkliches Bild der Realität sei, und daß die apriorischen Anschauungsformen und Kategorien phylogenetisch in Auseinandersetzung mit dem Realen entstanden seien, genauso wie unser Auge in Wechselwirkung mit den Gesetzen der Optik entstanden ist. Dabei habe ich oft die Gegenargumente der Kantianer ganz einfach abgeschrieben und daraus wurde dann meine Arbeit ›Kants Lehre vom Apriorischen im Lichte gegenwärtiger Biologie‹.«

Das haben die Dinge mal so an sich

Vielleicht noch eine Anekdote, die Sie aufklärend finden werden. »So habe ich einmal meinen verehrten Freund Weber wirklich böse gemacht. Es war die Nachsitzung der Kantgesellschaft im Parkhotel in Königsberg. Und da saßen zum Schluß in wütend freundschaftlich-feindschaftlicher Diskussion Weber und ich allein nach Mitternacht, während die Kellner versuchten durch peristaltisches Abknipsen der Lichter, uns hinauszutreiben. Mir fiel zum Schluß ein Argument ein, und ich sagte: ›Schauen Sie, Herr Weber, wenn gar keine Beziehung zwischen unserem Erleben und dem Ding an sich besteht, dann sind Sie mir die Antwort auf die Frage schuldig, wieso wir beide, Sie und ich, uns darüber einig sind, daß hier fünf Weingläser stehen‹ – drei Kollegen waren schon nach Hause gegangen – ›ich kann mir beim besten Willen keine vernünftigere Erklärung für diese Übereinstimmung vorstellen als die, daß das, was immer sich hinter dem Phänomen Weinglas für uns unerkennbar verbergen mag, hier in der Fünfzahl vorhanden ist.‹ Da wurde Weber böse, schlug auf den Tisch und sagte: ›Ach, das haben die Dinge mal so an sich.‹ Unabsichtlich sagte er ›*so an sich*‹.« Das »Ding an sich« war hineingeschlüpft.

Der Philosoph und der Skandal um die Realität

Was also enthält diese berühmte Schrift von 1941? Und ich werde Ihnen zeigen können: fast alles oder, genauer gesagt, alles Wesentliche. Vor allem, und das bitte ich Sie, wahrzunehmen, vor allem ist es ein Programm; ein Programm dessen, was ein ganzes Leben wird füllen können. Und ein Programm, welches sich aus Pflichten entwickelt. Womit Sie vielleicht auch nicht gerechnet haben werden.

Das Ganze also beginnt mit Pflichten. In dieser Arbeit von 1941 finden wir: »Für den Naturforscher ist es eine Pflicht, den Versuch der natürlichen Erklärung zu machen, ehe er sich mit der Heranziehung außernatürlicher Faktoren zufriedengibt. Und diese Pflicht besteht im vollen Maße für den Psychologen, der sich mit der von Kant entdeckten Tatsache auseinandersetzen muß, daß es so etwas wie apriorische Denkformen gibt. Wenn man nun die angeborenen Reaktionsweisen von untermenschlichen Organismen kennt, so liegt die Hypothese ungemein nahe, daß das Apriorische auf stammesgeschichtlich gewordenen, erblichen Differenzierungen des Zentralnervensystems beruht, die eben gattungsmäßig erworben sind und die erblichen Dispositionen, in gewissen Formen zu denken, bestimmen.« Eine Pflicht! Wieso eine Pflicht?

Ich darf Sie daran erinnern, daß unsere »reine Vernunft« nicht einmal die Realität dieser Welt zu belegen vermag. Es sagte schon Immanuel Kant: »Es ist ein Skandal, daß es der Philosophie nicht gelingt, die Realität dieser Welt zu beweisen.« Wie modern diese Sicht in der heutigen Philosophie noch ist, sagt Karl Popper: Es ist der größte Skandal, daß es den Philosophen nicht gelingt, die Realität dieser Welt zu beweisen, obwohl diese Welt dabei ist und offenbar auch die Philosophen, dabei zugrunde zu gehen. Das ist der Punkt, warum es eine Pflicht ist, sich mit dieser Welt auseinanderzusetzen. Wir können uns den Luxus der reinen Spekulation nicht leisten. Wir sind verpflichtet gegenüber dieser Welt, uns mit ihr auseinanderzusetzen.

Sie erinnern sich, daß Bertolt Brecht dem alternden Galilei die Worte in den Mund gelegt hat, es sei das einzige Ziel der Wissenschaften, die Mühseligkeit der menschlichen Existenz zu mindern. Genau das ist nun durch diese Lehre möglich. Genau das tritt nun in der Biologie in Erscheinung, und das halte ich für einen entscheidenden Schritt. »Die Gültigkeit der obersten Vernunftsprinzipien«, sagte Konrad Lorenz damals, 1941, »ist für Kant eine absolute. Sie ist von den Gesetzlichkeiten in der realen, hinter den Erscheinungen stehenden, an sich existenten Natur grundsätzlich unabhängig und nicht aus ihnen entstanden zu denken. Weder durch Abstraktion, noch auf irgendeinem anderen Wege können die apriorischen Anschauungsformen und Kategorien mit Gesetzlichkeiten, die den Dingen an sich anhaften, in Beziehung gebracht werden.«

Nun aber folgert Lorenz 1941 weiter: »Für Kant, der bei all seinen Erwägungen nur den erwachsenen Kulturmenschen als ein unveränderliches, gottgeschaffenes System in Betracht zog, bestand kein Hindernis, das an sich Seiende als grundsätzlich unerkennbar zu definieren. Er durfte« – jetzt ist die Pflichtabgrenzung da – »er durfte bei seiner, in dieser Hinsicht rein statischen Betrachtungsweise, die Grenze möglicher Erfahrung in die Definition des ›Dings an sich‹ miteinbeziehen und ihren Ort sozusagen für Mensch und Amöbe gleich, nämlich unendlich weit vom An-Sich der Dinge, ansetzen.« »Wir«, sagt Lorenz damals weiter, »wir dürfen dies angesichts der zweifellosen Tatsächlichkeit des Entwicklungsgeschehens nicht mehr.« Das ist der wesentliche Punkt. Es sind Pflichten aus dem erkannten Entwicklungsgeschehen für unser eigenes Heil.

Hirn und Welt – Huf und Steppenboden

Und hier nun folgt ein großes Programm. Sie müssen sich ja vorstellen, wann das war: Konrad Lorenz, damals 38jährig, beginnt mit einer Hoffnung, und die liest sich so: »Wir hoffen, durch diese Untersuchung vormenschlicher Erkenntnisformen Anhaltspunkte über Funktionsweise und historisches Entstehen unserer eigenen Erkenntnis zu gewinnen, und ihre Kritik auf diese Weise weiter voranzutreiben zu können, als es ohne derartige Vergleiche möglich wäre.« Genau das ist der Punkt, auf den die ganze Entwicklung zugelaufen ist.

Welche Lösungen werden also hier gesehen? Zunächst die Lösung der Apriori: »Wenn wir«, sagt er weiter, »unseren Verstand als Organfunktion auffassen, wogegen sich nicht der geringste stichhaltige Grund vorbringen läßt, so ist unsere naheliegende Antwort auf die Frage, wieso seine Funktionsform auf die reale Welt passe, ganz einfach diese: Unsere vor jeder individuellen Erfahrung festliegenden Anschauungsformen und Kategorien passen aus ganz denselben Gründen auf die Außenwelt, aus denen der Huf des Pferdes schon vor seiner Geburt auf den Steppenboden, die Flosse des Fisches, schon ehe er dem Ei entschlüpft, ins Wasser paßt.« Das ist es.

Nun über die Struktur der Welt: »Wir hoffen«, heißt es weiter, »durch solche vergleichende Forschung der hinter den Erscheinungen steckenden, allen Organismen gleichsinnig zugeordneten, einzigen und wirklichen Welt um einen grundsätzlichen Schritt näherkommen zu können, sofern es uns gelingt, zu zeigen, daß verschiedene apriorische Geformtheiten möglichen Reagierens und somit möglicher Erfahrung dieselbe Gesetzlichkeit des real Existenten erfahrbar machen und praktisch-arterhaltend beherrschen.« Natürlich in analogen Formen. Es ist zweifellos die Lösung eines Schmetterlings zu fliegen eine andere als die Lösung eines Adlers, es ist zweifellos das Insektenauge eine andere Lösung, mit Optik umzugehen, als das Auge, das uns eingebaut ist. Aber diese fortgesetzten Lösungen sind Auseinandersetzungen mit einer sehr wahrscheinlich realen Welt.

Die Lösung des Realitätsproblemes, die wir heute daraus formulieren, ist die: Wer immer aus seinem Denken auf eine Realität seiner Existenz schließt, dem kann man wohl sagen, nachdem sein Denken ein Lernprodukt der Evolution an der Welt ist, kann das Lernprodukt nicht realer sein als sein Lehrmeister.

Nun, auch die Irrungen, die möglich sind oder möglich gewesen waren schon damals, sind vorausgesehen: Das hängt mit der großartigen Entdeckung zusammen, daß das Anschauen und das Denken des Menschen schon vor jeder individuellen Erfahrung bestimmte funktionelle Strukturen besitzt. »Denn ganz selbstverständlich hatte David Hume unrecht, wenn er alles Apriorische aus dem ableiten wollte, was die Sinne der Erfahrung liefern, ebenso unrecht wie Wundt, der es kurzweg für eine Abstraktion aus vorangegangener Erfahrung erklärt oder Helmholtz, der die gleiche Ansicht verfocht.« Und nun etwas Wichtiges, worauf ich zum Schluß noch einmal zurückkommen muß, nämlich auf die Einsicht, daß alles, was hier in den Griff genommen wird, zumindestens erforschlich sein wird.

Münchhausen, Sumpf, Schopf

»Wohl ist das Apriorische«, lesen wir in der 41er Arbeit weiter, »wohl ist das Apriorische nur eine Schachtel, deren Form schlecht und recht auf die der abzubildenden Wirklichkeit paßt. Diese Schachtel aber ist unserer Forschung zugänglich, wenn wir auch das An-Sich der Dinge nicht anders als durch diese Schachtel erfassen können.«

Daran ist natürlich viel kritisiert worden. Es sind vor allem die Neuplatonisten und Neukantianer, Transzendentalphilosophen, die hier vermuteten, es würde sich jemand am eigenen Schopf aus dem Sumpfe ziehen, ein Münchhausen-Paradoxon. Aber ich werde im zweiten Teil meiner Darstellung zeigen können, daß uns Einstein schon demonstriert hat, wie man sich am eigenen Schopf aus den Irrtümern befreit.

So werden – letztes Zitat aus dieser Arbeit – auch die Grenzen schon gesehen.« Aber ganz sicherlich«, heißt es dort, »können diese plumpen kategorischen Schachteln, in die wir unsere Außenwelt packen müssen, ›um sie als Erfahrung buchstabieren zu können‹« – Ende des Kantzitates –, »keinerlei autonome und absolute Gültigkeit beanspruchen.«

Kann man Lorenz fortsetzen?

Damit ist eigentlich alles gesagt. Wir haben allerdings nun zu fragen: Ist Lorenz selber übersteigbar? Oder zumindest herausforderbar? Nun, es hat sich seit 1941 einiges geändert, grundsätzlich geändert.

Erstens: Ein Lebenswerk wurde geschaffen. Eine ganze Schule ist entstanden. Das Ganze ist, wenn ich recht verstehe, in der »Rückseite des Spiegels«, im Hausjargon bei uns längst der »Rückspiegel« genannt, zusammengefaßt worden. Ein Lebenswerk, das nun den Plan von der anderen Seite her aufgerollt hat, nämlich seine Materialien erbrachte. Sie werden sich an die vielen Anekdoten erinnern, die darüber erzählt wurden, daß dieses Manuskript, eigentlich schon in der

Kriegsgefangenschaft geschrieben, in merkwürdigen Zusammenhängen dann tatsächlich bis nach Mitteleuropa gebracht werden konnte auf gebügeltem Betonsackpapier, liegengeblieben ist, bis dieses ganze Lebenswerk das begründet hat, was damals in jenen Sätzen tatsächlich schon festgelegt worden war. Es wurde also ein Programm erfüllt. Eine Idee, ein großes Konzept füllte sich mit einem Lebenswerk.

Zweitens: Die heutige Aufmerksamkeit ist anders, ganz anders, kann ich Ihnen sagen. Damals ist die Arbeit »Kants Lehre vom Apriorischen im Lichte gegenwärtiger Biologie« kaum bemerkt worden, und daraus geht schon hervor, daß die Biologie damals noch lange nicht zeitgenössisch genug war, um diese zeitgenössische Biologie aufzunehmen. Das ist aber fast immer so. Konrad Lorenz erzählt, daß sogar sein eigener Assistent die Sache als »die bornierteste Form der Demagogie« verstanden hat. Ich glaube, es war einzig Max Planck, der die Haltung Konrad Lorenz' hinsichtlich des Realitätsproblems verstanden und gewürdigt hat. Sonst war rundum Stille.

Das hat sich heute ganz geändert, mit beträchtlichen Auflagen. Daß mein eigenes Buch zu diesem Gegenstand, daß dessen erste Auflage am ersten Tag des Erscheinens verkauft war, erzähle ich gerne, nicht weil das mich ehrt, denn damals konnte niemand dieses Buch kennen, es war einfach auf der Welle dieser Betriebsamkeit. Zweifellos hatte Max Planck recht, wenn er sagte, daß der wissenschaftliche Fortschritt darin besteht, daß die Alten, die etwas nicht haben wollen, abtreten und die Jungen – jetzt bitte ich die Jungen, zuzuhören – auch nicht drüber nachdenken, sondern für selbstverständlich nehmen, womit sie aufgewachsen sind.

Schüler propagieren Lehrer: Hummerschalen müssen brechen

Drittens: Schüler haben ganz bestimmte kulturelle Funktionen, wie Sie wissen. Es scheint ganz allgemein so zu sein, daß die Schöpfer großer Ideen sich eher bescheiden zurückhalten, während ihre Schüler darauf bestehen, daß ihre folgenden Zeitgenossen an den Segnungen dieser Entdeckung teilhaben. Sie sind dann die Militanten. Kopernikus ist in aller Stille über seinem Opus verstorben. Die posthume Publikation enthält sogar eine völlig irreführende Einführung. Zwei Generationen darauf, fast drei, folgten Galilei und Kepler, die nicht mehr zulassen konnten, daß an diesen Segnungen der Einsicht ihre Zivilisation nicht teilhaben sollte, und die die Aufklärung durchfochten mit allen bekannten Schwierigkeiten.

Eine ähnliche Beziehung finden wir später noch einmal, die noch besser paßt und biologisch ist, nämlich das Verhältnis zwischen Charles Darwin und Ernst Haeckel. Da war nur mehr eine Generation Unterschied. Haeckel hätte ein älterer Sohn Darwins sein können. Und wenn ich einmal von Wissenschaftshistorikern in irgendeiner Beziehung zu Konrad Lorenz gesehen werde, dann mag ich etwa in jener Position zu ihm erscheinen, die Haeckel zu Darwin gehabt hat, der zu ihm ja sagte: »How are you nasty!« – »Wie sind Sie doch ungezogen!«

Aber es ist noch ein Viertes, das sich verändert hat oder das die Veränderung vorbereitet: Lorenz sagte nämlich schon 1941 in jener Arbeit: »In dem Augenblick, in dem ein solches System fertig ist, das heißt, in dem es an seine Vollkommenheit glaubende Jünger hat, ist es auch schon falsch. Nur im Werden ist der Philosoph ein Mensch in des Wortes eigentlicher Bedeutung.«

Gemeint ist, daß jede Theorie Freiheitsgrade einschränkt. So ähnlich wie ein Skelett, beispielsweise des Hummers, dem Hummer nur gewisse Bewegungen zuläßt. Und daher setzt er fort: »Mögen seine Schüler noch so scharfsinnig mit den vorgeschriebenen und zugelassenen Freiheitsgraden seiner Hummer-Rüstung manipulieren; für den Fortschritt des menschlichen Denkens und Wissens wird sein System erst dann Segen bringen, wenn er Nachfolger findet, die es zerbrechen und seine Stücke unter Benützung neuer, nicht vorgesehener Freiheitsgrade zu einem neuen Bau verwenden.«

Sie sind vielleicht jetzt gar nicht so erstaunt, weil Sie sich heute Konrad Lorenz in seinem Senium denken, in dem er ganz gewiß das Recht hätte, so zu reden. Aber das wurde 1941 gesagt, gedacht von einem 37jährigen Konrad Lorenz. Das finde ich das Erstaunliche, daß er in dem Augenblick, wo ja noch kein Mensch diese Theorie anerkannt hat, seinen Nachfolgern bereits empfohlen hat, sie zu zerbrechen und neu aufzubauen.

Damit komme ich zum zweiten Teil meiner Darstellung und versuche Ihnen aus meiner Sicht darzulegen, was sich in der Folge ereignet hat. Der erste Gegenstand betrifft die Systematik. Ich habe das in meinem Buch »Biologie der Erkenntnis« dargestellt, ohne mich ernsthaft um die Kantschen Apriori zu kümmern. Ich wollte einfach eine Systematik jener Verhaltensbedingungen entwickeln, wie sie schrittweise erforderlich zum Erkennen dieser Welt sind. Und als ich sie im Oeser-Riedl-Sexl-Seminar vorgebracht habe, kam mein Freund Oeser auf mich zu und sagte: »Mein Lieber, was du da bringst, sind die Kantschen Apriori in ihrer Reihenfolge.« Dies wurde dann zu jenem Buch »Biologie der Erkenntnis«, also eine Systematik des Zusammenhanges.

Die Lenkung durch Wahrscheinlichkeitserwartung war eine der Einsichten, die hier drinnenstecken. Wir verhalten uns nämlich so, als ob mit jeder Bestätigung einer Erwartung die Folgeerwartung wahrscheinlicher eintreten würde. Das ist logisch natürlich nicht zu begründen, dennoch aber eines der Erfolgsrezepte des Lebendigen, sich in dieser Welt zu behaupten.

Ich hatte diese Einsicht gewonnen, weil ich bemerkte, daß von der Entwicklung der bedingten Reaktion oder Appetenz – Sie erinnern sich an die Pawlow-Beispiele – hinauf bis zu unserer Forschung, ja bis zur Wissenschaftsdynamik, genau dasselbe passiert.

Ich hatte mich geärgert, als Rezensenten eines früheren Buches von mir, »Strategie der Genesis«, gesagt haben: »Ein ganz schönes Buch, aber von Wahrscheinlichkeit versteht der Autor nichts.« Und heute weiß ich, die Rezensenten verstanden nichts von Wahrscheinlichkeit, denn es gibt überhaupt keine *rationale* Begründung der Wahrscheinlichkeit. Sie ist rein *ratiomorph* begründet, also nur vernunftähnlich. Sie ist aus Anpassung an diese Welt etabliert, aus dem sehr einfachen Grund, weil in dieser Welt die meisten Koinzidenzen nicht zufälliger Natur sind. Diese Welt ist eben zum großen Teil geordnet.

Ich hätte mich nun nicht an diesen Gegenstand gewagt, hätte nicht Bernhard Hassenstein, wie Sie hörten, die Formen der bedingten Aktionen so sauber organisiert, hätte nicht Wolfgang Schleidt mir vor Augen geführt, daß man die unwahrscheinlichsten Dinge metrisch erfassen kann, was wir nun mit der Wahrscheinlichkeitswahrnehmung versuchen.

Kurzum, ich kam von da weiter zu den Aristotelischen Ursachen, die man im Schichtenbau der realen Welt wahrnehmen kann, worauf mich Konrad Lorenz aufmerksam gemacht hat: jene vier Aristotelischen Ursachen. Ich kann mich genau an jenen Augenblick erinnern – es muß sieben oder acht Jahre zurückgehen, als das Feuer im Kamin langsam zu Ende ging, draußen in Altenberg, und wir gemeinsam zum Schuppen hinauswanderten, um noch einen Armvoll Holz zu holen. Damals hat mich Konrad Lorenz auf die Aristotelischen Ursachen aufmerksam gemacht. In einer Nebenbemerkung, und ich habe sie so ernst genommen wie Schliemann seinen Homer und begann wirklich danach zu graben und fand nun, daß sich diese vier Aristotelischen Ursachen, bezogen auf den Schichtenbau der realen Welt, in zweierlei Symmetrien darstellen. Von oben nach unten, von unten nach oben gleichförmig durchlaufend oder aber in einem gestuften Zusammenhang. Während Konrad Lorenz, wenn ich ihn recht verstehe, noch an den Mechanismus der *causa efficiens*, der Kräfte, als beherrschend gedacht hat.

1941 ist zu lesen: »Ein gesetzmäßiges, zeitliches Nacheinander von verschiedenen Geschehnissen kommt in der Natur aber immer nur dort vor, wo ein bestimmtes Energiequantum durch Kraftverwandlung hintereinander in verschiedenen Erscheinungsformen auftritt. Zusammenhang«, sagt er, »bedeutet also an sich schon kausalen Zusammenhang.«

Das war natürlich einer Physik der ersten Hälfte dieses Jahrhunderts verbunden, es war 1940 geschrieben. Und inzwischen hat sich einiges ereignet. Es gibt Prigogine und Haken und es gibt Weinberg, und zwei Nobelpreisträger sind damit schon genannt, die uns heute eine völlig andere Physik zeigen; die nun den tiefen Spalt einebnen zwischen den sogenannten exakten Naturwissenschaften, die gemeint haben, mit eternalen Gesetzmäßigkeiten umzugehen, und der Biologie als scheinbar nicht exakte Naturwissenschaft. Das scheinbar nicht Historische der Physik beginnt sich aufzulösen. Die Physik, wie bisher beschrieben, erweist sich als ein Spezialfall physikalischer Ereignisse. Das, was wir noch als Thermodynamik gelernt haben, erweist sich als eine Thermostatik. Die echte Thermodynamik ist erst im Entstehen.

Es mag also durchaus sein, daß nun auch die Physik versteht, daß es nicht nur die *causa efficiens* ist, daß es nicht nur die Kräfte sind, die diese Welt zusammen mit der *causa materialis* organisieren und in Betrieb halten, sondern sehr wahrscheinlich auch die *causa formalis* und *finalis*, die uns Biologen so wesentlich sind. Es ist ja durchaus nicht so, daß die gespeicherte Energie nun in dieser Welt wesentlich zugenommen hat – ob die heutige Welt mehr Energie gespeichert hat an ihrer Oberfläche als in der Braunkohlenzeit, sei dahingestellt. Entscheidend ist, daß der Informationsgehalt zugenommen hat.

Auch gilt es hier gar nicht so sehr, Lorenz und Darwin zu übersteigen in meiner Bemühung, das Richtungshafte in der Evolution zu zeigen, sondern eher die Lorenzisten und Darwinisten. Denn Konrad Lorenz steht ja darin noch in einer ganz anderen Auseinandersetzung. Nämlich in der Auseinandersetzung, für Darwin zu fechten. »Darwin hat recht gesehen« ist ein wichtiges Büchlein von seiner Hand. In seiner Generation war der Kampf um den Darwinismus noch etwas Entscheidendes. Für uns, für meine Generation, ist es das nicht mehr. So sind wir wohl nicht aufgerufen, Darwin zu hinterfragen, wir tun das gar nicht. Wir hinterfragen vielmehr die Darwinisten und die Fehler, die sie gemacht haben.

Wahrscheinlich haben wir eine sehr verengte Ursachenvorstellung. So ähnlich, wie uns Raum und Zeit als zweierlei, einander nicht beeinflussende Dinge erscheinen, sind auch sehr wahrscheinlich die Kräfte, die wir vom Bizeps kennen, und die Zwecke, die uns von unseren Absichten bewußt sind, nur zwei sehr schmale, einander gegenüber gelegene Sinnesfenster in diese Welt, ohne daß wir ihre Beziehung sinnlich wahrzunehmen vermöchten. Soweit ein erster Schritt.

Die gespaltene Welt als ganze sehen

Ich darf nun den zweiten Schritt vor Augen führen. In diesem zweiten Schritt spreche ich von einer Selbsttranszendenz des Menschen.

Zweifellos ist es richtig, daß wir die Schachteln, in die wir die Welt packen, nur durch diese Schachteln sehen können. Aber wir sind in der Lage, diese Anschauungsformen von außen zu überprüfen. Konrad Lorenz, in seiner vorsichtigen Art, spricht von »unbelehrbaren Anschauungsformen«. Ich würde sie unveränderbar nennen. Belehrbar wären sie durch unseren Intellekt. Das für mich großartigste Beispiel ist Einstein. Und der für mich Biologen so wesentliche Schritt, den Einstein vorgenommen hat, ist der, daß er sich im Konflikt zwischen seinen ihm angeborenen Anschauungsformen vom dreidimensionalen

Raum (ich bin überzeugt, auch Einstein konnte ihn sich nicht anders vorstellen), in diesem Konflikt zwischen seinen Anschauungsformen und der Erfahrung, der Erfahrung gebeugt hat. Eben darin sehe ich die Möglichkeit, unsere uns angeborenen Anschauungsformen durch das Scheitern ihrer Prognosen an dieser Welt zu übersteigen.

Daß ich mich zu solchen Dinge wage, hat natürlich nochmals Hintergründe, die wieder aus der Lorenz-Schule stammen, wie zum Beispiel Irenäus Eibl-Eibesfeldts Untersuchungen. Was da an menschlichen Universalien auftritt! Sollten wir dann diese menschlichen Universalien nicht auch in seinem Denken, in seinem Vorstellungsvermögen finden können?

Ich glaube, daß jene Spaltung der Welt, von der wir ausgingen, auf einen rein kognitiven, also sinnlichen Dualismus zurückzuführen ist; daß diese Welt also durchaus keine gespaltene Welt ist, sondern daß unsere Sinne vereinfacht so gemacht sind, daß sie uns heute gespalten erscheint. Diese Welt ist wahrscheinlich nicht gespalten, gespalten aber unsere Möglichkeit, sie wahrzunehmen.

Ich erinnere mich, als ich mit Kardinal König zu einer Papstaudienz ging vor ein paar Jahren, gemeinsam mit John Eccles, dieser darauf bestand, daß diese Welt zweigeteilt sein muß, daß ein echter physikalischer Dualismus vorliegen muß. Und noch am Weg über den Petersplatz habe ich ihn gebeten, sich doch auf einen kognitiven Dualismus zurückzuziehen. Dies ist es allein, was sich wissenschaftlich vertreten läßt. Aber als Ratgeber des Heiligen Vaters konnte er das nicht.

Ich bin der Überzeugung, daß die Trennung von Leib und Seele, Materie und Geist, Form und Funktion, Welle und Korpuskel – eben hinunter bis ins Atomare – dies hat ja eben Manfred Wuketits so schön auseinandergelegt –, rein kognitive Mängel unserer Zugänglichkeit zu dieser Welt darstellen. Und daß die Kräfte und Materialien zwar Systeme entwickeln, daß aber die Selektion aus den Obersystemen, ohne das jetzt ausbreiten zu dürfen, aus den Obersystemen fortgesetzt Information entstehen lassen. Information, die erst zu einer poststabilierten Harmonie dieser Welt führt. Also daß beide bisherige Positionen falsch sind, keine zweckgerichtete Weltordnung, ich würde sagen keine prästabilierte Harmonie dieser Welt, wie Teilhard de Chardin zu vermuten scheint, aber auch keine Leugnung einer Harmonie dieser Welt, wie dies bei Monod nachzulesen ist; sondern der Sinn der Dinge entsteht mit den Dingen selbst. Kurzum, das Ganze enthält die Vermutung des

Vorliegens einer Isomorphie höherer Ordnung. Eine noch höhere Übereinstimmung zwischen den Ordnungsmustern des Denkens und der Welt. Die Grundfrage allerdings, wieso diese Welt mit unserem Denken gedacht werden kann, ist durch die Auffassung der Apriori als Anpassungsprodukte ja schon durch Lorenz gelöst.

Ober-System vor dem Unter-System

Was bedeutet nun eine Isomorphie höherer Ordnung? Das soll besagen, daß in uns bereits eine Polarität dieser Sinnesfenster vorgesehen ist. Wir erwarten Kräfte, wir erwarten Funktionen und Zwecke. Und selbstverständlich stecken sie in allen Dingen schon drinnen. Man muß also fragen: Woher kommen nun diese Zwecke vor den Dingen, wenn es keine prästabilierte Harmonie dieser Welt geben soll?

Eine Beobachtung ist es, an deren Ausbau mir sehr gelegen war. Nämlich die Einsicht, daß bei aller Evolution, kosmischer, chemischer, biologischer, kultureller Evolution, alle Differenzierungen als Einschübe zwischen einem Ganzen und seinen Teilen entstehen. Es ist also nicht ein Schichtenbau, an dem immer oben das Neue aufgelegt wird, sondern fortgesetzt ist es eine Differenzierung zwischen Teilen und einem Ganzen. Im Kosmos zwischen dem Ganzen der Gravitationsfelder und der Verteilung von Materiewolken, die erst zu einer Bildung von Galaxien und intern zu Sonnensystemen führen. In einer biologischen Evolution ist es stets eine Differenzierung zwischen dem Individuum oder der Art und seinen Erbmolekülen. Und auch alles, was weiter entstanden ist, entstand aus Einschüben zwischen diesem Ganzen: Selbstverständlich sind alle Entwicklungen unserer Gesellschaftsformen oder aller unserer Artefakte Einschübe zwischen dem Individuum und seiner Gesellschaft.

Das heißt, das selektive Prinzip, welches aus dem Obersystem Information und Zwecke in die Systeme hineinbringt, ist immer schon im voraus vorhanden.

Die Summe aus solchen Einsichten – und gedrängt wie hier sind es eher Bekenntnisse – gibt aber Ausblick auf einen Wandel; die *Tatsache*, daß über solchen Wandel heute schon so gut wie alle Wissenschaften zu dieser Evolutionären Theorie eine echte Beziehung haben. Und das reicht von der Pädagogik, der Physik bis zur Geschichtstheorie, von der

Mathematik und Logik bis zur Soziologie. Es sind eigentlich alle Wissenschaften schon in irgendeiner Weise durch einige Persönlichkeiten infiziert, angeregt und in neue Bewegung gebracht. So weit, daß wir heute schon an die Organisation zweier Symposien denken können, die folgendes leisten sollen:

In dem einen sollten die Vertreter der Evolutionären Lehre – etwa elf, hörten wir, ist eine gute Zahl – die wesentlichsten Probleme vertreten, so da sind: Rationalismus-Empirismus-Lösung, Idealismus-Materialismus-Auflösung, Realitätsproblem, Induktionsproblem, Dualismus-Problem. Und mit jenen gemeinsam sollten die wichtigen Erkenntnistheoretiker verschiedener Schulen eingeladen werden, um die Gegenstände zu diskutieren.

Und an ein zweites Symposium denken wir, das umgekehrt angelegt werden kann. In dem nämlich die Vertreter der verschiedenen Fächer, die sich für die Evolutionäre Lehre interessieren und sie in ihrem Fach bereits verwenden, als Redner eingeladen werden. Die Evolutionisten dagegen sollten zur Verfügung stehen, um von ihnen zu lernen sowie um ihnen beratend behilflich zu sein – also zu einem wechselseitigen Lernprozeß.

Uns selber übersteigen

Ich komme zum dritten Schritt und damit zum Abschluß. In diesem dritten Schritt möchte ich diese Selbsttranszendenz als eine Möglichkeit für unsere Gesellschaft vorführen. Ich darf erinnern, was ich hier unter Selbsttranszendenz verstehen möchte: Das Wort kommt von übersteigen – irgendwohin soll hinübergestiegen werden. Wohin also sollten wir steigen? Über unsere eigenen Ausstattungen, wie sie begrenzt erscheinen durch unsere angeborenen Anschauungsformen. Wir könnten sie durch Forschung übersteigen. Modell Einstein im Falle von Zeit und Raum. Heute ist es unser Anliegen, nun auch das Wesentlichste, das uns heute plagt, zu übersteigen, nämlich unsere Anschauungsformen von der Kausalität, die Vorstellungen von den Ursachen.

Das Einsteinsche Problem hat uns ja auf dieser Welt noch nicht geplagt, wir müßten ja auch nahezu mit Lichtgeschwindigkeit reisen, um den Irrtum sinnlich wahrzunehmen. Während das Kausalitätsproblem dimensionslos ist. Es plagt uns hier und auf dieser Erde. Da geht es in erster Linie und in unserer Gesellschaft um eine Lösung dieses Kraft-Zweck-Dualismus, der zweifellos ein Dilemma in unserer Zeit nach sich gezogen hat und letzten Endes zurückzuführen ist auf das menschliche Dilemma, das bereits mit unserem Bewußtsein entstanden ist.

Man erinnert sich, daß die Kontrolle, die zunächst einmal alle genetische Erfindung der Kreatur betraf, an einem realen Milieu außerhalb derselben vorgenommen werden mußte. Wir nennen das Selektion. In der Folge ist das Bewußtsein, von dem hier schon einige Male gesagt worden ist, daß es ein entscheidender Vorteil ist, weil die Hypothese stellvertretend für den Besitzer sterben kann, aufgrund dieses enormen Selektionserfolgs durchgesetzt worden. Der enorme Nachteil ist es, an den viel seltener gedacht wird, daß damit zwei Wahrheiten in Erscheinung treten, eine empirische und eine rationale. Und es ist wahrscheinlich in diesem Dilemma das gescheiteste Mißverständnis jenes, das uns Plato gelehrt hat. Es hat aber dazu geführt, unsere Zivilisation zu spalten. Ein Dilemma, das durch unsere ganze Kulturgeschichte hindurchzieht und heute noch – wie erst kurz vor mir Wuketits erwähnte – unsere Kultur spaltet. Man erinnert sich des Buches von Snow »The two cultures«.

Wir könnten diesem Dilemma entgehen, sobald wir in der Lage sind, die Fehler unserer Anpassung von den Fehlern der rationalen Prozesse zu unterscheiden. Und ich behaupte, daß uns das experimentell zugänglich werden wird. Die Fehler unseres ratiomorphen Apparates, des ratio-ähnlichen angeborenen Apparates, sind die einen – im Altenberger Jargon heißt er schon der »ratiomorsche Apparat«. Er ist deshalb morsch, weil er zwar als ein hervorragendes Anpassungsprodukt für unsere Vorfahren etabliert worden ist, genetische Evolution aber mindestens sechs Jahrmillionen für den Einbau eines solchen Merkmales benötigt, Kulturentwicklung aber viel zu rasch abläuft. Und wir können uns daher gar nicht darauf verlassen, daß an ihm noch irgend etwas adaptiert wird. In der Zwischenzeit aber haben wir unsere Welt viel zu kompliziert gemacht für diese einfachen Formen unserer Anschauung von dieser Welt. Wir müssen erkennen, daß uns diese Kultur – um mit Hayek zu reden – »passiert« ist. Wir sind nicht gescheit genug gewesen, sie zu machen. Als eine Entschuldigung für uns alle – wir sind in sie hineingestolpert. Und nun ist sie so kompliziert, daß diese alten

Anschauungsformen nicht mehr ganz passen. Das heißt, die Mängel des ratiomorphen Apparates sind sehr bescheiden. Die Passung ist nicht ganz genau, denn unser Hirn ist ja nicht für Erkenntnistheoretiker erfunden worden, sondern zunächst zum Überleben. Und dafür hat diese Paßform vollkommen genügt.

Die Fehler des rationalen Apparates unseres Bewußtseins scheinen aber ganz andere zu sein. Sie scheinen darauf zu beruhen, daß wir unsere Anschauungsformen unter Einschluß ihrer Mängel, ihrer mangelnden Paßformen, für Gewißheiten hinnehmen und meinen, von ihnen aus ungestraft und beliebig weit extrapolieren zu können. Und daraus folgt natürlich als Konsequenz, daß jener bescheidene Fehler, der am Anfang steht, enorm vergrößert wird und uns in außerordentliche Schwierigkeiten bringt. Ich behaupte, daß neben aller Possessivität des Menschen und was sonst noch Übles in ihm stecken möge, die meisten Schwierigkeiten, in denen sich unsere Zivilisation heute befindet, auf die strukturelle, gesellschaftsbedingte Erweiterung dieser Rationalität zurückzuführen sind. Wir eskalieren dort, wo wir nicht eskalieren dürfen. Man denke nur daran, was alles die Folge ist zu meinen, daß ein Mehr dessen, was in einem bestimmten Maße gut ist, notwendigerweise besser wäre.

Netze, die wir nicht sehen, in denen wir aber zappeln

Hierher gehört auch unser Unvermögen, in vernetzten Systemen zu denken. Man wird sich der Dörner-Experimente erinnern, die uns zeigen, daß die Fähigkeit des Umganges mit komplexen Systemen mit Intelligenz, so wie wir sie heute messen, überhaupt nicht korreliert. Daß dieser Intelligenzquotient überhaupt nur eine gewisse mathematisch-verbale Quickheit mißt, aber keineswegs das Verständnis für Zusammenhänge, worunter ich Bildung verstehen würde. (Bildung, die allerdings hinein bis zur Herzensbildung reichen sollte.)

Man denke auch daran, daß die Hemisphärenspezialisierung, der wir ja unterliegen, die deduktiven, gesetzableitenden Funktionen nur auf der linken Hemisphäre enthält, nämlich jener, die auch das Bewußtsein enthält. Wir können dagegen die schöpferischen Vorgänge in der rechten Hemisphäre nicht mitverfolgen. Daher hat unsere gesamte Zivilisation eine deduktive, gesetzesfolgende linkshemisphärische Schlagseite.

Sie hat jene Leistungen belohnt, die uns sehr wahrscheinlich aus diesem Schlamassel nicht herausbringen werden, nämlich die Fähigkeit deduktiver Gesetzesfolge. Erinnern Sie sich nur an die Gradierung der Schulfächer. Wer ist jemals in Komposition oder Zeichnen durchgefallen? Aber sehr viele in Mathematik und Latein. Die Gefährlichkeit der Schulfächer und ihre Bedeutung wird gerangt nach ihrem Inhalt an deduktiver Leistung. Ganz oben die Mathematik, dann grammatikalische Folgerungen und so weiter. Und gerade diejenigen unter uns und unter unseren Kindern mit rechtshemisphärischer Begabung, wie sie unter Umständen linkshemisphärisch weniger begabt sind, sie werden auf Grund der Schulsysteme gezwungen, ihre ganze Zeit für etwas zu verwenden, wofür sie gerade nicht begabt sind. Sie sollten ganz anders gefördert werden, genau dort im Erfinderischen und Schöpferischen, Synthetischen, Problemlösenden, wo allein wir eine Chance haben, unseren Kopf noch einmal aus der Schlinge zu ziehen.

Wer hat die Fensterscheibe zerschlagen? Ball, Fuß oder Team?

Es folgt auch die Frage – niemand hat sie sich noch recht gestellt –, ob unser Rechtssystem dieser komplexen Welt entspreche. Wer ist denn schuld, wenn eine Bubengruppe dem Nachbarn beim Fußballspiel das Fenster zerschießt: jener Junge, von dessen Fußspitze der Ball zuletzt gesprungen ist? Die Juristen unter Ihnen wissen, daß die sogenannte Zurechnungslehre den Juristen dazu verhält, die Kausalkette möglichst kurz zu halten. Wir können ja gar nicht fragen, wie die Hintergründe wären, die zu dem Fußballspiel geführt haben. Aber jeder von uns weiß, daß diese Fußspitze des Buben die Ursache des Ganzen nicht sein kann.

Oder man denke an die mangelnde Korrelation zwischen Verantwortungsgefühl und Macht. Aber auf all das will ich hier nicht näher eingehen. Ich erinnere zuletzt nur noch daran, daß wir uns ja noch gar nicht recht überlegt haben, wie denn zum Beispiel eine Demokratie an ihren Fehlern scheitern kann. Haben wir dazu schon die geeigneten Systeme entwickelt? Ist es die Volksbefragung, welche Mechanismen existierten jenseits der Zugzwänge der Parteien?

Es hat Winston Churchill einmal gesagt: »Die Demokratie ist die miserabelste aller Regierungsformen; mit der einzigen Ausnahme sämtlicher anderen Regierungsformen.« Wir müssen uns also überlegen, wie sich auch ein solches System entwickeln kann.

Universalien – Grundakkorde der Humanitäts-Hymne

Die letzten Sätze sollen die Rechtfertigung betreffen. Die Rechtfertigung oder Bedeutung einer solchen Untersuchung liegt ja nicht nur in unserer persönlichen Befriedigung, die Kantschen *Apriori* zu irgendeiner Lösung zu führen. Das mögen akademische Querelen sein, die sich so oder so lösen lassen. Unsere Zeit hat ganz konkrete Probleme, welchen wir uns damit nähern. Ich erinnere daran, daß Kant natürlich nicht die ganze Palette menschlicher Vorbedingtheiten oder menschlicher Universalien, wie ich sie nennen möchte, interessiert hat, sondern die Grundlagen der reinen Vernunft und der Urteilskraft. Diese wurden aufgeschlossen. Daneben aber findet sich noch eine ganze Fülle anderer Universalien, Vorbedingtheiten unseres Menschseins. Einige sind schon von Konrad Lorenz entdeckt worden. Denken Sie an das Kindchenschema, denken Sie an die angeborene Tötungshemmung – um etwas ganz anderes zu nennen –, der es nun passiert, da sie optisch gesteuert ist, auch beim Menschen, daß sie nun durch Fernwaffen ausgeschaltet werden kann.

Ich habe die Hoffnung, daß alle diese Universalien der Untersuchung zugänglich werden, das ist das Entscheidende. Ich vermute, daß das, was die Menschenrechtskommissionen formulieren und für uns verlangen, nicht wird als Lamento einer dekadenten Gesellschaft deklassiert werden können, sondern es wird sich als Teil der menschlichen Universalien darstellen, die in jeder Kreatur vorgegeben sind und beansprucht werden müssen, damit es ein menschenwürdiges Leben wird. Und jetzt stellen Sie sich vor, was die Konsequenz wäre, wenn es uns gelänge, diese Zusammenhänge wirklich aufzudecken. Begonnene Forschung ist nicht aufzuhalten, weder im Westen noch im Osten. Dann wird es die Möglichkeit geben, unabhängig von jeder Ideologie ein tieferes Menschenbild zu gewinnen, in dem diese menschlichen Universalien auftauchen müßten, wenn ehrlich geforscht wird, und es müßte dann das, was wir als Menschenrechte erwarten, als eine Selbstverständlichkeit über die Welt sich verbreiten können.

»Ich halte ja«, sagt Konrad Lorenz reflektierend 1981, »so wie mein

Freund Goethe, mein Freund-Feind Goethe, der ganz blöd die Farbenlehre für das beste hielt, was er je geschrieben hat, das Erkenntnistheoretische, das ich geschrieben habe, für viel wichtiger als die Verhaltensforschung, für die ich den Nobelpreis bekommen habe.« So falsch war
aber die Goethesche Farbenlehre nicht. Sein Farbenkreis ist biologisch
so richtig, wie die physikalische Lösung Newtons als ein Band richtig
war; und ebenso ist natürlich die ganze Verhaltenslehre eine unbeding-
te Voraussetzung jener Sätze, die Lorenz zur »Evolutionären Erkenntnislehre« niederschreiben konnte.

Funken, die Asche zünden

Ich glaube natürlich auch, daß die Evolutionäre Erkenntnislehre das
bislang entscheidendste Produkt dieses Lebenswerkes ist, weil es weit
hinausgreift in diese Welt; weiter noch als die Einsicht Darwins. Und
als letzten Satz noch einer von Lorenz 1941, der noch einmal auf Kant
zurückgreift, von dem wir ausgegangen sind. »Wir sind geneigt zu
glauben«, sagte Konrad Lorenz 1941, »daß die Naturforschung nie eine
Gottheit zerschlagen kann, sondern immer nur die tönernen Füße eines
von Menschen gemachten Götzen. Demjenigen gegenüber, der uns
vorwirft, es an der nötigen Ehrfurcht vor der Größe dieses Philosophen« – nämlich Kant – »fehlen zu lassen, berufen wir uns auf Kant
selbst« – und hier zitiere ich Kant aus einem Zitat von Lorenz: »Wenn
man einen begründeten, obzwar nicht ausgeführten Gedanken anfangt,
den uns ein anderer hinterlassen hat, so kann man wohl hoffen, es bei
fortgesetztem Nachdenken weiter zu bringen als der scharfsinnige
Mann kam, dem man den Funken des Lichtes zu verdanken hat.‹«
Immanuel Kant verdankte Konrad Lorenz die Einsicht der *Apriori*, wir
verdanken Konrad Lorenz den Funken, diese *Apriori* übersteigen zu
können.

Diskussion*

K: Konrad Lorenz hat heute über Ethologie und Ethik gesprochen. Ethologie – die Erforschung tierischen und menschlichen Verhaltens mit dem Ziel, mehr über die angeborenen Voraussetzungen dieses Verhaltens im Gehirn, im kognitiven System zu erfahren. Ethik – der Versuch der Einflußnahme auf dieses Verhalten auf Grund der Erkenntnisse dieser Forschung. Dazwischen – sowohl im Leben von Konrad Lorenz wie wissenschaftslogisch die Brücke – die Evolutionäre Erkenntnistheorie; jene Theorie, die herausfindet, daß das, was wir im Hirn haben, vorgegeben ist oder vorgegeben scheint – weil es eben nicht *gegeben*, sondern *geworden* ist. Sie, Herr Professor Riedl, haben heute nachmittag über Evolutionäre Erkenntnistheorie referiert.

R: Es ist interessant, daß diese Theorie sich von mehreren Seiten und unabhängig voneinander entwickelt hat. Es ist auch interessant, daß unter den Bewirkern hauptsächlich Wiener waren und daß auch sie voneinander nichts gewußt haben. Wichtigster Aspekt war der Umstand, daß Konrad Lorenz durch eine Reihe von Zufällen als Ordinarius nach Königsberg gekommen ist, wo Kant einmal Ordinarius oder Professor war, jener Immanuel Kant, der einen entscheidenden Schritt in der Philosophie und in der Erkenntnislehre vorgenommen hat: nachzuweisen, welche Vorbedingungen für unsere Vernunft erforderlich sind, welche Gegebenheiten unsere Vernunft annehmen muß, um überhaupt vernünftig fragen zu können. So kann man zum Beispiel Raum oder Zeit, Wahrscheinlichkeit, Vergleichbarkeit, Kausalität, Finalität der Welt nicht durch ein Experiment herleiten, sondern man muß es in sie

* K = Kreuzer
  R = Riedl
  W = Wuketits

hineinlegen. Und da blieb natürlich die große Frage, woher diese Voraussetzungen kommen. Konrad Lorenz hat eine biologische, eine empirische Lösung gefunden. Es stellte sich nämlich heraus, daß die Kantschen *Apriori* Anpassungsprodukte unseres Stammes sind.

Wie kann Hirn Hirn hinterfragen?

K: Kant hat sie für absolut gehalten, weil er von der Evolution praktisch nichts wußte.

R: Es hat ja zu dieser Zeit den Evolutionsgedanken noch nicht gegeben oder höchstens in Andeutungen. Für Kant galten die *Apriori* nur für den Menschen. Und für ihn war der Mensch ein unveränderliches, von Gott geschaffenes Wesen.

K: Und nun sagt Lorenz: Unsere Denkvoraussetzungen, unsere Lernvoraussetzungen sind in der Schöpfungsgeschichte *erlernt* worden.

R: Sind erlernt worden.

K: Sind Erlerntes der Schöpfungsgeschichte.

R: So wie Organe. Unsere Anschauungsformen passen aus denselben Gründen in diese Welt wie der Huf des Pferdes auf den Steppenboden, noch bevor das Pferd geboren ist, oder die Flosse des Fisches ins Wasser, noch bevor er aus dem Ei geschlüpft ist. Die Organe sind also gewissermaßen Hypothesen, wie das Sir Karl Popper später benannt hat: Vermutungen über die reale Welt.

K: Und alle diese Vermutungen dienen natürlich der Lebenstüchtigkeit. Die Lebewesen der letzten vier Milliarden Jahre mußten ja nicht mit Raumschiffen ans Ende der Welt fliegen. Einsteinsche Erkenntnisse waren nicht wesentlich, Raum-Zeit konnte getrennt gedacht werden.

R: Wir haben deshalb ein euklidisches, dreidimensionales Raumprogramm eingebaut, weil jeder Affe, der dieses Raumprogramm nicht besaß, ein toter Affe war, weil er aus dem Geäst abgestürzt ist. Ein toter Affe zählt aber nicht zu unseren Vorfahren. Das alles ist also fix in uns eingebaut. Man sieht das schon in den drei Ebenen unserer Bogengänge, in der dreidimensionalen Ableitung unseres Greifraumes, der Augenableitung und so weiter. Wir leben mit Hypothesen, die dieser Welt angepaßt sind. Sie stimmen für unser irdisches Leben zureichend. Es ist durchaus praktikabel anzunehmen, daß der Raum etwas Dreidimensionales, daß die Zeit etwas Eindimensionales ist. Wenn

Einstein zeigt, daß man über diese Anschauungsformen hinaussteigen kann, überschreitet er die Grenzen des Mesokosmos.

K: Warum unser Hirn – Einsteins Hirn – das kann, ist ja eigentlich das größte Rätsel; warum das Hirn sich selber hinterfragen kann.

R: Richtig. Für mich als Biologen ist die Größe Einsteins darin zu sehen, daß er in dem Konflikt zwischen seinen Anschauungsformen – und man weiß, daß er sich natürlich den Raum auch nicht anders als dreidimensional vorstellen konnte – daß er sich in diesem Konflikt zwischen den angeborenen Formen seiner Anschauung und der Erfahrung der Erfahrung zu beugen vermochte. Das ist der entscheidende Schritt, der uns zeigen kann, wie wir über unsere eigenen Anschauungsformen hinauskommen können.

Die Verwechslung von Jahrtausenden mit Jahrmilliarden

W: Ich möchte zur Geschichte beziehungsweise zur Vorgeschichte der evolutionären Betrachtungsweise etwas hinzufügen: Kant war wohl schon der Gedanke einer real-historischen Verwandtschaft der Lebewesen bekannt. Was aber zu Zeiten Kants so gut wie völlig unbekannt war, das waren mögliche Mechanismen der Evolution, also die Methoden der Anpassung. Das verdanken wir wohl erst Darwin. Damit hat Darwin auch die Evolutionäre Erkenntnistheorie begründet.

R: Wobei, wenn ich das so recht vor Augen habe, die Entwicklung der Evolutionstheorie zeitlich mit Kant gar nicht so weit auseinander liegt.

W: Nein, keineswegs.

R: Kants Wirken liegt früh in der Goethezeit, und in der späten Goethezeit war die Evolutionstheorie schon da.

K: Aber Kant hat eben trotz aller Aufklärung doch noch an die Bibel geglaubt, insofern, als er der Evolution nicht vier Milliarden Jahre, sondern der Bibel entsprechend einige tausend Jahre gegeben hat. Und da war das alles nicht drin.

W: Was aber da war, zumindest andeutungsweise, war der Gedanke einer real-historischen Verwandtschaft und eines Wandels der Organismen in der Zeit. Aber die großen Zeiträume, mit denen heute Paläontologen und Evolutionsforscher operieren, Jahrmillionen, Jahrmilliarden, die mußte unser Geist gewissermaßen erst begreifen lernen. Daher ist es auch geistesgeschichtlich für die Etablierung der Evolutionstheorie ungeheuer wichtig, daß eine Verzeitlichung der Erdgeschichte gewonnen werden konnte und damit eine Dynamisierung des gesamten Weltbildes. Erst vor diesem Hintergrund einer dynamischen Weltsicht ist die Evolutionstheorie, wie wir sie heute verstehen und für die Evolutionäre Erkenntnistheorie als Hintergrund nehmen, von Bedeutung.

K: Nun: Was haben wir davon? Wir sind jetzt imstande, uns selbst als jene Fliege im Fliegenglas zu sehen, von der Wittgenstein spricht. Wir wissen, warum wir eine Fliege im Fliegenglas sind.

R: Ja, warum wir an der Fensterscheibe surren. Aber natürlich haben wir erst ein Forschungsprogramm – Genaues wissen wir noch nicht. Wir haben durch Einstein gezeigt bekommen, wie man es macht, die Mängel der eigenen Anschauungsformen zu durchschauen. Man muß also an der Erfahrung scheitern. In dem Augenblick, in dem man dazu bereit ist, ist diese Möglichkeit gegeben. Es ist sehr wahrscheinlich, daß diese unsere Anschauungsformen, unter denen Kausalität und Finalität sehr wichtig sind, *isomorph* dieser Welt sind – das heißt: es besteht eine Übereinstimmung zwischen der Struktur der Welt und unseren Anschauungsformen. Es erklärt sich damit, daß unsere Welt mit unserem Denken zu denken ist – aber natürlich nur in einer ziemlich groben Weise. Es ist eine Anpassung gewesen, die weit zurückliegt, eine Anpassung spätestens des Frühmenschen oder des Raubaffen. Manche Anpassungsphänomene sind natürlich viel älter. Die Beurteilung des dreidimensionalen Raumes ist schon dem Fisch eigen. Damals hat es genügt – darum genügt es heute nicht mehr.

K: Für das Verständnis von Atomkernen oder Galaxien . . .

Die Zivilisation, die uns »passiert ist«

R: Es genügt keineswegs mehr. Auch für die Komplikationen der Zivilisation nicht. Hayek sagt sehr richtig, daß uns diese Zivilisation »passiert ist«. Wir sind in sie hineingestolpert – niemand ist schuld gewissermaßen. Ich kann also alle, auch die Politiker, von einer Verschuldensfrage entbinden – im Ganzen *ist sie uns passiert*. Denn die Welt ist so kompliziert geworden, daß die alten Anschauungsformen nicht mehr passen. Warum können sie nicht geändert werden? Aus sehr einfachen Gründen: Die genetische Adaptierung geht außerordentlich langsam, es braucht für den Einbau eines solchen Merkmales etwa sechs Jahrmillionen unter starken Selektionsbedingungen, die auch nicht mehr herrschen.

K: Die können wir ja glücklicherweise noch nicht gen-technisch ändern.

R: Gott sei Dank noch nicht . . .

Diktatoren am Computermodell machen ein Land kaputt

K: Das ist Science-fiction.

R: Das ist ein ganz anderes Thema. Wir müssen die Genmanipulation fürchten. Weniger fürchten müssen wir aber eine Aufdeckung der Mängel unserer Anschauungsformen. Wenn es sich etwa zeigt, daß wir mit unserer linearen Kausalität oder mit der Unterscheidung von Ursachen und Zwecken nicht mehr weiterkommen, dann ist es gut, umzulernen. Denken wir nur an die Dörner-Experimente. Dörner, ein Sozialpsychologe, hat eine Gruppe von begabten Studenten der Wirtschafts- und Sozialwissenschaften vor einen Computer gesetzt, mit der Aufgabe, ein gedachtes Entwicklungsland zu retten. Diesem Entwicklungsland ist es sehr schlecht ergangen. Im Computer war alles eingespeichert, was man nur ändern kann: Kapitaleinsatz, Bevölkerungsmobilität . . .

K: Bodenfeuchtigkeit . . .

R: Ja, auch Bodenfeuchtigkeit, Grundwasserspiegel – alles konnte beeinflußt werden. Und jeder durfte alles verändern. De facto haben alle Experimentatoren dieses Land per Computer ruiniert. Wie kam es dazu? – Sie haben immer hektischer eingegriffen, immer öfter das System geändert. Und der Innovationskoeffizient ist gesunken. Zu deutsch: Es ist den Planern immer weniger eingefallen.

K: Ihr Denken ist monokausal geworden . . .

R: Jawohl: monokausal.

K: Sie haben immer nur *eine* Ursache des Übels gesucht.

R: Der eine wollte nur durch Kapitalspritzen, der andere nur durch Hebung des Grundwasserspiegels helfen – und alles ist kaputt gemacht worden. Ich habe den Eindruck – und manche gebildete Leute haben ja heute schon Röntgenaugen für unsere Zivilisation –, wir bedürfen eigentlich des Dörner-Experiments gar nicht mehr, um zu sehen, wohin es geht. Die Abendnachrichten des Fernsehens zeigen uns, daß es eigentlich rundum auf dieser Welt so zugeht wie im Dörner-Experiment. Niemand ist in der Lage, mit den Dingen zurechtzukommen. Da wird Hochzins- oder Niederzinspolitik propagiert, da wird viel ausgeborgt oder wenig ausgeborgt, auch gibt es die Schere zwischen Beschäftigungslosigkeit und Geldverfall. Wer sitzt da am Computer?

Die Symbiose von Ratte und Versuchsleiter – wer lacht da?

K: Das hat doch auch damit zu tun, daß unser Hirn so anfällig ist für Utopien. Für rattenfängermelodienartige Vereinfachungen der Welt.

R: So ist es. Das Pech, das uns getroffen hat, ist darauf zurückzuführen, daß wir Ursachenbezüge *eindimensional* erwarten, wie eine Kette von Domino-Steinen. Irgendwo vermuten wir eine erste Ursache. Ich erinnere mich an mein Psychologiestudium – da hat der von uns sehr geliebte Professor Hubert Rohracher einen berühmten Witz von der Laborratte in der Skinner-Box erzählt, das ist jene Experimentierschachtel, in die man hineinschauen, aber nicht herausschauen kann. Die Laborratte, die dort drinnen sitzt, sagt zu ihrer Nachbarratte: Ich habe meinen Versuchsleiter konditioniert; jedesmal, wenn ich auf die Taste drücke, wirft er mir Futter herein. Wir Studenten haben damals gelacht. Was für eine dumme Ratte, die nicht weiß, daß der Versuchsleiter in Wahrheit die Ursache des Zusammenhangs ist! Heute lachen wir darüber, daß wir damals darüber gelacht haben. Denn selbstverständlich sind Versuchsleiter und Ratte *einander* Ursache.

K: Sind miteinander ein System.

R: Sie sind ein System. Ein zyklisches System von wechselweisen Erwartungen, die in dem Augenblick, wo sie zusammenspielen, das erfolgreiche Experiment ergeben. Jeder, der aus diesem Experiment ausscheidet, läßt das Experiment zusammenstürzen.

K: Das Wettrüsten der Großmächte ist ein solches System.

R: Genau. Ein sich aufschaukelndes System. Unsere rationale Vernunft, die bewußte Vernunft, begeht den entscheidenden Fehler, jene bescheidenen Anpassungsmängel, die wir besitzen, zu eskalieren, indem wir glauben, man könnte beliebig extrapolieren.

K: Wie befreit man sich nach dieser Erkenntnis von etwas, das so tief im Hirn drin sitzt?

W: Um darauf kurz und ganz pointiert zu antworten: Man befreit sich davon dadurch, daß man sich von geistesgeschichtlich sehr starken und sehr mächtigen Traditionen loslöst, die aber eben wiederum Folgeerscheinungen dieser erwähnten einseitigen Erklärung beziehungsweise dieses offenbaren Bedürfnisses des Menschen sind.

R: Das Problem ist doch wohl so alt wie die Menschheit selber.

W: Man muß dazu mindestens zweieinhalbtausend Jahre Philosophiegeschichte überblicken, um zeigen zu können, daß am Beginn dieser Zeit eine Zweiteilung der Welt einsetzt: hier Idealismus – da Realismus; hier Mechanismus – da Vitalismus und so weiter. Ich möchte und kann hier natürlich nicht dieses gesamte Ensemble von Ismen Revue passieren lassen, möchte aber darauf hinweisen, daß in der gegenwärtigen Biologie beim Versuch, das Lebendige zu erklären, nach wie vor diese Dichotomie drinsteckt. Hier der Versuch des Mechanismus beziehungsweise Reduktionismus – man reduziert das Lebewesen auf seine kleinen und kleinsten Bausteine; auf der anderen Seite der im zwanzigsten Jahrhundert sehr wohl etwas mystizistisch verbrämte Holismus. Hier Materie – da das Lebewesen; dazwischen aber ist nichts.

Netze sehen lernen

K: Herr Professor Riedl, Sie haben es heute so schön gesagt: Es geht um Irrtümer, die sich gegenseitig aneinander festhalten wie beim Seilziehen. Man braucht das Seil nur durchzuschneiden, dann purzeln beide Kampfhähne. Also: Wie durchschneidet man das Seil? Konkret in bezug auf die Monokausalität: Wenn ein Irrtum in unser Hirn eingebaut ist, wie korrigiert man ihn vom Lernen her, von der Erziehung, von der Aufklärung her? Wie macht man unser Denken *multikausal*? Wie macht man Netzwerke verständlich?

W: Das ist natürlich kein einfaches Problem, und es ist keine einfache Lösung zu erwarten. Aber die einzige Möglichkeit ist offenbar die, daß schon die Kinder in unseren Schulen so früh wie möglich mit vernetztem, mit systembezogenem Denken konfrontiert werden, daß man ihnen klarlegt, wie komplex eigentlich unsere Welt ist, und daß man sie nicht so ohne weiteres durch einseitig orientierte »Ismen« erklären kann.

K: Ohne allzu politisch zu werden: Das ist ja das eigentliche *grüne Denken.* Nicht eine Karotte pflanzen, sich davor setzen, warten, bis sie groß ist, aufessen – das ist ein idealisiertes grünes Denken.

W: Das wäre der philosophische Hintergrund des *grünen Denkens.*

K: Als solches sollte also grünes Denken – ich meine jetzt nicht parteiisches, sondern durch die Parteien gehendes Gedankengut – verstanden werden. Als zunehmendes Verständnis für Vernetzungen, für komplexe Systeme, für Zusammenhänge.

R: Ein Zugang ist vielleicht der, daß man versucht, aus den Fehlern, die in der Geschichte wahrnehmbar sind, herauszukommen. Da wäre zunächst die Galileische Revolution, in der man gemeint hat, das, was meßbar ist, hätte auch mehr Realität als alles andere: Also Wegschneiden der Qualitäten. Dann durch die Aufklärung die Entwicklung des Positivismus, der das noch weiter verstärkt hat, hinein bis zum Wiener Kreis, wie er ja hier in Wien eine große Rolle gespielt hat. Mit der Konsequenz einer Hochstilisierung der Bedeutung von Mathematik und Logik, die ganz hoch gereiht nun die ganzen Wissenschaften dominierten, so daß man dazu gekommen ist – heute fast ein Gemeinplatz –, von »exakten Wissenschaften« zu reden – als ob es daneben »nicht exakte« gäbe. Die »exakten« Wissenschaften wären dann diejenigen, die mit mathematischen, formalisierbaren Systemen zu tun haben. Und das spiegelt sich ja auch wider in unserem Unterrichtssystem. Sehr gewichtig sind die alten Sprachen Latein und Griechisch, aber über ihnen steht noch die Mathematik. Wenn man die »Gefährlichkeit« der Schulfächer vergleicht, dann kann man feststellen: Die größte Durchfallrate gibt es bei Mathematik, dann erst kommen Latein und die lebenden Fremdsprachen. Von unten her gezählt ist es Musikerziehung, Künstlerische Erziehung, Biologie.

K: Alles, was mit dem ganzen Menschen zu tun hat . . .

R: Alles, was mit dem schöpferischen Menschen zu tun hat. Man sieht weiterhin, daß in dieser Gradierung die gesetzesableitenden Leistungen ganz hoch rangieren – etwas, was man in der Erkenntnistheorie *deduktive* Leistungen nennt.

K: Es geht darum, die Welt einfacher zu machen.

R: Und zwar aus dem Grunde, wie wir heute wissen, daß diese Leistungen in der linken Hirnhemisphäre ablaufen, in der sich auch Sprache und Bewußtsein befindet, daher kann man rechnerischen Vorgängen und logistischen Vorgängen, auch grammatischen Strukturen, ganz bewußt folgen. Man kann sie also leicht unterrichten und abprüfen. Dort, wo Kreativität im Spiel ist, die rechts-hemisphärisch placiert ist, tut man sich beim Unterrichten und Prüfen viel schwerer. Und damit hat nun unsere ganze Kultur eine links-hemisphärische Schlagseite.

K: Damit wir das biologisch richtig sagen: Es dürfte nicht so sein, daß wir jetzt mehr Kinder haben, die aus irgendeinem Grund linksdominiert sind. Das ist eine kulturelle Erscheinung. Der Mensch kommt rechts-dominiert zur Welt und wird dann von unserer Zivilisation umgepolt. Wir *unterdrücken* die Rechts-Dominanz.

R: Wir selektieren die Links-Dominanten heraus. Und das ist sicher nicht gut. Niemand kann behaupten, daß wir unsere Weltprobleme eher mit hoher Mathematik lösen werden als mit biologischer Einsicht, mit Grammatik eher als mit Stilverständnis. Ich habe sogar das Gefühl, daß es umgekehrt sein könnte. Daß die schöpferischen, kreativen Fächer, besser gesagt: jene, die Schöpferisches, Kreatives verlangen, uns in unserer Zukunft eher helfen werden als die rein berechnenden.

K: Das hören natürlich alle gerne, die heuer bei den Nachprüfungen durchgefallen sind.

W: Dazu kommt ja noch die Unterteilung des Unterrichts in elf oder zwölf Unterrichtsfächer im Mittelschulunterricht. Damit wird, wie Roman Sexl einmal sagte, das Gehirn des Schülers zwölfgeteilt. Jetzt haben wir Physik, da gehen uns die Argumente aus Biologie nichts an, jetzt haben wir Latein, da interessiert uns Chemie überhaupt nicht, und so weiter.

Bessere Planung oder weniger Planung?

K: Um an den Dörner-Computer anzuschließen: Das ist ja eine politische Frage. Übrigens hat vor kurzem in Wien Professor Vester über dieses Problem referiert, und es hat eine interessante Diskussion gegeben. Aus dem Dörner-Experiment kann man ja zumindest zwei völlig verschiedene Lehren ziehen. Lehre eins: Wir brauchen bessere Planer, bessere Computer, ein vollständigeres, multikausales Planungsprogramm. Furchtbare Vermutung: Der Super-Planer mit dem Super-Computer richtet das Land etwas später, aber noch gründlicher zugrunde. Die zweitmögliche Schlußfolgerung ist, daß man so überhaupt nicht vorgehen kann, daß man sich mehr auf komplexere Traditionen, auf kleinere Einheiten, auf humaneres Vorgehen verlassen soll. Diese zwei Möglichkeiten stehen zur Debatte, sind ja die möglichen Ergebnisse dieses Dörner-Experiments.

R: Dazu kommt ja, daß sich der schöpferische Vorgang nicht ganz formalisieren läßt – und zwar aus dem einfachen Grund, weil die Zufallsleistung mithineinkommt, die ganze Fülle des Hintergrundwissens eines Menschen, die man nicht programmieren kann. Man kann nicht alles Menschheitswissen in einen Computer einfüttern, noch dazu mit allen Gewichtungen, die da gegeben sind, und dann noch den Zufall spielen lassen. Daß der Zufall notwendig ist, zeigt sich darin, daß wir aus Prämissen allein weder Erfindungen noch Entdeckungen machen können.

K: Friedrich von Hayek würde an der Stelle sagen: Deshalb ist der Markt intelligenter als der Plan. Das berührt daher auch diese Dimension von Politik und Gesellschaft.

R: Wir haben verschiedene Mangelstrukturen. Reden wir zum Beispiel von Universitätsfächern. Ich setze mich jetzt natürlich der Gefahr aus, von einer Majorität meiner von mir geschätzten Kollegen gesteinigt oder gerügt zu werden, aber ich muß daran erinnern, daß die Gliederung mancher Universitätsfächer, das meine eingeschlossen, noch nach der Gliederung der Naturalienkabinette der Feudalzeit orientiert ist. Ich bin zuständig für die ausgestopften Tiere und meine Nachbarn für die getrockneten Pflanzen, und unterhalb von uns wurden die Mineralien abgestaubt. Dabei weiß jeder, daß die Fragen unserer Zeit heute vollkommen anders liegen. Welche Möglichkeiten haben wir überhaupt, das zu unterrichten? Um jene Lehrer auszubilden, die dann in der Mittelschule das unterrichten können, was die Probleme unserer Zeit betrifft, müßten wir bereits die Universitätsfächer anders verbinden.

K: Eine Aufgabe für unsere Universitäten, hier anders zu denken. Vielleicht gibt es überhaupt zwei Aufgabenstellungen. Es könnte sein, daß man, um in der Medizin ein guter Diagnostiker zu sein, daß man so ausgebildet werden muß, wie Sie es jetzt schildern: mit mehr Rechtshirn, mit viel Imagination. Aber zum Operieren ist es dann schon besser, daß man mit der linken Hirnhälfte das Skalpell führt.

R: Damit sind wir wieder bei Konrad Lorenz. Er hat diesem Problem ein ganzes Forscherleben gewidmet. All diese Programmatik ist dann tatsächlich durch die Entwicklung der Vergleichenden Verhaltensforschung zum Tragen gekommen. Das Ergebnis des Ganzen ist die »Rückseite des Spiegels« und die Werke, die sich daran anschließen.

Mut zur Hoffnung, Mut zur Sorge

K: Hier geht es im Grunde um Optimismus oder Pessimismus. Wir haben in dem Kamingespräch Popper-Lorenz erlebt, daß sich die beiden alten Herren auf die These einigen konnten, daß die Welt offen ist: *Nichts ist schon dagewesen*, alles ist möglich, alle Chancen sind da. Sie sind sich in diesem Punkt einig, nur legen sie Wert darauf, die Sache doch anders zu akzentuieren: Popper legt Wert darauf zu sagen: Wir leben doch in der besten aller bisherigen Welten und suchen eine noch bessere. Und Lorenz ist ja doch ein überzeugter Pessimist, jedenfalls der *Warner*. Sein neuestes Buch »Der Abbau des Menschlichen« ist eine massive Warnung. Er hat dabei natürlich immer die positive Möglichkeit im Auge, die Hoffnung, sonst hätte es ja keinen Sinn, zu warnen, sagt er. Ich möchte Sie jetzt nicht auffordern, zu taxieren. Aber welche Aspekte der Gefahr, der drohenden Apokalypse – Lorenz –, und welche Aspekte der Hoffnung – Popper – stecken in diesen Erkenntnissen? Alles mündet in die Frage: Können wir unser Hirn, das wir zu verstehen lernen, das wir als Gefahr erkennen, in den Griff bekommen?

R: Ich glaube, daß zu den wirklich entscheidenden Gefahren die eskalierenden Konsequenzen unserer Massenzivilisation gehören. Es zeigt sich, daß wir etwa aus dem Rüsten nicht herauskommen. Wenn von den am besten beratenen Staatenlenkern behauptet wird, daß man über Abrüstung nur aus der Position der Stärke verhandeln kann, so ergibt eine Milchmädchenrechnung, die beide Seiten berücksichtigt, daß das nicht aufgehen kann. Und vieles andere läuft in dieser Richtung. Ich glaube daher, es ist eine moralische Pflicht geradezu, in diesem Sinne Sir Karl Popper nicht zu folgen und uns nicht zu beschwichtigen, sondern bei einem optimistischen Kulturpessimismus zu bleiben oder umgekehrt, in einem pessimistischen Kulturoptimismus im Sinne von Konrad Lorenz.

K: Ich würde sagen, der eine ist nicht weit weg vom anderen. Es sind zwei Seiten ein und derselben Medaille – einer Goldmedaille übrigens.

Glauben, daß der Kopf schlauer ist als die Schlinge

R: Die Situation ist wirklich prekär, und die Wahrscheinlichkeit, den Kopf noch aus der Schlinge zu kriegen, ist sehr gering. Es hat aber überhaupt nur einen Sinn, darüber zu reden, wenn man ein Quentchen Optimismus hat. Und diesen Optimismus kenne ich als Biologe sehr gut, weil ich weiß, daß jede getretene Pflanze sich wieder aufzurichten versucht, jedes Käfigtier ein Leben lang an den Gitterstäben entlangläuft, so als ob ein Wunder es doch noch befreien könnte, und jeder gesunde Gefangene letztendlich auch auf ein Wunder wartet. Das ist ein Lebensprinzip. Wir werden uns fortgesetzt bemühen, den Kopf aus der Schlinge zu bekommen. Ob wir ihn herauskriegen, ist die Frage.

K: Gesundbeten mit Inbrunst. Und das heißt: Hoffnung auf die Jugend. Das ist ja eigentlich das, worin der Teiloptimismus von Konrad Lorenz mündet. Er sagt ja, in Wertschätzung der Politiker, sie können nichts dafür, sie sind Gefangene des Systems, der pressure-groups; sie tun, was sie können, aber sie können nicht viel, weil sie abhängig sind von Stimmungen, die anderswo gemacht werden. Es geht also darum, den Hebel anzusetzen bei der Jugend. Sehen Sie da Chancen?

W: Ja, durchaus. Obwohl ich mich nicht als Optimist schlechthin bezeichnen würde, sondern wenn, dann im Sinne von Konrad Lorenz als *Pathomist*, also ein *pathologischer Optimist*. Ein purer Optimist ist ja jemand, der überhaupt nichts unternimmt, um die Zustände zu verbessern, weil er meint, es werde sowieso alles gut. So kann man das sicher nicht machen. Aber konkret zu Ihrer Frage: Ich sehe da schon

Chancen – ich habe es vorhin angedeutet – und diese Chancen liegen schlicht und einfach in der Bildung, die eben sehr früh schon beginnen muß . . .

K: Aber wo ist der direkte Zugang? Die Professoren, die die Lehrer ausbilden, die die Schüler ausbilden, die haben es ja noch nicht mitgekriegt, worum es geht. Ich weiß schon die Generalantwort: Die Medien sollen es schaffen. Da sitzen wir gerade mitten im Medium und werden ausgestrahlt. Vielleicht gelingt uns der Zugang zu den Jungen, die mehr Auffassungsvermögen haben für diese Grundfragen einer komplizierten, vernetzten Welt als jene an den Kommandohöhen.

R: Es ist eine Hoffnung, daß sich das aufschaukelt.

K: Das ist die Hoffnung von Konrad Lorenz.

R: Der Umstand, daß wir hier sitzen und darüber reden und uns eigentlich ziemlich einig sind, ist ja nicht nur unsere eigene Weisheit, sondern gibt ein Zeitgefühl wieder. Da ist eine Jugend hinter uns, die wir draußen erlebt haben und der wir nun in den Medien Wirkung geben. Unter Umständen wirkt sich das auf die Forschungs-Politik aus, also auf jene Universitäten, in denen die Lehrer ausgebildet werden, die wieder unsere Kinder ausbilden. Sie sehen, das ist ein Kreis, der zusammenhängt.

K: Gibt es also ein Abschneideverfahren zu den Jungen, die mehr Rechtshirn haben oder haben wollen als die Alten, die Routinierten?

R: Es steckt natürlich ein demagogisches Element in dem Ganzen: überzeugen zu wollen, überzeugen zu müssen . . .

Hoffen, daß die Lehrenden lernen

K: Es steckt eine Hoffnung drinnen: die Umkehrung des üblichen Lehrvorganges. Die Alten müssen bereit und imstande sein, von den Jungen, die mehr Verständnis für die Erfordernisse dieser neuen Welt haben, zu lernen.

W: Das ist eine Frage von Wechselwirkung zwischen den Generationen. Das ist natürlich eine Frage von Kreisläufen, daß die junge Generation aktiv und daß die sogenannte alte Generation offen wird gegenüber Problemen, die beiden Generationen erkennbar werden.

R: Wie der alte Planck gesagt hat: Der wirkliche Paradigmawechsel setzt voraus, daß die Alten, die etwas nicht haben wollen, abtreten und die Jungen, die damit aufgewachsen sind, es für selbstverständlich nehmen.

K: Es geht ja auch da nicht ohne Autorität. Konrad Lorenz ist hierfür typisch: Er strahlt Autorität aus wie ein Leuchtturm, und das Zurückstrahlen von den Jungen, von denen er hofft, daß er sie anspricht, würde dann die Alten, die anderen Alten, beeinflussen.

R: Überzeugen, ja. Ich glaube, daß Lorenz recht hat, wenn er glaubt, daß die Hoffnung in der Jugend liegt . . .

K: Mit dieser Hoffnung eines großen Pessimisten wollen wir unser Gespräch beenden und damit die Berichterstattung über das erfolgreiche Symposium in Laxenburg.

Ich danke Ihnen!

Literaturverzeichnis

AINSWORTH, M. D. S. (1973): The Development of Infant-Mother-Attachment. In: CALDWELL, B. M. und RICCIUTI, H. N. (eds.): Child Development Research. Chicago (Univ. Press), 1–95

AXELROD, R. und HAMILTON, W. D. (1981): The Evolution of Cooperation. Science 211, 1390–1396

BALL, W. und TRONICK, E. (1971): Infant Responses to Impending Collision: Optical and Real. Science 171, 818–820

BLURTON-JONES, N. G. (1972): Ethological Studies of Child Behaviour. Cambridge (Cambridge Univ. Press)

BLURTON-JONES, N. G. und KONNER, M. J. (1973): Sex Differences in the Behavior of London and Bushman Children. In: MICHAEL, R. P. und CROOK, J. (eds.): Comparative Ecology and Behavior of Primates. London (Acad. Press), 689–750

BÖLSCHE, W. (1906): Die Schöpfungstage, Umrisse zu einer Entwicklungsgeschichte der Natur. Dresden (Verlag Carl Reissner)

BORNSTEIN, M. H. und BORNSTEIN, H. G. (1976): The pace of life. Nature, 259, 557–558

BOWER, T. G. (1966): Slant Perception and Shape Constancy of Infants. Science 151, 832–834

– (1971): The Object in the World of the Infant. Scientific American 225, 30–38

– (1977): A Primer of Infant Development. San Francisco (Freeman)

BOWLBY, J. (1969): Attachment and Loss: I. Attachment. New York (Basic Books)

BRANNIGAN, C. R. und HUMPHRIES, D. A. (1972): Human non-verbal behaviour, a means of communication. In: BLURTON-JONES, N. G. (ed.): Ethological Studies in Child Behaviour. Cambridge (Cambridge Univ. Press), 37–64

CHANCE, M. R. A. und LARSEN, R. R. (Hrsg., 1976): The Social Structure of Attention. London (Wiley)

DARWIN, CH. (1872): The Expression of the Emotions in Man and Animals. New York (D. Appleton & Co.)

– (1875 ff.): Gesammelte Werke. Übers. von J. V. v. Carus. Stuttgart (E. Schweizbartsche Verlagshandlung)

DAWKINS, R. (1976): The Selfish Gene. New York-Oxford (Oxford Univ. Press)

EIBL-EIBESFELDT, I. (1958): Versuche über den Nestbau erfahrungsloser Ratten. Wiss. Film B 757, Inst. Wiss. Film, Göttingen

– (1970): Liebe und Haß. Zur Naturgeschichte elementarer Verhaltensweisen. München (Piper; Serie Piper 113, 1976)

– (1972): Stammesgeschichtliche Anpassungen im Verhalten des Menschen. In: GADAMER, H.-G. und VOGLER, P. (Hrsg.): Neue Anthropologie 2: Biologische Anthropologie (zweiter Teil). München (dtv), 3–59

– (1975): Krieg und Frieden aus der Sicht der Verhaltensforschung. München (Piper; Neuaufl. 1984)

– (1976): Menschenforschung auf neuen Wegen. Wien (Molden Verlag. Neuaufl. 1984, Goldmann)

- (1978): Galápagos. München (Piper)
- (⁶1980): Grundriß der vergleichenden Verhaltensforschung. München (Piper)
- (1984): Die Biologie menschlichen Verhaltens. Grundriß der Humanethologie. München (Piper)
EIBL-EIBESFELDT, I. und HASS, H. (1966): Zum Projekt einer ethologisch orientierten Untersuchung menschlichen Verhaltens. Mitt. Max-Planck-Gesellschaft, 6, 383–396
FINLEY, J., IRETON, D., SCHLEIDT, W. M. und THOMPSON, T. A. (1983): A new look at the features of mallard courtship displays. Animal Behaviour 31, 348–354
FREEMAN, D. (1983): Margaret Mead and Samoa. The making and Unmaking of an Anthropological Myth. Cambridge, Mass. (Harvard Univ. Press)
FROMM, E. (1977): Anatomie der menschlichen Destruktivität. Reinbek (Rowohlt)
GEHLEN, A. (1971): Der Mensch. Seine Natur und seine Stellung in der Welt. Frankfurt a. M. (Athenäum)
GOETHE, F. (1937): Beobachtungen und Erfahrungen bei der Aufzucht von deutschem Auerwild. Deutsche Jagd, Heft 6, 97–100; Heft 7, 120–123
GOFFMAN, E. (1963): Behavior in Public Places: Notes on the Social Organisation of Gatherings. New York (Free Press)
- (1971): Relations in Public. London (Allen Lane, Penguin Press)
GROSSMANN, K. E. (1977): Frühe Einflüsse auf die soziale und intellektuelle Entwicklung. Z. f. Pädagogik 23, 847–880
HASSENSTEIN, B. (1972): Das spezifisch Menschliche nach den Resultaten der Verhaltensforschung. In: GADAMER, H.-G. und VOGLER, P. (Hrsg.): Neue Anthropologie 2: Biologische Anthropologie (zweiter Teil). München (dtv), 60–97
- (1973): Verhaltensbiologie des Kindes. München (Piper)
HEIMANN, H. und LUKÁCS, G. (1966): Eine Methode zur quantitativen Analyse der mimischen Bewegungen. Arch. ges. Psychol. 118, 1–17
HOLD, B. (1976): Attention Structure and Rank Specific Behaviour in Pre-School Children. In: CHANCE, M. R. A. und LARSEN, R. R. (Hrsg.): The Social Structure of Attention. London (Wiley), 177–201
HOLST, E. VON (1935): Über den Prozeß der zentralen Koordination. Pflügers Archiv, 236, 149–158
HUTT, S. J. und HUTT, C. (1970): Behaviour Studies in Psychiatry. Oxford (Pergamon Press)
LORENZ, A. (1937): Ich durfte helfen. Leipzig (L. Staackmann Verlag; deutsche Ausgabe von »My Life and work«)
LORENZ, A. (1952): Wenn der Vater mit dem Sohne . . . Wien (Franz Deuticke)
LORENZ, K. (1939): Vergleichende Verhaltensforschung. Zool. Anz. Suppl. 12, 69–102
- (1943): Die angeborenen Formen möglicher Erfahrung. Z. Tierpsychol. 5, 235–409
- (1949): Er redete mit dem Vieh, den Vögeln und den Fischen. Wien (Borotha-Schoeler)
- (1950): Ganzheit und Teil in der tierischen und menschlichen Gemeinschaft. Studium Generale 3, 455–499
- (1952): Balz und Paarbildung bei der Stockente (Anas plathyrhynchos). Wiss. Film C 626, Inst. Wiss. Film, Göttingen
- (1954): Psychologie und Stammesgeschichte. In: HEBERER, G. (Hrsg.): Die Evolution der Organismen. Stuttgart (Fischer), 131–172. – Nachdruck in: LORENZ, K. (1965): Über tierisches und menschliches Verhalten. München (Piper), 492–534
- (1959): Die Gestaltwahrnehmung als Quelle wissenschaftlicher Erkenntnis. Z. angew. u. exp. Psychol. 6, 118–165
- (1961): Phylogenetische Anpassung und adaptive Modifikation des Verhaltens. Z. Tierpsychol. 18, 139–187

- (1963): Das sogenannte Böse. Zur Naturgeschichte der Aggression. Wien (Borotha-Schoeler). Neuausgabe 1975 München (dtv)
- (1964): Über die Wahrheit der Abstammungslehre. In: LORENZ, K. (1978): Das Wirkungsgefüge der Natur und das Schicksal des Menschen. Gesammelte Arbeiten. Hrsg. von I. Eibl-Eibesfeldt. München (Piper), 36–53
- (1965a, ¹⁷1974): Über tierisches und menschliches Verhalten. Aus dem Werdegang der Verhaltenslehre (Ges. Abhandlg.), I und II. München (Piper)
- (1965b): Darwin hat recht gesehen. Pfullingen (Verlag Neske, Reihe Opuscula Nr. 20) ✗
- (1966): Über gestörte Wirkungsgefüge in der Natur. In: LORENZ, K. (1978): Das Wirkungsgefüge der Natur und das Schicksal des Menschen. Gesammelte Arbeiten. Hrsg. von I. Eibl-Eibesfeldt. München (Piper), 315–323
- (1967): Die instinktiven Grundlagen menschlicher Kultur. In: LORENZ, K. (1978): Das Wirkungsgefüge der Natur und das Schicksal des Menschen. Gesammelte Arbeiten. Hrsg. von I. Eibl-Eibesfeldt. München (Piper), 246–274.
- (1973a): Die acht Todsünden der zivilisierten Menschheit. München-Zürich (Piper). – Erstabdruck in »Sozialtheorie und soziale Praxis«, Festschrift für Prof. Eduard Baumgarten. Verlag Anton Hain 1971, 281–340
- (1973b): Die Rückseite des Spiegels. Versuch einer Naturgeschichte menschlichen Erkennens. München-Zürich (Piper)
- (1973c): The Fashionable Fallacy of Dispensing with Description. Naturwissenschaften 60, 1–9
- (1974a): Zivilisationspathologie und Kulturfreiheit. In: LORENZ, K. (1978): Das Wirkungsgefüge der Natur und das Schicksal des Menschen. Gesammelte Arbeiten. Hrsg. von I. Eibl-Eibesfeldt. München (Piper), 324–355
- (1974b): Analogy as a Source of Knowledge. Science 185, 229–234
- (1976): Ist der Betrieb von Atomkraftwerken zu verantworten? Wochenpresse (Wien) vom 24. 11. 1976
- (1977): Aggressivität – arterhaltende Eigenschaft oder pathologische Erscheinung? In: LORENZ, K. (1978): Das Wirkungsgefüge der Natur und das Schicksal des Menschen. Gesammelte Arbeiten. Hrsg. von I. Eibl-Eibesfeldt. München (Piper), 299–314
- (1978a): Vergleichende Verhaltensforschung. Grundlagen der Ethologie. Wien-New York (Springer)
- (1978b): Das Wirkungsgefüge der Natur und das Schicksal des Menschen. Gesammelte Arbeiten. Hrsg. von I. Eibl-Eibesfeldt. München (Piper)
- (1978c): Anti-Atomenergie-Rede am Hauptplatz von Tulln (N. Ö.) am 26. Okt. 1978 (Österr. Nationalfeiertag, 1 Woche vor der Volksabstimmung über die Inbetriebnahme des Kernkraftwerks Zwentendorf im Tullnerfeld) (Tonbandabschrift). (Davon existiert auch ein 16-mm-Farb-Tonfilm-Dokument, Archiv Lötsch-Film.)
- (1978d): Atomkraft, ist das die Zukunft? Nein. Konfrontation mit dem Physiker Prof. Dr. Peter Weinzierl, Neue Kronenzeitung (Wien), 4. Nov. 1978
- (1979): Das Jahr der Graugans. München (Piper)
- (1980a): Das Aquarium als Lehr- und Erziehungsmittel, Vortrag für die Zoolog.-Botan. Gesellsch. an der Univ. Wien, HS 50, 16. 1. 1980 (Tonbandabschrift). (Davon existiert auch ein Farb-Video-Mitschnitt auf U-matic High Band, Archiv Lötsch-Film.)
- (1980b): Vortrag anläßlich der Verleihung des Ehrendoktorates der Veterinärmedizinischen Universität Wien, 26. 3. 1980. (Tonbandabschrift)
- (1980c): Vortrag zum Umweltschutztag 1980 anläßlich der Nationalparkenquete der Österr. Ges. f. Natur- und Umweltschutz im Ringturm am 3. 6. 1980. (Tonbandabschrift)
- (1980d): Vortrag über Aquaristik anläßl. des 25-Jahres-Jubiläums der österr. Aqua-

rien- und Terrarienvereine am 11.10.1980 im Stadtsaal Tulln, N.Ö. (Tonbandabschrift)
- (1981a): The Foundations of Ethology. New York (Springer)
- (1981b): Über Gott und die Welt. Lorenz-Kollage aus Gesprächen mit B. Lötsch, zusammengestellt von Horst Stern. natur (H. Sterns Umweltmagazin, Ringier-Verlag, München), 6, 24–31
- (1981c): Vortrag anläßlich der Verleihung des Konrad-Lorenz-Preises an Auwald-Experten, 5.8.1981 im Bundesministerium für Gesundheit und Umweltschutz, Regierungsgebäude, Stubenring, Wien. (Tonbandabschrift)
- (1982a): Vorwort zu: WINKLER, E. und SCHWEIKHART, J.: Expedition Mensch. Wien (Ueberreuter)
- (1982b): Gespräch mit B. Lötsch, W. Sassin, K. Steyrer, R. Wiederkehr in Altenberg, 22. Nov. 1982, Thema: »Unsere Grenzen werden enger.« In: BAUER, D. (Hrsg., 1983): Die Zeichen der Zeit erkennen. Wien-Freiburg-Basel (Herder), 113–133 (Tonbandabschrift)
- (1983a): Der Abbau des Menschlichen. München (Piper)
- (1983b): Nichts ist schon dagewesen. In: RIEDL, R. und KREUZER, F. (Hrsg.): Evolution und Menschenbild. Hamburg (Hoffmann und Campe), 138–144
LORENZ, K. und EIBL-EIBESFELDT, I. (1974): Die stammesgeschichtlichen Grundlagen menschlichen Verhaltens. In: LORENZ, K. (1978): Das Wirkungsgefüge der Natur und das Schicksal des Menschen. Gesammelte Arbeiten. Hrsg. von I. Eibl-Eibesfeldt. München (Piper), S. 176–245
LORENZ, K. und KREUZER, F. (1980): Leben ist Lernen. Gespräch Frühjahr 1980 in Altenberg. Buchausgabe: dieselben (1981): Leben ist Lernen. Von Immanuel Kant zu Konrad Lorenz. München-Zürich (Piper)
LORENZ, K. und LEYHAUSEN, P. (1968): Antriebe tierischen und menschlichen Verhaltens. Gesammelte Abhandlungen. München (Piper)
LORENZ, K. und LÖTSCH, B. (1977): Filminterviews: Persönlichkeitsaufnahmen für das Referat Zeitgeschichte des Instituts für den Wissenschaftlichen Film, IWF Göttingen:
I. Biographisches: Kindheitserinnerungen und Anfänge der Ethologie
16-mm-Farbton-Film 200 m, IWF G 190 © IWF 1978 (darin auch histor. Film: Ethologie der Graugans, IWF C 560/1950)
II. Der Naturforscher – Kritiker und Nutznießer des Wirtschaftswachstums?
16-mm-Farbton-Film 70 m IWF G 191 © IWF 1978
III. Bemerkungen über Kultur und Evolution
16-mm-Farbton-Film 130 m IWF G 188 © IWF 1978
IV. Zur Kritik am Tier-Mensch-Vergleich
16-mm-Farbton-Film 170 m IWF G 189 © IWF 1978
LORENZ, K. und TINBERGEN, N. (1938): Taxis und Instinkthandlung in der Eirollbewegung der Graugans. Z. Tierpsychol. 2, 1–29
LORENZ, K. und WUKETITS, F. M. (1983): Die Evolution des Denkens. München-Zürich (Piper)
LÖTSCH, B. (1983): Konrad Lorenz (zum 80. Geburtstag). natur (Horst Sterns Umweltmagazin, Ringier Verlag, München), 11, 55–63
LÖTSCH, B. und LORENZ, K. (1982): Successful Principles of Biospheric Evolution (Ecology – the Economy of Nature). Bisher unveröffentlichtes Manuskript
MARGULIS, L. (1981): Symbiosis in Cell Evolution. San Francisco (W. H. Freeman and Company)
McGREW, W. C. (1972): An Ethological Study of Children's Behavior. London (Acad. Press)

McKINLEY, P. (1982): Cluster analysis of the domestic cat vocal repertoire. Ph. D. dissertation, University of Maryland

MEAD, M. (1935): Sex and Temperament in Three Primitive Societies. New York (William Morrow)
– (1949): Male and Female. New York (William Morrow)
– (1965): Leben in der Südsee. München (Szczesny)

MEIER, H. (1978): Konrad Lorenz. In: SCHRENCK-NOTZING, C. (Hrsg.): Konservative Köpfe. München (Criticon Verlag), 141–156

MELTZOFF, A. N. und MOORE, M. K. (1977): Imitation of Facial and Manual Gestures by Human Neonates. Science 198, 75–78

MEYER, P. (1982): Soziobiologie und Soziologie. Eine Einführung in die biologischen Voraussetzungen sozialen Handelns. Darmstadt-Neuwied (Luchterhand)

MOHR, H. (1981): Biologische Erkenntnis. Stuttgart (B. G. Teubner)

MONTAGU, A. (1976): The Nature of Human Aggression. Oxford-London-New York (Oxford Univ. Press)

PLACK, A. (Hrsg., 1973): Der Mythos vom Aggressionstrieb. München (List)

PLESSNER, H. (1969): De Homine Abscondito. Social Research 36, 497–509

POPPER, K. R. (1973): Objektive Erkenntnis. Hamburg (Hoffmann und Campe)

RIEDL, R. (1975): Die Ordnung des Lebendigen. Systembedingungen der Evolution. Hamburg-Berlin (Parey)
– (1976): Die Strategie der Genesis. Naturgeschichte der realen Welt. München-Zürich (Piper)
– (1980): Biologie der Erkenntnis. Die stammesgeschichtlichen Grundlagen der Vernunft. Berlin-Hamburg (Parey)
– (1982): Evolution und Erkenntnis. Antworten auf Fragen aus unserer Zeit. München-Zürich (Piper)

RIESS, B. F. (1954): The effect of altered environment and of age on the mother-young relationship among animals. Ann. N. Y. Acad. Sci. 57, 606–610

SCHLEIDT, W. M. (1961a): Über die Auslösung der Flucht vor Raubvögeln bei Truthühnern. Naturwissenschaften 48, 141–142
– (1961b): Reaktionen von Truthühnern auf fliegende Raubvögel und Versuche zur Analyse ihrer AAM's. Z. Tierpsychol. 18, 534–560
– (1974): How »fixed« is the fixed action pattern? Z. Tierpsychol. 34, 189–211
– (1982): Stereotyped feature variables are essential constituents of behaviour patterns. Behaviour 79, 230 ff.
– (im Druck): Cross-cultural comparison of temporal patterns in facial expressions. National Geographic Research Reports 1980

SCHLEIDT, W. M. und CRAWLEY, J. N. (1980): Patterns in the behaviour of organisms. J. Social Biol. Struct. 3, 1–15

SCHMIDBAUER, W. (Hrsg., 1974): Evolutionstheorie und Verhaltensforschung. Hamburg (Hoffmann und Campe)

SKINNER, B. F. (1971): Beyond Freedom and Dignity. New York (Knopf)

SNOW, C. P. (1965): The Two Cultures and a Second Look. Cambridge-London (Cambridge Univ. Press)

SPIRO, M. E. (1979): Gender and Culture: Kibbutz Women Revisited. Durham, North Carolina (Duke Univ. Press)

STERN, H. (1975): Steinwürfe in den Lorenz-Strom. Kosmos 11, 464–469

TINBERGEN, N. (1948): Physiologische Instinktforschung. Experientia 4, 121–133
– (1963): On Aims and Methods of Ethology. Z. Tierpsychol. 20, 410–433

WICKLER, W. (1981): Die Biologie der Zehn Gebote. München-Zürich (Piper)

WICKLER, W. und SEIBT, U. (1977, 1981): Das Prinzip Eigennutz. Ursachen und Konsequenzen sozialen Verhaltens. Hamburg (Hoffmann und Campe); Neuausgabe München (dtv)
WILSON, E. O. (1978): On Human Nature. London-New York-Toronto (Bantam Books)
– (1980): Biologie als Schicksal. Frankfurt a. M.-Berlin-Wien (Ullstein)
WUKETITS, F. M. (1981): Biologie und Kausalität. Biologische Ansätze zur Kausalität, Determination und Freiheit. Berlin-Hamburg (Parey)
– (1982): Grundriß der Evolutionstheorie. Darmstadt (Wissenschaftliche Buchgesellschaft)
– (1983a): Herbert Spencer, Charles Darwin, Konrad Lorenz: Historische Perspektiven zur evolutionären Erkenntnistheorie. In: WEINGARTNER, P. und CZERMAK, J. (Hrsg.): Erkenntnis- und Wissenschaftstheorie. Wien (Hölder-Pichler-Tempsky), 204–206
– (1983b): Evolutionary Epistemology: A Challenge to Science and Philosophy. In: WUKETITS, F. M. (ed.): Concepts and Approaches in Evolutionary Epistemology. Dordrecht-Boston-Lancaster (Reidel), 1–33
– (1984): Evolution, Erkenntnis, Ethik. Philosophische Folgerungen aus der modernen Biologie. Darmstadt (Wissenschaftliche Buchgesellschaft) (in Vorbereitung)
ZUCKMAYER, C. (1976): Aufruf zum Leben. Frankfurt a. M. (S. Fischer)

Autorenverzeichnis

Irenäus Eibl-Eibesfeldt, Prof. Dr., geboren 1928, Studium der Biologie bei Konrad Lorenz und Wilhelm von Marinelli. Seit 1949 Mitarbeiter von Konrad Lorenz, zunächst am Institut für vergleichende Verhaltensforschung der Österreichischen Akademie der Wissenschaften, dann seit 1951 am Max-Planck-Institut für Verhaltensphysiologie. 1963 Habilitation für Zoologie an der Universität München, seit 1970 apl. Prof. an der Universität München. Seit 1970 Leitung einer Arbeitsgruppe für Humanethologie, aus der 1977 eine selbständige Forschungsstelle am Max-Planck-Institut in Seewiesen wird. Zahlreiche Forschungsreisen (u. a. mit Hans Hass) in die Karibik, den Indischen Ozean und zu den Galápagos-Inseln.

Antal Festetics, Prof. Dr., geboren 1937, Studium der Zoologie, Schüler von Konrad Lorenz, nach der Promotion 1965 Assistent von Wilhelm von Marinelli an der Universität Wien. Seit 1963 dort Lehrbeauftragter für Ökologie und Ethologie der Wirbeltiere. Seit mehr als 20 Jahren im Naturschutz tätig. Mitbegründer des World Wildlife Fund/ Österreich. Untersuchungen an einheimischen Vögeln, Säugetieren, Jagd- und Hirtenkulturen. Seit 1973 o. Prof. und Direktor des Instituts für Wildbiologie und Jagdkunde an der Universität Göttingen, seit 1981 auch Honorarprofessor an der Universität Wien. Vorsitzender der Konrad-Lorenz-Gesellschaft für Umwelt- und Verhaltenskunde.

Bernhard Hassenstein, Prof. Dr., geboren 1922, Mitbegründer und wissenschaftlicher Mitarbeiter der Forschungsgruppe Kybernetik am Max-Planck-Institut für Biologie 1958–1960. Seit 1960 o. Prof. für Biologie an der Universität Freiburg. Forschungsgebiete: Sinnes- und Nervenphysiologie, Biologische Kybernetik, Verhaltensbiologie des Kindes. Vorsitzender der Kommission »Anwalt des Kindes« des Kultusministeriums von Baden-Württemberg.

Franz Kreuzer, geboren 1929, bis 1966 Reporter, Ressortleiter und Chefredakteur der »Arbeiterzeitung«, bis 1974 Chefredakteur des aktuellen Dienstes, 1974 bis 1978 Intendant, seit 1979 Chefredakteur im ORF, Wien.

Bernd Lötsch, Dr., Univ.-Dozent, geboren 1941, Studium der Biologie und Chemie in Wien, Promotion 1970. 1966 bis 1973 Assistent am Pflanzenphysiologischen Institut der Universität Wien. Habilitation an der Universität Salzburg 1973. Seit 1969 in Fragen des Umweltschutzes aktiv, seit 1973 Aufbau des Instituts für Umweltwissenschaften. Zahlreiche wiss. Filme und Unterrichtsmedien zu biologischen und ökologischen Themen. Derzeit Direktor der Abteilung Wien des Instituts für Umweltwissenschaften und Naturschutz der Österreichischen Akademie der Wissenschaften. Wiss. Beirat und Mitarbeiter der Zeitschrift »Natur«.

Konrad Lorenz, Prof. Dr., geboren 1903, Zoologe und Arzt. 1941 Berufung auf den Lehrstuhl für Psychologie an der Universität Königsberg, 1950 bis 1973 Direktor am Max-Planck-Institut für Verhaltensphysiologie in Buldern, später Seewiesen. 1957 bis 1973 Honorarprofessor an der Universität München. Jetzt Leiter des »Konrad-Lorenz-Instituts« der Österreichischen Akademie der Wissenschaften. 1973 Nobelpreis für Physiologie und Medizin.

Erhard Oeser, Prof. Dr., geboren 1938, Studium der Philosophie und Psychologie in München und Wien, Promotion 1962. 1963/64 Lehrbeauftragter für Erkenntnistheorie an der Universität Freiburg. Habilitation 1968 an der Universität Wien. Seit 1972 o. Prof. für Philosophie und Wissenschaftstheorie an der Universität Wien.

Rupert Riedl, Prof. Dr., geboren 1925, Studium der Medizin, Anthropologie und Biologie. 1948 bis 1953 Leitung von Meeresexpeditionen. 1960 Prof. für Zoologie an der Universität Wien, 1965 Prof. an der University of North Carolina/USA, seit 1971 wieder Prof. für Zoologie in Wien. Hauptarbeitsgebiete: Systematik, vergleichende Anatomie, Ökologie und Meereskunde, Evolutionsforschung, theoretische Biologie, Erkenntnislehre.

Wolfgang M. Schleidt, Prof. Dr., geboren 1927, Studium der Zoologie und Anthropologie, Promotion 1951 bei Wilhelm von Marinelli, seit

1948 Mitarbeiter von Konrad Lorenz in Altenberg und Buldern. Seit 1955 Mitarbeit beim Aufbau des Max-Planck-Instituts in Seewiesen. Seit 1964 in den USA. Zunächst Gastprofessor an der Duke University, ab 1965 Prof. für Zoologie an der University of Maryland.

Sverre Sjölander, Dr., Univ.-Dozent, geboren 1940, Studium der Zoologie, Promotion und Habilitation an der Universität Stockholm, Praktikant bei Konrad Lorenz am Max-Planck-Institut in Seewiesen von 1957 bis 1960, Assistent an der Universität Stockholm 1966 bis 1970, bei der Schwedischen Forschungsgemeinschaft 1970 bis 1975, Forschungsaufenthalte in den USA und an der Universität Bielefeld, Privatdozent an der Universität Stockholm, derzeit Dozent an der Abteilung für Kommunikationsforschung der Universität Linköping, Schweden.

Wolfgang Wickler, Prof. Dr., geboren 1931, Studium der Zoologie, Botanik und Kirchenmusik in Münster. Promotion 1956, seitdem Mitarbeiter von Konrad Lorenz am Max-Planck-Institut für Verhaltensphysiologie in Seewiesen. Seit 1974 leitet er die ethologische Abteilung des Institutes. Ao. Prof. für Zoologie an der Universität München.

Franz M. Wuketits, Dr., Univ.-Dozent, geboren 1955, Studium der Zoologie, Paläontologie und Philosophie in Wien, Promotion 1978, Habilitation 1980. Seit 1980 Dozent für Wissenschaftstheorie mit dem Schwerpunkt Biowissenschaften.

Konrad Lorenz

Der Abbau des Menschlichen
2. Aufl., 102. Tsd. 1983. 294 Seiten. Geb.

Die acht Todsünden der zivilisierten Menschheit
17. Aufl., 414. Tsd. 1984. 112 Seiten. Serie Piper 50

Die Rückseite des Spiegels
Versuch einer Naturgeschichte menschlichen Erkennens.
4. Aufl., 105. Tsd. 1983. 353 Seiten. Geb.

Über tierisches und menschliches Verhalten
Aus dem Werdegang der Verhaltenslehre. Gesammelte
Abhandlungen.
Bd. I: 17. Aufl., 139. Tsd. 1974. 412 Seiten mit 5 Abb. Kt.

Das Wirkungsgefüge der Natur und das Schicksal des Menschen
Gesammelte Arbeiten. Herausgegeben und eingeleitet von
Irenäus Eibl-Eibesfeldt. 367 Seiten mit 23 Abb. Serie Piper 309

Die Evolution des Denkens
Herausgegeben von Konrad Lorenz und Franz M. Wuketits
2. Aufl., 6. Tsd. 1984. 394 Seiten. Kt.

Konrad Lorenz/Franz Kreuzer
Leben ist Lernen
Von Immanuel Kant zu Konrad Lorenz. Ein Gespräch über
das Lebenswerk des Nobelpreisträgers. 2. Aufl., 10. Tsd.
1983. 103 Seiten mit 1 Abb. Serie Piper 223

Antal Festetics
Konrad Lorenz
Aus der Welt des großen Naturforschers. 1983. 160 Seiten
mit 255 farbigen und schwarzweißen Abbildungen. Geb.

Piper

Irenäus Eibl-Eibesfeldt

Die Biologie des menschlichen Verhaltens

Grundriß der Humanethologie. (In Vorbereitung für Herbst 1984.) Der Begründer der Humanethologie legt die erste umfassende Darstellung der Biologie menschlichen Verhaltens vor. *Aus dem Inhalt:* Die ethologischen Grundkonzepte – Sozialverhalten – Das innerartliche Feindverhalten: Aggression und Krieg – Kommunikation – Die Entwicklung der zwischenmenschlichen Beziehungen – Der Mensch und sein Lebensraum: Ökologische Betrachtungen – Das Schöne und das Wahre – Das Gute: Der Beitrag der Biologie zur Wertlehre

Galápagos

Die Arche Noah im Pazifik. 7., überarbeitete Aufl., 42. Tsd. 1984. 414 Seiten mit 43 farbigen und 229 schwarzweißen Abb. Geb.

Grundriß der vergleichenden Verhaltensforschung – Ethologie

6., durchgesehene und erweiterte Aufl., 30. Tsd. 1980. 780 Seiten mit 374 Abb. und 8 farbigen Tafeln. Geb.

Krieg und Frieden

aus der Sicht der Verhaltensforschung. 2., überarbeitete Aufl., 25. Tsd. 1984. 329 Seiten. Serie Piper 329

Liebe und Haß

Zur Naturgeschichte elementarer Verhaltensweisen. 11. Aufl., 81. Tsd. 1983. 293 Seiten. Serie Piper 113

Die Malediven

Paradies im Indischen Ozean. 1982. 324 Seiten mit 190 meist farbigen Abb. Geb.

Piper

Bücher zum Thema

Bernhard Hassenstein
Instinkt Lernen Spielen Einsicht
Einführung in die Verhaltensbiologie. 1980. 259 Seiten mit
33 Abb. Serie Piper 193

Bernhard Hassenstein
Verhaltensbiologie des Kindes
3. Aufl., 25. Tsd. 1980. 459 Seiten mit 29 Abb. Geb.

Bernhard und Helma Hassenstein
Was Kindern zusteht
2. Aufl., 14. Tsd. 1978. 188 Seiten. Serie Piper 169

Rupert Riedl
Evolution und Erkenntnis
Antworten auf Fragen aus unserer Zeit. 1982.
360 Seiten. Geb.

Rupert Riedl
Die Strategie der Genesis
Naturgeschichte der realen Welt. 3. Aufl., 14. Tsd. 1984.
381 Seiten mit 106 Zeichnungen. Serie Piper 290

Wolfgang Wickler
Die Biologie der Zehn Gebote
Warum die Natur für uns kein Vorbild ist. 5., überarbeitete
Aufl., 28. Tsd. 1981. 181 Seiten. Serie Piper 236

Piper